СЕРИЯ «ШАРМ»

ПАТРИЦИЯ ХЭГАН

Любовь и Ярость

РОМАН

ИЗДАТЕЛЬСТВО
МОСКВА
1998

ББК 84 (7США)
Х99

Серия основана в 1994 году

Patricia Hagan
LOVE AND FURY
1986

Перевод с английского Е.М. Клиновой

*В оформлении обложки использована работа,
предоставленная агентством Fort Ross Inc., New York*

Печатается с разрешения Fort Ross Inc.

Исключительные права на публикацию книги
на русском языке принадлежат издательству АСТ.
Любое использование материала данной книги,
полностью или частично, без разрешения
правообладателя запрещается.

Хэган П.
Х99 Любовь и ярость: Роман/Пер. с англ. Е.М. Клиновой. – М.: ООО "Фирма "Издательство АСТ", 1998. – 528 с. – (Шарм).

ISBN 5-237-01037-7

Красавица Бриана де Пол, не имеющая ни гроша за душой, вынуждена принять участие в исполнении плана коварного Гевина Мейсона. Она выдаст себя за дочь миллионера Тревиса Колтрейна, чтобы заполучить причитающееся той огромное состояние. Дьявольская выдумка, однако, принимает неожиданный оборот, когда Бриана встречает Колта, сына Тревиса, и неистово влюбляется в своего "брата". Колт с ужасом осознает, что тоже питает к ней "кровосмесительную страсть"...

© Patricia Hagan, 1986
© Перевод. Е.М. Клинова, 1998
© ООО "Фирма "Издательство АСТ", 1998

Глава 1

Нью-Йорк
Апрель 1889 года

Здание «Метрополитен-опера» сияло и переливалось разноцветными огнями, а у главного входа шумели толпы желающих попасть на торжества, посвященные празднованию Дня независимости.

В стороне от шумной суеты, погрузившись в свои мечты, великолепная, одинокая и независимая, стояла Китти Райт Колтрейн. Она, казалось, не замечала ни восхищенных взглядов, которые бросали на нее элегантные мужчины, ни завистливых взоров их разряженных спутниц.

Время щадило Китти. Сейчас, в пору зрелой женственности, она цвела пышной красотой и казалась еще ослепительнее, чем в годы молодости. Роскошные вьющиеся рыжие волосы, переливавшиеся всеми красками осени, струились по плечам. Даже самая придирчивая недоброжелательница не смогла бы обнаружить ни единого серебряного волоска в этой роскошной шевелюре.

Нежная кожа цвета густых сливок, прелестные фиалковые глаза, таинственно мерцающие из-под темных, длинных ресниц, да, эта женщина была поистине прекрасна!

Ее красоту выгодно оттеняло изящное атласное платье необыкновенного изумрудного цвета. В роскошную ткань были вплетены тончайшие серебряные нити, отчего платье сверкало и переливалось в ослепительном свете люстр, подобно драгоценному камню. Маленькие изящные уши были украшены крупными бриллиантами, а роскошное ожерелье, в котором чередовались бриллианты и изумруды чистейшей воды, обвивало красиво изогнутую нежную шею. Пышные густые локоны сбегали по спине, тут и там изящно подхваченные серебряными гребнями с крупными изумрудами. Нежные упругие округлости высокой груди дерзко поднимались из-за низкого выреза платья, всем своим видом доказывая невозможность увядания этого роскошного тела.

В огромной толпе, которая шумела и волновалась вокруг этой необыкновенной женщины, никто и вообразить бы не смог, что такому дивному созданию когда-то пришлось испытать страдания и нищету. В конце концов, ведь она была женой Тревиса Колтрейна, одного из наиболее уважаемых и богатых людей в Неваде. Лицо ее было прекрасно и безмятежно, как у древней богини.

Уже почти двадцать лет прошло с тех пор, когда Тревис унаследовал богатейшие серебряные рудники после смерти человека, которому он спас жизнь, и теперь Колтрейны купались в уже привычной роскоши.

Однако так было не всегда. Как и у многих тысяч других уроженцев Юга, в сердце Китти до сих пор не заживали раны, полученные в той ужасной, кровавой бойне, которая вошла в историю под названием Гражданской войны. Много раз она пыталась стереть из памяти те безумные годы. Со временем ей удалось научиться ценить радость, которую приносил с собой каждый новый день, но ужасные воспоминания тех лет остались с ней навсегда.

Бросив еще один быстрый взгляд на оживленную толпу, бурлящую у входа в великолепное здание, она с трудом подавила нетерпеливый вздох. Гости все прибывали, но куда же запропастился Тревис? Еще утром в роскошный номер отеля, который она снимала, доставили записку от президента Гаррисона. Президент спешил порадовать Китти сообщением, что корабль, на котором возвращался ее муж, прибудет в порт вечером, и советовал обязательно быть на концерте. Больше в записке не было ни слова.

Нежная улыбка тронула ее губы, и она почувствовала, как знакомая теплая волна захлестнула ее. Так бывало всегда, стоило ей только представить лицо человека, которого она любила так глубоко и так неистово.

Их любовь появилась на свет при довольно странных обстоятельствах. С лукавой улыбкой вспомнила она ту неприязнь, которая охватила их обоих при первом знакомстве. Он, северянин, кавалерийский офицер, заставил ее, южанку, окончившую курсы сестер милосердия, остаться в армии федералов. Так она стала его пленницей.

И все четыре года, пока бушевало пламя Гражданской войны, двое влюбленных вели свою тайную битву, пока наконец не восторжествовала любовь — но это случилось уже гораздо позже, когда родился их первенец, сын. Она назвала его Джон Тревис, дав имена двух горячо любимых людей: отца и мужа.

Но их свадьба не стала началом счастливой безмятежной жизни, как надеялась Китти. После нескольких неудачных попыток вести жизнь простого фермера на ранчо, которое Китти унаследовала в Северной Каролине, Тревис бросил все и уехал на остров Гаити. В его отсутствие Китти похитил ее заклятый враг, человек, затаивший на нее злобу еще в годы войны. Он заставил Китти пережить такое, что ее разум не выдержал, она погрузилась в спасительное забвение и на несколько горьких и одиноких лет была выброшена из жизни.

Память вернулась к ней наконец, но тем ужаснее оказалось известие о том, что Тревис, поверив в ее гибель и не в силах справиться с тоской и одиночеством, снова женился. Его вторая жена, хрупкая и болезненная женщина, умерла, дав жизнь его дочери Дани.

Китти молча страдала, чувствуя, как в ее душе кровоточат старые раны, и понимая, что не время сейчас думать об этом. Никогда не надо воскрешать прошлое. Они с Тревисом слишком любили друг друга, чтобы позволить безумию вновь вырваться наружу.

Еще один нетерпеливый взгляд на дверь — и сердце Китти подпрыгнуло от радости. Но это была не радость женщины при виде возлюбленного, нет, ее сердце сейчас переполняла материнская гордость.

Колт, как с детства прозвали в семье Джона Тревиса Колтрейна, пробирался через толпу у входа, ища глазами мать. Высокий, хорошо сложенный, Колт унаследовал от отца темные густые волосы и смуглую кожу его предков-креолов. Грива иссиня-черных волос красиво оттеняла глаза цвета светлого серебра.

Наконец его нетерпеливый взгляд упал на Китти, и Колт стал торопливо двигаться в ее сторону. Она не отрывала от него любящих глаз и на минуту ей даже показалось, что перед ней Тревис.

Колт склонился к ней, ласково поцеловал в щеку и, взяв ее за руку, виновато заглянул в глаза:

— Прости, мама, от него по-прежнему ни слова.

Повернув голову в сторону президента Гаррисона, стоявшего неподалеку в компании друзей, Китти недовольно пробормотала:

— Значит, мы опять должны переживать, гадая, куда же президент отправит его в этот раз. Бьюсь об заклад, уж он не даст Тревису отдохнуть. — И она подавила невольный вздох сожаления.

— Вот так отцу и приходится расплачиваться за ту громкую славу, которую он заслужил во время войны, — усмехнулся Колт. — С его репутацией, мама, он просто обречен всякий раз приходить на помощь правительству, стоит только тому попасть в затруднительное положение.

Пряча беспокойство за легкой насмешкой, Китти добродушно заметила:

— Дело в том, Джон Тревис Колтрейн, что я давным-давно поняла, что представляет собой твой отец. Да доживи он до глубоких седин, и тогда будет мечтать об опасностях и приключениях. Никогда не встречала человека с таким неукротимым, бешеным темпераментом!

— А будь он другим, ты на него и внимания бы не обратила! — добродушно попенял матери Колт.

В ее глазах внезапно отразилось глубокое чувство.

— Не думаю, что такое возможно, Джон Тревис, но все равно, я была бы рада, поживи он дома хоть немного. Он отсутствовал почти три месяца, и ты не можешь даже вообразить, каким кошмаром было для меня это время, я ведь даже не знала, жив он или нет!

Колт мрачно кивнул. Он знал, что пришлось пережить матери, ведь в этот раз Тревис Колтрейн оказался на Самоа, в восточной части Тихого океана. Вот уже почти десять лет, как на островах полыхало пламя гражданской войны. Когда неожиданно вмешалась Германия, заинтересованная в свержении с престола короля Малиетоа, Америка и Великобритания выступили в его поддержку. Военные корабли бороздили воды залива Апиа.

На борту одного из них был Тревис Колтрейн, спешивший по поручению своего правительства как можно быстрее договориться с немцами на островах. И вдруг, словно мало было других бед, на многострадальную землю обрушился ужасный циклон.

При этом известии Китти охватил ужас, а те немногие подробности, которые ей удалось выяснить, повергли ее в отчаяние: все корабли затонули, разбившись о рифы, уцелел лишь один. И мрачной чередой потянулись дни, когда, охваченная страхом за судьбу любимого, Китти одновременно и боялась, и жаждала вестей.

Потом, слава Богу, она узнала, что Тревис был на борту корабля, которому посчастливилось уцелеть благодаря капитану, успевшему вывести судно в открытое море.

Президент Гаррисон был очень внимателен к Китти. Он даже прислал своего человека к ней в Силвер-Бьют, в Неваду, и заверил, что слишком ценит ее мужа, чтобы позволить ему еще раз так рисковать жизнью. Президент торжественно пообещал заменить Тревиса другим человеком во время переговоров с немцами и порадовал Китти известием, что муж ее уже на пути домой. А вскоре пригласил их с Колтом в Нью-Йорк, намекнув, что они увидятся с Тревисом в «Метрополитен-опера» во время празднования Дня независимости. Китти догадалась, что Тревис должен по приезде отправиться на концерт и их встреча станет для него приятным и неожиданным сюрпризом.

Китти с радостью откликнулась на приглашение. Правда, ей на минуту показалось, что все знаки внимания — это лишь способ подсластить горькую пилюлю, которую готовит Гаррисон, собираясь сразу же послать Тревиса еще куда-нибудь с очередным заданием. Конечно, она давно уже смирилась с тем, что страсть к приключениям носит ее мужа по всему свету, словно перекати-поле, но президент должен понимать, что Тревис когда-то бывает нужен и ей.

Она вздрогнула, очнувшись от своих мыслей, и заметила, что сын уже некоторое время что-то говорит ей.

— Прости, дорогой!

— Я сказал, что собираюсь домой, — нетерпеливо повторил Колт, — ты же знаешь, я терпеть не могу званых вечеров и, если честно, мне безумно надоело это... — он с отвращением обвел взглядом бурлящую вокруг толпу, — ...это шоу.

Китти сочувственно кивнула, понимающе взглянув на сына. Она тоже посмотрела вокруг. Посреди главного зала бил огромный фонтан — искрящиеся струи шампанского, взметнувшись почти под потолок, сверкающими бриллиантами рассыпались в воздухе и с мелодичным звоном падали в небольшой мраморный бассейн, в котором плавали розовые и пурпурные орхидеи. Толпившиеся кругом гости с веселым смехом подставляли хрустальные бокалы под пенящиеся струи и наполняли их светлым вином.

В ослепительном свете люстр особенно яркими казались роскошные платья дам всех цветов, которые только существуют на свете. Драгоценности необыкновенной красоты и баснословной стоимости сверкали и переливались разноцветными огоньками. По углам зала размещались небольшие оркестры, и волшебные звуки вальса переплетались с негромким шумом голосов и беззаботным смехом.

Пол был усыпан лепестками роз, их нежное благоухание наполняло огромный зал и смешивалось с тончайшим ароматом духов и запахом дорогих сигар.

— Ведь сегодня День независимости, — напомнила Китти, не заметив, что сын уже погрузился в другие мысли. — Скажи, милый, — она осторожно тронула его руку, — ты случайно ничего не имеешь против присутствия здесь Шарлин Боуден?

Колт с трудом удержался от недовольной гримасы, в который раз подивившись материнской проницательности. Как всегда, она угадала его мысли. Ну так, значит, нет смысла и лукавить.

— Ты права, мама! Вряд ли кто смог бы удивиться больше, чем я, в ту минуту, когда Шарлин, как чертик из коробочки, вдруг появилась на вокзале с кучей чемоданов и тетей Джессикой и объявила, что едет с нами.

У Китти от изумления даже дыхание перехватило, и лишь неимоверным усилием воли ей удалось удержаться от вопросов, которые так и вертелись на кончике языка. Ей пришлось напомнить себе, что Колт уже взрослый человек и давным-давно живет своей жизнью. Она редко давала волю материнскому любопытству, а если и делала это, то очень осторожно, чтобы сыну, не дай Бог, не пришло в голову, что она сует нос в его дела.

— А ты знал, что она собирается с тобой?

— Нет, конечно! — Он даже вспыхнул: — Просто я, как последний дурак, рассказал ей о том, что президент пригласил нас сюда, и она тут же заявила, что непременно поедет вместе с нами. Я возмутился и был вынужден сказать, что ее-то как раз никто сюда не приглашал. И вот что из этого вышло! — Он с досадой передернул плечами, а изящно вырезанные ноздри затрепетали, как всегда в те минуты, когда он был чем-то взволнован или возмущен. Эту привычку, унаследованную им от отца, давно уже подметил любящий взгляд Китти.

Она протянула руку и слегка погладила сына по щеке.

— Я все понимаю, милый, тебе пришлось привезти ее с собой. Конечно, у тебя не было другого выхода. Скандал был бы неприятен для всех нас, а не только для нее. Успокойся, ты все сделал правильно.

— Никогда не встречал раньше подобной девицы — у нее нервы, как стальные канаты. — И он сокрушенно покачал головой.

Китти задумалась, взвешивая каждое слово. Она была совершенно уверена, что сын пока еще не собирался жениться, но, насколько ей было известно, Шарлин — единственная девушка, с которой Колт постоянно встречался. И если уж Шарлин суждено было в один прекрасный день стать ее невесткой, то Китти следовало хорошенько подумать, прежде чем сказать что-нибудь, о чем она впоследствии может горько пожалеть.

— Она довольно хорошенькая, — задумчиво протянула Китти, — боюсь только, что Чарлтон и Джульетт безбожно избаловали ее. Она ведь единственный ребенок и привыкла всегда получать все, что только пожелает. А теперь, похоже, она больше всего на свете хочет тебя. — Подумав немного, она продолжила: — По-моему, ты ее первое серьезное увлечение, поэтому постарайся не обижать ее, сынок. Наверняка она по уши влюблена в тебя. А в этом случае женщина поступает безрассудно.

Колт благодарно взглянул на мать:

— Благослови тебя Бог, мама, ты всегда понимала меня. Я же заметил, что ты разозлилась на Шарлин еще больше, чем я, когда увидела ее на вокзале, и спасибо тебе, что сдержалась и не показала, насколько все это неприятно для нас. А ведь мне-то известно, что она далеко не всегда бывает так же справедлива к тебе.

— Только я стараюсь не замечать этого, — улыбнулась Китти. — Ты знаешь, мне иногда кажется, что мы сами позволяем неприятностям осложнять нам жизнь. Было бы разумнее на многое закрывать глаза.

Колт привык уважать мать, и она знала, что он всегда прислушивался к любому ее совету или замечанию. Они с отцом часто беседовали по душам, и он хорошо знал о том горе, которое выпало на долю его матери. Всего один раз в разговоре с сыном Тревис упомянул, что до сих пор влюблен в жену, но зато не раз восхищался ее мужеством и терпением, с которыми она перенесла несчастья и беды, посланные ей судьбой, и не дала им сломить себя.

И в глазах Колта мать была божеством, ни одна женщина не могла сравниться с ней.

— Знаешь, — задумчиво сказал он, — вот если бы мне повезло и я встретил женщину, похожую на тебя, тогда бы я женился, не раздумывая ни минуты.

Китти весело расхохоталась и покачала головой:

— Так я тебе и поверила, Джон Тревис Колтрейн! Разве я не знаю, что ты плоть от плоти своего отца и страсть к путешествиям у тебя в крови. Помоги, Господи, той несчастной девушке, которая отважится выйти за тебя, прежде чем ты хоть немного не остепенишься!

Колт засмеялся вместе с ней, но его веселое настроение моментально улетучилось, как только он заметил Шарлин Боуден, которая решительно направлялась в их сторону.

Китти постаралась взять себя в руки. Не то чтобы она уж очень сильно не любила Шарлин, но ее безумно раздражали невероятный снобизм и тщеславие, удивительные для такой молодой девушки. Шарлин была точной копией своей матери в молодости, и Китти вдруг вспомнила, как она всегда старалась избегать Джульетт Боуден. Раньше это было проще, но теперь, когда они разбогатели и Тревис стал играть важную роль в политической жизни страны, выполняя ответственнейшие поручения правительства, им с мужем пришлось вести светскую жизнь. А Джульетт Боуден была, безусловно, светской женщиной и благодаря своему богатству занимала весьма заметное положение в аристократическом обществе Силвер-Бьют. И Китти не могла больше игнорировать ее.

Наблюдая за Шарлин, пока та торопливо направлялась к ним, Китти не могла не отметить, что, если бы не недовольное выражение лица, то девушка, безусловно, могла бы считаться настоящей красавицей. Слава Богу, хоть внешне она ничем не напоминала мать. Ее окружала аура какой-то удивительной свежести. Блестящие локоны густых, пышных волос цвета свежего меда изящно обрамляли нежное, юное личико с чуть заостренным подбородком и высокими скулами. Китти невольно залюбовалась ею: огромные синие глаза, опушенные шелковистыми густыми ресницами, изящный, немного вздернутый носик придавал лицу выражение наивного лукавства, немного неожиданное для тех, кто знал, какая черствая, тщеславная натура скрывалась за этой ангельской внешностью. Но стоило ей только открыть рот, как очарование исчезало и прелестная красавица превращалась в дерзкую и избалованную девицу.

Шарлин была крошечного роста, хрупкая и изящная, а ее вечернее платье из блестящей пурпурной тафты с короткими пышными рукавчиками, отделанное кружевными фестонами и белыми бантиками, тут и там разбросанными по шуршащей юбке, делало ее еще больше похожей на дорогую красивую куклу.

Натянуто улыбнувшись Китти, Шарлин немедленно отвернулась от нее и завладела Колтом. Голосом, в котором звенел металл, она недовольно произнесла:

— Ну, знаешь, Колт, я целый вечер ищу тебя, чтобы высказать все, что я о тебе думаю. Сначала ты привозишь меня в Нью-Йорк, а на вокзале вдруг поворачиваешься ко мне спиной и уходишь как ни в чем не бывало. По-моему, это не очень-то красиво с твоей стороны!

Колт только холодно поздоровался, но больше не сказал ни слова, и Китти снова узнала в нем черты мужа. Тревис так же повел бы себя в подобной ситуации, он никогда и ни в чем не оправдывался. И сейчас Колт мог легко избавиться от любых упреков, если бы объяснил, что сразу же по приезде по просьбе матери отправился в порт узнать, появился ли наконец корабль отца. Но нет, он предпочел промолчать, и Китти в который раз поразилась, как же он похож на своего отца.

Шарлин раздраженно топнула маленькой ножкой, обутой в шелковую туфельку на высоком каблучке, и, сложив на груди руки, с досадой посмотрела на Колта. Ей впервые пришло в голову, что его будет не так-то просто водить на коротком поводке.

— Ну, что же ты молчишь?! Может быть, ты хотя бы извинишься?

Слегка приподняв одну бровь, Колт перевел дыхание и очень медленно произнес, глядя прямо ей в глаза:

— Дорогая моя, если ты помнишь, это была именно твоя идея — поехать в Нью-Йорк вместе со мной. И твои развлечения не моя забота!

Слегка кивнув ей на прощание, он улыбнулся матери и, круто повернувшись на каблуках, исчез в толпе.

Разъяренная Шарлин набросилась на Китти:

— Это вы настроили сына против меня, миссис Колтрейн! Вы стояли здесь и слышали, как он был груб со мной, но даже не сочли нужным остановить его!

— Шарлин, — мягко прервала ее Китти, — разве ты не заметила, что Джону Тревису и так еле-еле удалось промолчать? Ты, конечно, можешь упрекать его в грубости и несдержанности, но тем не менее он оказался достаточно воспитан, чтобы не напомнить о том, что ты и сама прекрасно знаешь, — ты приехала сюда без приглашения, по собственному желанию. И я считаю, что ты и так уже достаточно испытывала его терпение. А оно, уж ты поверь мне, не беспредельно!

Нежные голубые глаза мгновенно заволокла пелена слез, которые, похоже, были искренними, так же как и дрожь в голосе девушки.

— Ради Бога, простите меня, миссис Колтрейн, я так виновата перед вами! Но сейчас мне действительно нужно с вами поговорить.

Китти почувствовала что-то необычное в настойчивости Шарлин и уже собралась было предложить ей отойти в сторону, чтобы спокойно выслушать девушку, как вдруг до нее донесся чей-то громкий голос:

— Неужели это полковник Колтрейн, просто глазам не верю! Вы ведь знакомы, не так ли? Он один из ближайших друзей президента и пользуется его полным доверием!

Дальше Китти уже не слушала. С бешено колотящимся сердцем она обернулась и увидела мужа. Безумная любовь к Тревису пронзила ее, как удар тока, и она бросилась к нему, нетерпеливо протискиваясь сквозь плотную толпу и окликая его.

Тревис услышал знакомый голос и оглянулся, отыскивая глазами жену. Его сердце дрогнуло, когда он увидел любимое лицо, и в который раз Колтрейн подумал, что никогда в жизни не встречал женщины красивее и желаннее. Тревис бросился к ней и, обхватив сильными руками, крепко прижал к груди. «Это какое-то безумие, — промелькнуло у него в голове, — с каждым днем я люблю ее все сильнее!»

Казалось, прошла вечность, а двое влюбленных продолжали сжимать друг друга в объятиях, не замечая устремленных на них любопытных взглядов. Время для них остановилось.

Первым пришел в себя Тревис. Лаская горячими губами ухо жены и крепко прижимая ее к себе, он прошептал:

— Бог свидетель, Китти, как мне не хватало тебя!

Она чуть отодвинулась и откинула голову, заглядывая ему в глаза, и затрепетала от счастья, увидев в них беспредельную любовь и нежность. Губы ее приоткрылись, но тут за ее спиной послышалось вежливое покашливание. Обернувшись, Китти увидела человека, всем своим видом олицетворявшего власть.

Вежливо поклонившись Китти, он повернулся к Тревису:

— Полковник Колтрейн, позвольте представиться. Мое имя — Малколм Предди, я советник президента. Он сейчас здесь и хотел бы срочно переговорить с вами, лучше всего до обеда. Разговор будет личный. Пройдемте со мной, пожалуйста.

Ответом чиновнику была лукавая и довольно дерзкая усмешка, так хорошо знакомая Китти. По-прежнему не отрывая взгляда от лица жены, Тревис буркнул:

— Сожалею, мистер Предди, но президенту придется подождать. Сначала у меня будет личный разговор с моей женой.

Он уже взял Китти за руку, чтобы отойти с ней в сторону, но чиновник проговорил тихим твердым голосом:

— Президент ждет, сэр.

Ничуть не смутившись, Тревис ответил:

— Так же, как и я! К вашему сведению, я ждал встречи с женой почти три месяца.

Он уже повернулся, чтобы уйти, но Китти сжала его пальцы.

— Может быть, тебе лучше узнать, что хочет от тебя президент, — поколебавшись, сказала она, — а я дождусь тебя здесь.

— Ну уж нет, — оборвал ее Тревис, — я согласен выслушать президента, но при условии, что ты ни на минуту не исчезнешь из поля моего зрения, так что будь любезна, пойдем со мной. — Он снова притянул к себе жену и ласково коснулся губами ее щеки, а затем небрежно оглянулся на чиновника.

Малколм Предди, мысли которого были заняты протоколом, вначале и не понял, что Тревис не шутит, пока не взглянул ему в глаза.

— Ну что ж, — вздохнул он наконец, — тогда следуйте за мной.

Китти невольно поежилась, подумав, насколько нежелательно может оказаться ее присутствие при беседе президента с ее мужем. Она вдруг представила, как неловко будет чувствовать себя, зная, что разговор не предназначен для ее ушей. Осторожно коснувшись локтя мужа, Китти тихонько прошептала:

— Позволь мне подождать тебя здесь, Тревис. Право, так будет лучше.

— Как хочешь, милая, — кивнул он, — я скоро вернусь.

Провожая мужа, Китти не могла не заметить восхищенных взглядов, которые бросали на Тревиса все женщины. Красивый, с мужественной внешностью, он выглядел необычайно привлекательно в элегантном белом смокинге и бледно-голубой рубашке с пышными складками на груди, красиво оттенявшими его смуглую кожу и иссиня-черные волосы, которые за время его последнего путешествия изрядно отросли и сейчас мягкими волнами спускались почти до плеч.

Она с трудом перевела дыхание — любовь и счастье переполняли ее. Да, поистине Тревис Колтрейн — самый красивый мужчина в мире, и он принадлежит ей!

За ее плечом неожиданно выросла высокая, худощавая фигура сына.

— Итак, отец вернулся, — усмехнулся он, — жаль, что я не успел перехватить его. Все в порядке, мама?

Китти коротко объяснила, что Тревиса срочно вызвал к себе президент.

— Может быть, он хотел поговорить по поводу нового назначения, — с беспокойством предположила она. — Я так надеялась, что они хоть ненадолго оставят его в покое! — Затем, спохватившись, она вспомнила, что у сына свои заботы, и спросила с тревогой: — А где же Шарлин? Мне очень неловко, что я была вынуждена бросить ее, но ты понимаешь, как раз в этот момент я увидела отца...

— Ты просто сбежала, как и я в свое время, — улыбнулся Колт. — Не волнуйся, я сейчас разыщу ее и попытаюсь все уладить. — Он обвел взглядом пеструю толпу: — Что-то я ее не вижу.

Собравшиеся постепенно переходили в столовую, где был сервирован праздничный ужин.

— Может быть, ты поищешь ее, — предложила Китти, — а я пока подожду здесь отца.

Колт кивнул.

— Должно быть, пришло время для серьезной беседы с очаровательной Шарлин, — пробормотал он, раздраженно добавив: — Если, конечно, она расслышит что-нибудь, ведь у нее в голове, похоже, оглушительно звенят свадебные колокола!

Китти весело рассмеялась, заметив, как сын, отходя, сокрушенно покачал головой. Глупо с ее стороны винить Шарлин. Наивная, избалованная девчонка явно потеряла голову и во что бы то ни стало решила женить на себе Колта. Но ведь Колт не похож на других молодых людей, с которыми она раньше имела дело: он далеко не домашний и не ручной. И Китти была совершенно уверена, что Шарлин ждет сильное разочарование. Зная беспокойный характер сына, она была уверена, что даже если девушке и удастся его заарканить, то ненадолго. Ведь Тревису было уже далеко за тридцать, когда они поженились, и, холостой или женатый, он так и не остепенился.

Прошло минут двадцать и, очнувшись от своих мыслей, Китти с удивлением обнаружила, что осталась одна в огромном зале. Все приглашенные уже перешли в столовую, а вокруг нее суетились усталые официанты, убирая смятые салфетки и хрустальные бокалы из-под шампанского. Несколько раз глубоко вздохнув, она постаралась взять себя в руки, подавив невольное раздражение. Разговор Тревиса с президентом, судя по всему, достаточно серьезный, явно затягивается. А ей так хотелось после всего, что пришлось пережить в последнее время, очутиться поскорее в объятиях любимого человека!

Наконец Тревис вернулся, и, заметив задумчивое и слегка растерянное выражение его лица, Китти заподозрила неладное. Не сказав ни слова, он ласково обнял ее за плечи и увлек к выходу.

— Куда ты меня ведешь? — запротестовала она. — Мы же опоздаем на ужин, Тревис, ты меня слышишь? А нас ждет Колт и...

Глубокий, страстный поцелуй заставил ее замолчать, и затем Тревис снова повлек ее за собой в темноту.

Неподалеку от «Метрополитен-опера» был крошечный парк, заросший купами давным-давно не стриженного кустарника. У городских властей не доходили руки придумать хоть какое-то освещение в этом районе, поскольку на дорогие фонари Эдисона у правительства, как всегда, не было средств.

Именно в этот темный парк, где уже сгустились ночные тени, и устремился Тревис, но Китти внезапно заупрямилась.

— Что это ты задумал, Тревис Колтрейн? — Она упиралась на каждом шагу, пытаясь вырвать у него руку. — Сначала ты, не сказав ни слова, утащил меня с приема, а теперь еще решил прогуляться ночью по парку! Да ведь здесь нет ни единого фонаря! Я непременно зацеплюсь за что-нибудь и разорву платье и...

— Ты слишком много говоришь, — оборвал ее Тревис. Легко подхватив жену на руки, он перекинул ее через мускулистое плечо и зашагал дальше как ни в чем не бывало. — К черту твое платье! Завтра же куплю тебе сотню-другую новых.

Китти ни на минуту не умолкала — она ворчала, стонала, жаловалась, сыпала непрерывными вопросами, при этом брыкаясь и молотя кулаками по его могучей спине, но оба прекрасно понимали, что на самом-то деле все ее возмущение было притворным. Дойдя до конца темной аллеи, Тревис наконец остановился и, убедившись, что вокруг ни души, осторожно поставил жену на ноги. Когда он, с трудом скрывая нетерпение, жадно привлек ее к себе, Китти все еще продолжала отталкивать его и лицемерно протестовать.

— Тревис, ты с ума сошел? Зачем ты притащил меня сюда? И теперь мы из-за тебя остались голодными!

— Мой голод можешь утолить только ты, милая!

Лукаво склонив на плечо голову, Китти подарила ему чарующий взгляд своих огромных сияющих глаз.

— Ты повзрослеешь когда-нибудь, Тревис? — соблазнительно проворковала она. — Ведь мы с тобой, слава Богу, не юные новобрачные!

Не обращая ни малейшего внимания на ее слова, Тревис одним быстрым движением освободил упругие белоснежные груди из выреза платья. Лаская их бархатистую кожу, он прошептал, задыхаясь от охватившего его жгучего желания:

— Мне кажется, я буду безумно хотеть тебя, даже если мы проживем вместе не меньше полувека!

При воспоминании о любовных утехах, которым они предавались с Тревисом почти каждую ночь, когда им выпадало счастье быть вместе, по спине у Китти пробежала дрожь. Ей и в голову никогда не приходило отказывать мужу, ведь желание их всегда было обоюдным и отказать ему в любви значило бы и самой не утолить страсть.

Тревис склонился к жене, осыпая торопливыми поцелуями ее груди, лаская губами затвердевшие соски. Затем, осторожно опустив ее на траву, сам вытянулся рядом. Постепенно он снимал ее платье, обнажая восхитительное тело, пока губы терзали горевшие сладкой болью соски. Она не заметила, как платье соскользнуло с нее, и нежное, молочно-белое тело засветилось в слабом свете луны подобно редкостной драгоценной жемчужине.

Дрожащими от нетерпения пальцами Тревис расстегнул ставшие вдруг непослушными пуговицы на тесных брюках и, широко раздвинув ей бедра и согнув ноги в коленях, скользнул в ее бархатистое нежное лоно. Она слабо застонала, ощутив глубоко в себе его пульсирующую упругую плоть. Китти хотелось сказать, как безумно ей не хватало его, но она сдержалась, вспомнив, что Тревис терпеть не может слов, когда утоляет свою страсть. В такие минуты он, как умирающий, не мог оторваться от ее тела и ему не нужны были слова.

Она вскрикнула и задохнулась, ей показалось, что сердце ее вот-вот разорвется, так глубоко и мощно он заполнил ее всю. Его бедра начали медленные толчки, и Китти быстро подхватила ритм, не отставая от его нарастающей страсти. Тревис не старался продлить минуты чувственного безумия. Он уже давно знал, как именно довести жену до ослепительного экстаза. Дождавшись минуты, когда она забилась в сладостных судорогах, он застыл на мгновение и только потом позволил себе яростно взорваться внутри нее.

В эту минуту влюбленным казалось, что они стали единым целым. Им обоим хотелось только одного — чтобы никогда не кончалось это горячее буйное блаженство.

Супруги лежали, не в силах оторваться друг от друга, пока наконец к ним не вернулось чувство реальности. Только тогда Тревис перекатился на спину, все так же крепко прижимая жену к влажной груди.

— Это никогда не кончится! — благоговейно прошептала она.

— И будет продолжаться, — с энтузиазмом подхватил Тревис, — до самой нашей смерти! А там посмотрим, может быть, нам и в раю удастся отыскать укромный уголок, чтобы позабавиться? — И он весело усмехнулся: — А может быть, рай — это просто один долгий миг наслаждения, как ты считаешь, милая?

Китти шутливо шлепнула его по плечу.

— Гореть тебе в аду, Тревис Колтрейн! Ведь это же самое настоящее богохульство!

— Тогда ты будешь гореть вместе со мной, принцесса, ведь именно ты довела меня до этого!

Они долго лежали в блаженном молчании. Наконец Китти уже не могла сдержать любопытство, терзавшее ее:

— Скажи наконец, что хотел от тебя президент?

Ей показалось, что у мужа на мгновение перехватило дыхание.

— Скажи, Тревис, в чем дело? — взмолилась она, чувствуя что-то неладное.

Внезапно руки его разжались, и, выпустив ее из своих объятий, он откинулся на траву и поднял задумчивый взгляд к небу, на котором уже появились первые звезды.

Китти притихла рядом, сдерживаясь изо всех сил, чтобы не повторить вопроса, так как знала, что муж посвящает ее в свои дела лишь тогда, когда находит это нужным. Так уж он привык, и не было смысла торопить его.

Прошло несколько томительных минут. Наконец Тревис очнулся и, снова прижав к себе жену, мягко шепнул:

— Китти, мы едем в Париж.

От удивления у нее перехватило дыхание, и она так и застыла, глядя на него, не в силах произнести ни слова.

— Париж, — мечтательно продолжал он, — да, мы едем в Париж. Президенту кажется, что теперь я мог бы попробовать себя на дипломатическом поприще. Во Франции сейчас кипят страсти: монархисты, бонапартисты, радикалы мутят воду. Президент считает, что надо кому-то на месте разобраться, что к чему. — Он замолчал, а потом, глубоко вздохнув, как перед прыжком в ледяную воду, резко бросил: — Китти, президент хочет, чтобы мы уехали еще до конца месяца.

Это неожиданное известие оглушило ее, на мгновение ей показалось, что она умирает. Мысли беспорядочным потоком кружились в голове. Париж? И уже в конце этого месяца? А что же будет с рудником, с их ранчо? Да и Колт соскучился! А как же их дом? И ведь Тревису даже в голову не приходит спросить, а хочет ли она поехать! Черт побери, опять он все решил сам и даже не подумал посоветоваться с ней!

Не отрывая любящего взгляда от лица жены, Тревис с волнением наблюдал, как гнев и растерянность на нем сменяли друг друга. Он прекрасно понимал, о чем она думает, ведь еще и часа не прошло, как он испытывал то же самое.

— Для нас начинается совсем другая жизнь, Китти, восхитительно новая жизнь! Разве ты не понимаешь, ведь теперь я уже больше не покину тебя, мы всегда будем вместе. Президент пообещал, что больше никогда не пошлет меня на задание одного, ведь я ясно дал ему понять, что пользы в этом случае от меня не будет!

— Джон Тревис вполне способен справиться со всеми делами дома. Пришло время, когда ему надо брать в свои руки фамильное богатство. А потом, ты ведь знаешь, управление рудником настолько хорошо налажено, что сейчас за ним уже не требуется постоянно присматривать. — И он снова стиснул ее в объятиях. — Как хорошо нам будет вместе, принцесса! Ты только подумай, — он хитро улыбнулся, — в Европе столько интересного, что моя страсть к приключениям, которая доставляла тебе много лет одни неприятности, на этот раз будет утолена!

Но Китти было вовсе не весело. Слишком много перемен ждало их в будущем и слишком неожиданно все это обрушилось на нее.

Радостная улыбка Тревиса стала похожа на гримасу, когда он почувствовал, что жена явно не разделяет его энтузиазма. Он склонился над ней и умоляюще заглянул в глаза:

— Пообещай, что поедешь со мной, Китти. Прошу тебя.

Против этого она не смогла устоять. Нежные слова мужа словно разбудили ее, и она вернулась к действительности.

— Как ты мог подумать, что я решусь оставить тебя?! Но мне нужно какое-то время, Тревис, хотя бы для того, чтобы все обдумать, привыкнуть к мысли о скором отъезде. Не можем же мы просто взять и уехать, как будто через пару недель вернемся. И потом, милый, я совсем не уверена, что так уж хочу в Париж.

Муж понимающе кивнул, а Китти вдруг нервно засмеялась, прижавшись к нему.

— Ох, Тревис Колтрейн, на этот раз ты превзошел самого себя. Кажется, давно я уже не испытывала подобного потрясения!

Но он по-прежнему продолжал с тревогой заглядывать ей в глаза. Китти догадалась, что это еще не все. Этот просящий взгляд и выражение лица мужа были ей хорошо знакомы. Так и есть, Тревис немного помолчал и неуверенно произнес:

— Мы могли бы еще раз попытать счастья с Дани, если поедем в Париж.

Китти ощутила боль и неуверенность в его голосе. И хотя они уже много лет не касались этой темы, Китти хорошо знала, что горечь от разрыва с дочерью до сих пор жила в его сердце.

Сейчас девушке было уже около двадцати, в последний раз они видели Дани, когда ей минуло шесть. Китти хотела тогда взять ее к себе, любить и воспитывать малышку как собственную дочь, но стоило Элейн, родной тетке Дани, переехать в Силвер-Бьют, как неприятности не заставили себя ждать. Каким-то образом ей удавалось разрушить все попытки Тревиса сблизиться с ребенком. Она просто наслаждалась, видя, как он кипит от ярости. Китти, которая была отнюдь не глупа и не слепа, очень скоро догадалась, что причина ненависти Элейн к Тревису кроется в далеком прошлом. Что-то, видно, произошло много лет назад между ней и Тревисом, что-то, что она не могла ему простить до сих пор, но что именно, Китти не знала. Впрочем, она никогда не задавала вопросов, так как не была уверена, что ей понравится то, что она услышит.

План Элейн разрушить мир и покой в семье Тревиса и оторвать от него Дани с блеском удался. Почти за один год Дани из прелестной, ласковой и послушной девочки превратилась в своевольное, злобное и всем недовольное создание. И бедняжка Китти стала постоянной мишенью для всех ее выходок. Жизнь превратилась в ежедневную мучительную пытку, и однажды, когда Китти за что-то наказала девочку, а та в ответ ударила мачеху, Тревис не выдержал. Не сказав жене ни слова, он отправил Элейн короткую записку, где признавал, что она победила, и разрешал забрать девочку. Позже он попытался все объяснить Китти, убеждая и ее, и себя, что девочке, может быть, будет гораздо лучше с родными матери в Кентукки.

Но в тот день, когда Элейн, не скрывая своего торжества, появилась на их ранчо, чтобы увезти с собой малышку, не выдержал Джон Тревис. Он был еще мал, и никто не подозревал о его неистовом темпераменте. Не помня себя от ярости, он кричал, что ненавидит и всю свою жизнь будет ненавидеть Элейн за то, что она увозит прочь его сестричку. Он обвинил ее в том, что именно она, притом намеренно, превратила девочку в неуправляемое и злобное существо. Но чувствуя себя в присутствии избаловавшей ее тетки в полной безопасности, Дани в ярости набросилась на брата, колотя и царапая его. Китти и Элейн, подбежав к ним, с трудом растащили детей, но последними словами, которые выкрикнул на прощание сестре Джон Тревис, были:

— Я ненавижу тебя! Надеюсь, что больше никогда в жизни тебя не увижу!

— Чтоб ты сдох, Джон Тревис! — завопила в ответ Дани.

Сколько лет прошло с тех пор, но у сына до сих пор сохранился маленький шрам над левым глазом. Да и судя по всему, он по-прежнему не простил сестру, ведь с того дня Китти не слышала, чтобы он хоть раз упомянул ее имя.

Боль и обида снова нахлынули на нее, словно это все случилось вчера, и, как всегда, муж догадался, о чем она думает. Заметив, как мучительно исказилось нежное лицо жены, он стиснул ее в объятиях и прижал к груди. Помолчав немного, Китти задумчиво сказала:

— Давай попробуем дать Дани еще один шанс. Ведь столько лет прошло. Может быть, теперь, когда она повзрослела, ей наконец удалось освободиться от влияния Элейн.

— Если бы это было так, думаю, она дала бы о себе знать, — мрачно процедил Тревис. Угрюмо сдвинув густые черные брови, он тяжело вздохнул:

— Она сейчас где-то на юге Франции, но это все, что мне известно. Когда Элейн удалось женить на себе того французского аристократа, за которым она гонялась столько лет, они с Дани переехали жить к нему. Она моя единственная дочь, а я почти ничего о ней не знаю! — с болью в голосе закончил он.

— А ты не можешь узнать ее адрес? Тогда мы бы написали ей и сообщили, что скоро будем в Париже.

Он кивнул:

— Думаю, это могут знать в местном отделении банка, в Силвер-Бьют. Ты же знаешь, все эти годы я посылал ей деньги, хотя Дани даже не удосужилась вспомнить о моем существовании.

Китти крепко сжала его ладонь и прильнула к ней губами.

— Может, теперь все будет по-другому. Не забывай, она выросла за эти годы. И не исключено, что смогла раскусить Элейн.

Он, тяжело вздохнув, ничего не ответил, и Китти поняла, что муж боится тешить себя напрасными надеждами.

носил роскошную одежду, дорогую обувь, забыл о том, как ложился спать на пустой желудок. Потом Элейн ненадолго уехала, а вернувшись, привезла с собой Дани Колтрейн. Бог свидетель, разве он рассердился на это? Кто бы знал, что значит жить бок о бок с отродьем человека, который лишил его отца, а ведь он, черт побери, и слова не сказал! И никогда бы не сделал этого, скорее добровольно отправился бы в приют. Он так и сказал тогда Элейн, а та, вздохнув, погладила мальчика по голове и объяснила коротко, что Дани не виновата в том, кто ее отец. Она добавила, что девочка — дочь ее родной сестры и, следовательно, член семьи Барбоу, и это самое главное, а значит, и обсуждать тут нечего.

Поначалу Гевину приходилось нелегко, но мало-помалу он привык. А по мере того как девочка становилась старше, она все больше нравилась Гевину, и теперь он с удовольствием останавливал на ней взгляд. Шли годы, и Дани постепенно хорошела, превращаясь в хрупкую, очаровательную девушку с глазами цвета свежего меда. По спине ее рассыпалась густая копна светло-каштановых волос, а изящная фигурка, стройная, как фарфоровая статуэтка, не раз заставляла сердце Гевина отчаянно колотиться в груди. Он сравнивал ее с сочным, истекающим соком плодом, и у него чесались руки сорвать его.

Дети росли, но вот наступил день, когда скончался отец Элейн, а та, ничего не понимая в финансовых делах семьи, принялась распоряжаться сама. Не прошло и нескольких лет, как они были разорены. Поэтому, когда французский аристократ граф Клод де Бонне сделал Элейн предложение, она, не колеблясь ни минуты, согласилась и уехала во Францию. У де Бонне был прелестный маленький замок на вершине скалы на берегу Средиземного моря, недалеко от Монако. Туда Элейн перевезла и детей.

Никогда еще Гевин так не скучал по дому, как в те первые годы. Поначалу ему безумно хотелось вернуться в Кентукки, но постепенно он привык, и новая жизнь вскоре даже понравилась ему. Благодаря принцу Чарльзу III, тридцать три года тому назад разрешившему на своей земле азартные игры и построившему первое казино, Монако, или Монте-Карло, как называл его сам принц, скоро превратилось в бурлящую жизнью роскошную столицу игорного бизнеса. Жизнь здесь была сказочной и восхитительно интересной. Гевин все реже и реже думал о возвращении в Америку, и его мечты о родине как бы заволокло легкой дымкой. Не то чтобы он решил навсегда остаться во Франции, просто теперь возвращение откладывалось на неопределенный срок. Пока он может наслаждаться всеми прелестями Монте-Карло, он не вернется домой.

Внезапно Гевин нахмурился: он вспомнил, что граф де Бонне тоже был подвержен безумной страсти к игре. Год назад он был застрелен на дуэли, после чего выяснилось, что к этому времени он уже успел промотать почти все состояние. С тех пор вся жизнь Элейн проходила в отчаянных попытках хоть как-то сохранить жалкие остатки богатства покойного мужа и свести концы с концами.

Наконец дела пошли настолько плохо, что Гевин решил поговорить с Элейн. Он поинтересовался, почему она не потребует, чтобы Колтрейн увеличил содержание Дани, ведь ему было хорошо известно, что тот богат и владеет одним из самых больших серебряных рудников в Неваде.

Элейн терпеливо выслушала его, объяснив, что Колтрейн вряд ли согласится. В конце концов, прошло уже тринадцать лет с тех пор, когда он в последний раз получил письмо от дочери.

Гевин не верил своим ушам.

— Дани, что, с ума сошла?! Ведь ее отец — один из богатейших людей в Америке, а она знать его не желает! Можно ли быть такой легкомысленной?!

Элейн и бровью не повела, хотя Гевин еще долго кипел от возмущения. Она только холодно напомнила ему, что Дани сейчас не хочет иметь с отцом ничего общего и для этого есть веская причина.

— Видишь ли, — смущенно улыбнулась она, — Дани много раз писала ему, но я уничтожала письма. И поскольку девочка ни на одно из них не получила ответа, она уверена, что это он бросил ее. Она свято верит в то, что отец знать ее не хочет, потому что она предпочла жить со мной.

И тут Гевин не выдержал. Потеряв голову, он кричал, брызжа от возмущения слюной. Назвав Элейн безмозглой старой курицей, он обвинил ее в глупости и упрямстве, благодаря которым они остались почти без гроша за душой. Она оправдывалась как могла, сетуя, что никто не подозревал о несчастной страсти покойного графа к азартным играм. Ведь все были уверены, что он богат и будущее их обеспечено.

Итак, Гевину одному предстояло искать выход из тупика, в котором оказалась вся семья. Но что мог сделать он, который уже успел привыкнуть к роскоши, любил ее и не мог без нее обойтись? Гевин еще не забыл, что такое бедность, и нищета казалась ему хуже смерти.

Отогнав нахлынувшие воспоминания, Гевин вынул из шкафа рубашку, маленькое произведение искусства из тончайшего шелка цвета слоновой кости. Сшитая вручную, она прекрасно облегала тело и замечательно гармонировала с элегантным темно-голубым смокингом, который он выбрал в этот день из сотни других, тоже принадлежавших ему. Все это множество дорогих костюмов было в строгом порядке развешано на плечиках в просторной гардеробной. «Слава Богу, что в казино не принимали в заклад одежду, — с мрачным юмором подумал он, — иначе милейший граф мог бы оставить меня голым».

Он слабо улыбнулся, бросив прощальный взгляд на свое отражение. Постепенно в голове у него начал складываться отличный план. Сегодня утром Элейн ворвалась к нему в комнату, размахивая каким-то письмом и бессвязно что-то выкрикивая.

Гевин с усмешкой вспомнил, как стал читать письмо, а Элейн в нетерпении не сводила с него широко раскрытых глаз, как он потом долго хохотал, а она никак не могла понять причины его смеха.

— Неужели до тебя не доходит, что это может значить для всех нас? — наконец спросил он.

Она нехотя кивнула:

— Тревис пишет, что он теперь будет жить в Париже вместе с Китти. Он хочет увидеться с Дани, попытаться завоевать ее расположение.

Гевин нетерпеливо отмахнулся, перебив ее:

— Да нет, я не об этом. — Он торопливо пробежал глазами письмо. — Вот, читай. Тревис пишет, что составил распоряжение. Он хочет еще при жизни оставить детям свое состояние, его имущество будет разделено поровну, серебряный рудник достанется его сыну и Дани. — Не в силах сдержаться, он помахал письмом перед носом Элейн. — Вот оно! Дани сможет продать свою долю в разработках брату или кому угодно, и мы снова будем богаты!

Элейн попыталась было образумить его, напомнив, что у Дани, вне всякого сомнения, есть свои планы по поводу того, как в будущем поступить со своей долей наследства.

— А вдруг девочка решит вернуться в Америку и остаться там навсегда, — осторожно добавила она.

— Ну, тогда ей лучше как можно скорее выбросить эти мысли из головы, — буркнул Гевин. — Впрочем, оставь, я сам обо всем позабочусь, это не твое дело. И ни слова Дани об этом письме, ты поняла? — грозно предупредил он. Зная его вспыльчивость, Элейн молча кивнула. К тому же она так ненавидела Тревиса, что охотно уничтожила бы это письмо, так же как она уничтожила все его прежние.

Гевин закончил свой туалет, весело насвистывая. Довольная улыбка растянула его губы — в голове молодого человека окончательно сформировался хитроумный план.

Гевин задумал не только вернуть себе утраченное богатство, но и уничтожить заодно самого Тревиса Колтрейна.

При мысли, что он наконец-то отомстит за отца, на душе у него вдруг стало так легко, что он не выдержал и расхохотался.

Проходя анфиладу комнат, он весело и беззаботно насвистывал, разглядывая роскошную обстановку. Дорогие хрупкие безделушки, драгоценные антикварные вещицы, замечательные полотна известных мастеров, роскошная мебель, стоившая целое состояние. Замок сам был похож на старинную бонбоньерку, но в глазах Гевина он казался просто старой рухлядью. Молодой Мейсон был поклонником совсем другого стиля — ему нравились не заставленные старинной мебелью, а наполненные светом просторные залы, где много воздуха. Здесь же, по его мнению, было мрачно и душно. Впрочем, не важно. Скоро у него будет все, что он пожелает. У него будут деньги. Деньги Колтрейна! И его месть будет сладкой!

Комната Дани располагалась в конце длинного коридора. Именно здесь ему бы хотелось жить: из окон открывался чудесный вид на вечно голубое Средиземное море, и слышен был глухой шум волн, бьющихся о скалы у подножия замка. Когда Элейн только вышла замуж за де Бонне и они переехали сюда, Дани была просто невозможна. Завистливая, надменная и неуступчивая, она изводила Гевина, требуя, чтобы именно ей досталась самая большая и светлая комната. Она грубо и откровенно третировала мальчишку, считая себя единственной настоящей родней Элейн, и дразнила Гевина приемышем. Он в ответ грозил ей как-нибудь подстеречь и сбросить ее из окна прямо на скалы, рисуя перепуганной девочке страшную картину ее мучительной смерти. Дани цепенела от ужаса, а потом с пронзительным визгом бежала жаловаться Элейн. Но время шло. Дани повзрослела, ее характер изменился — она стала доброжелательнее и мягче. Эта перемена была столь ощутима, что порой сбивала с толку Гевина и сильно озадачивала Элейн.

Гевин уже подошел к двери и хотел постучать, но передумал, услышав доносившийся из комнаты разговор: по-видимому, Дани была не одна. Приложив ухо к отполированной двери красного дерева, Гевин прислушался и скоро понял, кому принадлежит доносившийся из комнаты голос. Это была Бриана де Пол. Только у нее был такой низкий, теплый, мелодичный голос с легким французским акцентом, от которого она так и не отвыкла, несмотря на все старания Дани. Мать Брианы умерла много лет назад, а отец, служивший когда-то у графа управляющим, скончался только в прошлом году. Бриана и Дани были близкими подругами и всегда любили друг друга, как сестры.

Более того, прелестная молодая француженка очень походила лицом на Дани. Ее роскошные волосы были того же оттенка, но если карие глаза Дани сияли теплым, мягким блеском спелого каштана, то необычайно яркие, опушенные густыми темными ресницами глаза Брианы цветом напоминали искрящийся в свете каминного пламени дорогой бренди. И характер был под стать внешности — девушка, чуть что, вспыхивала как спичка. Гевин с удовольствием вспомнил, как она бешено сопротивлялась, когда при встрече где-нибудь в темном коридоре он игриво похлопывал ее прелестно округлившуюся попку или будто невзначай норовил прижаться к пышной, соблазнительной груди. Тысячу раз Бриана открыто заявляла Гевину, что терпеть его не может. Молодого человека это ничуть не смущало, он был уверен, что ненависть в один прекрасный момент может смениться совсем другим чувством, стоит только девушке понять, что именно он является хозяином положения. В конце концов теперь, когда отец ее умер, именно на нее легла забота о брате-калеке. Она всегда отчаянно нуждалась в деньгах и, когда Элейн взяла ее к себе горничной, ухватилась за работу обеими руками. Нужно только намекнуть строптивой девчонке, что от него зависит, потеряет она работу или нет, и маленькая упрямица и пикнуть не посмеет, когда он потребует от нее «дополнительных» услуг.

За тяжелой деревянной дверью голоса девушек звучали приглушенно, и он, как ни старался, не мог разобрать ни единого слова. Но Гевину показалась, что обе чем-то сильно взволнованы, и он, сгорая от любопытства, приник ухом к замочной скважине, стараясь расслышать, о чем они говорят.

Внезапно дверь распахнулась и из комнаты вышла Бриана. В руках у нее был тяжелый поднос с остатками завтрака. Со всего размаху она налетела на Гевина. Посыпалась посуда, а недопитый апельсиновый сок щедро залил роскошную рубашку и смокинг Мейсона.

— Еще бы и нос тебе прищемить! — ничуть не смутившись, сердито процедила сквозь зубы Бриана, поворачиваясь к нему спиной.

Гевин так и остался стоять, провожая ее взглядом, пока она поднималась по лестнице, не в силах оторвать глаз от ее слегка покачивающихся изящных бедер. С трудом переведя дыхание, он напомнил себе, что очень-очень скоро эти пышные бедра будут соблазнительно раздвинуты для него, а нежные губки произнесут заветные ласковые слова.

— Гевин?

С трудом оторвавшись от мыслей о Бриане, он вошел в комнату. Дани сидела у окна. Перед ее глазами, ослепительно сверкая в лучах полуденного солнца и переливаясь всеми оттенками бирюзы, изумруда и аквамарина, ласково плескалось море.

Как всегда, на Дани было ее любимое белое муслиновое платьице. Оно было очень простое, но, когда Гевин, подвинув поближе удобное кресло, расположился напротив и взглянул на девушку, у него от восхищения перехватило дыхание. В своем белоснежном наряде, с нежным, задумчивым личиком, она напомнила ему ангела со старинного витража. Но что-то в неподвижной позе девушки вскоре заставило его насторожиться. Уж слишком тихо она сидела. Гевин вспомнил, что с некоторых пор она совсем ушла в себя, все больше времени проводила, запершись в своей комнате, читая или просто размышляя, и выходила только к мессе.

Два года назад Дани приняла католичество и очень скоро, к изумлению Элейн, стала настоящей фанатичкой веры. Элейн даже поделилась с Гевином своей тревогой за девушку, и тот вполне разделил ее опасения. Впрочем, сколько они ни старались, им так и не удалось убедить Дани умерить свой религиозный пыл и вернуться к нормальной жизни.

Устроившись в удобном кресле, Гевин вытащил тонкий носовой платок и принялся осторожно промокать шелковое полотно рубашки, насквозь пропитавшейся апельсиновым соком.

— Вот неуклюжая девчонка, — проворчал он, — пора бы уж ей знать свое место. Она всего лишь прислуга в этом доме — не больше. Признаюсь, меня уже стала порядком раздражать ее дерзкая манера вести себя.

Казалось, Дани просто не слушала его.

— Рада тебя видеть, Гевин, мне давно хотелось поговорить с тобой, — мягко произнесла она.

Гевину страшно не понравилось, что при этих словах она прижала к груди молитвенник. Что-то незнакомое в ее голосе заставило его насторожиться и, резко вскинув голову, он пристально посмотрел ей в глаза, забыв про испачканную рубашку.

— Ты так много времени проводишь теперь в церкви, что ни я, ни Элейн почти не видим тебя. Мне это не нравится, Дани. Я страшно скучаю по тебе.

Но лицо девушки осталось при этих словах по-прежнему безмятежным, и Гевин не на шутку встревожился.

— Мне уже давно надо серьезно поговорить с тобой, Гевин, — тихо сказала Дани. — Я приняла одно важное для себя решение. Это было очень трудно, я много молилась и плакала, но сейчас все уже позади, я успокоилась, а тебе и тете Элейн пришло наконец время узнать о моем решении.

Но мысли Гевина были заняты деньгами Тревиса Колтрейна, он просто не мог сейчас думать ни о чем другом, а поэтому нетерпеливо отмахнулся от слов Дани.

— Потом, дорогая. Сейчас у нас есть дела посерьезнее. Послушай меня, Дани, нам очень нужно поговорить с тобой.

— Но то, о чем я хотела рассказать вам, очень важно! Послушай, Гевин, ведь решается моя жизнь, и...

— Дорогая моя, — нетерпеливо перебил он и насмешливо улыбнулся, заметив, как она, уронив молитвенник на колени, стиснула руки. Какое-то внутреннее чувство подсказывало ему, что необходимо сделать все возможное, чтобы помешать Дани высказаться. И он, зажмурившись, быстро заговорил: — Послушай, милая, больше всего на свете я хочу, чтобы мы поженились. Вот уже много лет, как я понял, что безумно люблю тебя. Но я и сам не догадывался об этом, пока ты не стала проводить все время здесь, в своей комнате. Я мучился, тосковал, мне казалось, что ты не хочешь видеть меня, что ты, возможно, увлечена кем-то еще. Прости, любовь моя, но я не выдержал и стал следить за тобой, и теперь, когда я знаю, что ты бываешь только в церкви, мне стыдно смотреть тебе в глаза.

Нам с тобой нужно многое решить, — настойчиво продолжал он, стараясь не замечать растерянного выражения ее лица. Дани сделала слабую попытку освободить свою руку, которую Гевин слишком сильно сжал, но он не позволил ей этого. Он никак не мог понять странного выражения широко распахнутых глаз Дани. Что в них было? Испуг? Возмущение? Почувствовав закипающую в груди тяжелую ярость, он с трудом взял себя в руки. Если он выйдет из себя, то может все испортить, да и потом, какая ему, в сущности, разница, что она чувствует?! Это будет брак по необходимости — необходимости иметь деньги. И поэтому не важно, сможет ли она когда-нибудь полюбить его.

— Думаю, Дани, ты давно уже догадывалась, какие чувства будишь во мне. Конечно, мы росли как брат и сестра и долгое время так и относились друг к другу. Но ты всегда была для меня гораздо больше, чем сестра. А сейчас я просто сгораю от желания назвать тебя своей навсегда! Давай обвенчаемся как можно скорее! А потом отправимся на родину в Неваду, чтобы потребовать то, что принадлежит тебе по праву...

— Гевин, ради Бога, замолчи немедленно! — пронзительно закричала она. Боль и отчаяние, прозвучавшие в ее голосе, не смогли смягчить ни стены, покрытые шелковыми нежно-розовыми обоями, ни пышные драпировки из белой парчи.

От этого крика у Гевина даже перехватило дыхание. Он впился в Дани испытующим взглядом.

Вырвав наконец руку из его горячих ладоней, девушка откинулась на спинку стула, задумчиво разглядывая так, казалось, хорошо известного ей человека. Что произошло, почему он решился на этот безумный шаг? Ведь раньше, когда они росли вместе, Гевин, казалось, терпеть ее не мог. С ним было тяжело, и таким он был всегда — грубым, себялюбивым и испорченным. Похоже, он никогда и ни к кому не был привязан по-настоящему, поэтому сама мысль, что он может влюбиться, и тем более в нее, показалась ей совершенно абсурдной.

— Но, Гевин, ты ведь это не серьезно? — стараясь не задеть его гордость, проговорила Дани. — Конечно

— Ну а теперь, — весело сказала она, вставая и поправляя смятое платье, — давай-ка приведем себя в порядок и отыщем нашего сына. Надо же сообщить ему новости.

Слова Китти заставили Тревиса очнуться от невеселых мыслей. Схватив за руку улыбающуюся жену, он неожиданно притянул ее к себе и, быстро перевернувшись на живот, подмял под себя. Накрыв Китти своим телом, он пылко прошептал:

— Ну уж нет, милая, не так быстро. Пока ты угостила меня только закуской. Не пора ли перейти к основному блюду?!

И Китти ни на секунду не заколебалась. Бешено стучавшее сердце отозвалось на зов, любовь и страсть захватили их, и влюбленные продолжили самозабвенный полет в страну чувственных наслаждений.

Глава 2

Франция

Июль 1889 года

Гевин Мейсон не мог оторвать глаз от своего отражения в огромном зеркале в массивной позолоченной раме.

Ему очень нравилось то, что он видел.

В зеркале отражался мужчина среднего роста, с хорошей фигурой, и, по его собственному мнению, весьма привлекательной внешностью.

Откинув с высокого лба прядь светлых непослушных волос, Гевин недовольно насупился. Черт бы побрал эти кудри! Вечно разлетающиеся во все стороны, пышные и непокорные, они придавали ему мальчишеский вид. Боже, как же он их ненавидел! Пришлось даже отрастить усы, но и с ними Гевин казался гораздо моложе своих двадцати пяти лет.

Цвет его волос нравился ему еще меньше. Светло-пшеничного оттенка, они порой напоминали ему яичный желток. Тем не менее женщинам он нравился — и его непослушные вихры, как ни странно, тоже. Ну что ж, подумал он, значит, все не так уж плохо.

Он придвинулся еще ближе к зеркальной поверхности и принялся озабоченно разглядывать крохотное пятнышко в уголке глаза. Глазами он был совершенно доволен, ему был по душе даже их необычный темно-голубой цвет. Несколько лет назад одна из многочисленных шлюх, без которых он не мыслил своего существования, как-то в ярости крикнула ему, что у него взгляд как у ядовитой змеи.

— Ты настоящая змея, — кричала она, — хоть и с синими глазами, настоящее отродье сатаны!

Злобная усмешка искривила тонкие губы. Змея! Ну что ж, неплохо, он был даже польщен таким сравнением. Кое-кто из его приятелей, с кем он часто проводил время за дружеской попойкой, тоже иногда называл его «змеей», и он не обижался. Казалось, что это прозвище делает его значительнее, старше — что он становится больше похожим на отца. Да, с гордостью подумал он, Стьюарт Мейсон был не последним человеком в Кентукки и, если бы не этот трижды проклятый Тревис Колтрейн, был бы жив и сейчас.

Его мальчишеское лицо исказила гримаса гнева. Хотя он и был еще почти ребенком, когда случилась беда, но отчетливо помнил все, как будто это случилось вчера. Перед его глазами снова возникла страшная картина: вот бездыханное тело отца вносят в дом и кладут на кухонный стол. В ушах звенит страшный крик матери, и маленький Гевин чувствует, как все холодеет внутри и судорога страха скручивает желудок. До сих пор ему иногда снилось мертвое лицо отца, залитое кровью, и прямо между широко раскрытых глаз — черная дыра.

Вместе с людьми, которые принесли домой тело отца, пришла и Элейн Барбоу. Именно она и была тем человеком, который взял на себя труд объяснить юному Гевину, что его отец верил в одно, а Тревис Колтрейн — в другое. Она сказала также, что Гевину еще не раз придется слышать об отце разные небылицы, например, что он был членом страшного ку-клукс-клана и делал ужасные вещи.

— Но ты не должен верить этому, — прошептала Элейн. — Твой отец был храбрейшим из храбрых, потому что жизни своей не пожалел, защищая то, во что свято верил. А верил он в превосходство белой расы и в то, что негры должны знать свое место. И ты, Гевин, не должен думать плохо об отце.

И он вырос, гордясь Стьюартом.

Его мать так и не оправилась от этого удара. Казалось, желание жить покинуло ее, она лежала целыми днями, забыв об осиротевшем Гевине, и не прошло и года, как ее не стало. Единственные близкие родственники мальчика, дядя с женой, и не подумали взять к себе сироту. Этой бездетной паре шумный и подвижный ребенок показался слишком большой обузой. Они уже обсуждали, что, может быть, стоит отправить его в городской приют, но тут вмешалась Элейн. Категорически заявив, что не позволит сыну Мейсона жить с чужими людьми или рассчитывать на городскую благотворительность, она увезла мальчика с собой. Так Гевин впервые попал в огромный, фантастической красоты особняк семьи Барбоу, и с этого момента у него началась совершенно новая жизнь. Теперь он не знал ни в чем нужды,

— Я никогда не выйду за тебя замуж, Гевин, — медленно повторила она. — Я вообще не собираюсь замуж. И обсуждать тут нечего, разве что... — Она замолчала, заметив, что он не слушает ее.

Уже открыв дверь, Гевин обернулся:

— Сегодня вечером мы должны окончательно все решить. Я думаю, все будет очень просто: скромная свадьба, а затем медовый месяц, который мы проведем в Америке.

Захлопнув за собой тяжелую дверь, он с трудом перевел дыхание, стараясь подавить душившую его ярость. Будь она трижды проклята, упрямая девчонка! Но он заставит ее согласиться, другого выхода у него не было. Иначе им конец.

Погрузившись в невеселые мысли, он направился к лестнице, когда вдруг краем глаза заметил, как что-то мелькнуло в конце коридора. Быстро обернувшись, он увидел Бриану, юркнувшую в открытую дверь ближайшей комнаты. Гевин бросился со всех ног за девушкой, пытаясь на ходу угадать, удалось ли ей подслушать его разговор с Дани. Перед глазами и без того разгоряченного молодого человека предстала стройная, точеная фигурка с пышной, упругой грудью под простой крестьянской блузой, и привычное возбуждение охватило его.

В три прыжка он оказался перед комнатой, в которой только что скрылась Бриана, и рванул на себя дверь. Убедившись, что его жертва там, он плотно прикрыл за собой дверь и направился к испуганной девушке.

Бриана застыла как изваяние посреди комнаты. Стараясь придать голосу как можно больше твердости, она проговорила:

— Лучше держись от меня подальше, Гевин. Я безумно устала от твоих наглых приставаний!

Хищная усмешка искривила тонкие губы Гевина.

— А ты не забыла, милочка, что теперь я здесь хозяин?! И если ты по-прежнему хочешь работать в замке, тебе надо научиться получше угождать своему новому господину — как следует угождать, ты понимаешь меня?

— В таком случае я уйду отсюда, — сухо сказала Бриана.

— А как ты собираешься кормить брата? — протянул он и даже руки потер от удовольствия, заметив, какая боль появилась в ее глазах при упоминании о брате. Тревога исказила прелестные черты нежного лица, и Бриана отчаянно прижала к груди руки. — Ведь тебе хорошо известно, что он никогда не сможет работать, бедняга. Боже, как печально!

— Ах ты, мерзавец! — Ее затрясло от возмущения. — Да как у тебя язык повернулся говорить о Шарле, да еще таким тоном?! А теперь убирайся прочь, не видишь, у меня работы по горло!

Он сделал шаг вперед, и тогда Бриана схватила первое, что подвернулось ей под руку — тяжелый медный подсвечник. Глаза ее горели холодной, яростной злобой, а рука, державшая тяжелый подсвечник, не дрожала. И Гевин заколебался, подумав, что у отчаянной девчонки, пожалуй, хватит смелости швырнуть в него чем угодно.

— Ты еще проклянешь тот день, когда решилась поднять на меня руку! — прошипел он.

Резко повернувшись, Гевин выскочил из комнаты, изо всех сил хлопнув дверью, так что несколько висевших на стене тяжелых картин с оглушительным грохотом рухнуло вниз. От этого зрелища он еще больше вскипел.

Бриана тяжело вздохнула и поставила подсвечник на прежнее место. При мысли, что она вполне могла проломить ему голову, по спине девушки пробежала холодная дрожь. Бриана с первого дня ненавидела и презирала Гевина Мейсона. Он был наглым, злобным, до мозга костей испорченным человеком. Она ни минуты не колебалась, отвергнув его ухаживания, хотя знала, чем это может обернуться — для нее и Шарля.

Ах Шарль!

Слезы любви и сострадания выступили у нее на глазах. Она заботилась о младшем братишке с первых же дней его жизни. Шарлю было всего десять, он был почти на девять лет моложе ее. Хрупкое, маленькое тельце мальчика было скрючено, ноги отказывались служить. Он еще кое-как мог переползать по полу с места на место, подтягиваясь на руках, но был не в состоянии самостоятельно взобраться на кровать или в кресло. Когда Шарль был еще шестилетним ребенком, отец поднакопил денег и отвез сына в Париж. Все доктора, кому он показывал ребенка, в один голос заявили, что случай совершенно безнадежный и мальчик останется калекой на всю жизнь. Один из светил медицины даже предупредил отца, что, по мере того как мальчик будет расти, начнет увеличиваться давление на и без того хрупкие кости позвоночника. А однажды хребет калеки не выдержит — и это будет конец. Операция могла бы помочь, добавил врач, но болезнь Шарля еще настолько мало изучена, что любое хирургическое вмешательство может закончиться трагически. Это был бы своего рода эксперимент — опасный и очень дорогой.

Конечно же, таких денег у их семьи не было, так что они не смогли бы рискнуть, даже если бы захотели. Им всегда с трудом удавалось сводить концы с концами на то крошечное жалованье, которое отец получал, управляя имением графа. Но деньги для них значили гораздо меньше, чем возможность бесплатно жить в крошечном домике почти на границе имения. После смерти отца Бриана не знала покоя, опасаясь, что их со дня на день заставят покинуть их жилище.

Черная тоска охватила девушку. Что сулило ей будущее? Скоро она потеряет Дани, свою единственную близкую подругу. Когда Дани покинет замок, Бриана останется совершенно одна и ее смогут в любую минуту вышвырнуть на улицу. У Элейн всегда был ужасный, отвратительно вздорный характер, а что касается Гевина, то он наверняка станет еще невыносимее. Девушке хотелось плакать, когда она с отчаянием обводила взглядом ветхий домик с двумя крошечными комнатками. Ведь это было ее единственное прибежище. Неужели ей придется уехать? Но в душе она понимала, что рано или поздно это должно случиться.

И куда же ей тогда идти, одинокой, с десятилетним братом-калекой на руках?!

В отчаянии Бриана вспомнила, что у нее нет ни гроша. Она работала у Элейн за стол и крышу над головой. А сколько вокруг поместий, где ей не удалось бы получить и этого! И впервые ей пришло в голову, что одна, без поддержки, она вряд ли сможет позаботиться о Шарле.

Без сил опустившись на пол, Бриана долго просидела в неподвижности. Придя в себя, девушка поняла, что у нее нет иного выхода и она должна уступить домогательствам Гевина. Если бы дело было только в ней, она бы, конечно, не допустила этого. Но она должна прежде всего думать о Шарле! Ведь если с ней что-то случится, ему придется просить милостыню, иначе он просто умрет с голоду.

Ну уж нет! Бриана вздрогнула и принялась яростно оттирать грязное пятнышко с крышки тяжелого полированного стола красного дерева. Она не допустит, чтобы с Шарлем случилось что-либо подобное. Она хорошо знала, как голод и нужда толкают некоторых женщин на панель. И раз ей суждена такая судьба, значит, так тому и быть. Кроме того, какая разница, пустить к себе в постель одного мужчину или нескольких? Она должна позаботиться о Шарле, а Гевин пусть позаботится о ней. Если он обеспечит ее несчастному брату сытую и достойную жизнь, она сможет вынести все: и жестокий нрав Гевина, и капризы Элейн.

И тут из ее глаз ручьем хлынули слезы. Ах, если бы не Шарль, разве решилась бы она на это! Ей и в голову не приходило, что что-то, кроме страстной любви, может толкнуть ее в мужские объятия. Но, к сожалению, с судьбой невозможно бороться — это Бриана уже давно поняла.

Выглянув из окна, девушка устремила задумчивый взгляд на море, где лучи заходящего солнца пронизывали темно-синюю толщу воды почти до самого дна. Солнечные зайчики весело играли на стенах комнаты, но для Брианы это был действительно закат солнца.

Глава 3

Карсон-Сити, Невада
Июль 1889 года

Колт сидел за массивным столом красного дерева, принадлежавшим его отцу, время от времени злобно поглядывая на кипу скопившихся перед ним деловых бумаг. Раньше всю деловую переписку Колтрейнов просматривала мать. И его, и отца это вполне устраивало. Отец ненавидел копаться в бумагах, считая подобную работу «поденщиной». Колт усмехнулся. Теперь он понимал отца.

Он потянулся за стоявшей на столе бутылкой и плеснул в стакан немного бренди. Что ж, мрачно подумал он, теперь, когда родители во Франции, «поденщиной» предстоит заниматься ему, как, впрочем, и всеми остальными делами семейства.

Он отпил немного и задумчиво обвел взглядом кабинет, обстановка которого полностью отражала вкусы отца. Тут стояли несколько удобных диванов и кресел, на окнах висели простые шторы, а книжные шкафы от пола до потолка были заставлены военными мемуарами — любимым чтением Тревиса. Одну из стен кабинета занимал огромный, сложенный из неотесанных валунов камин.

На стенах висели чучела зверей — драгоценные охотничьи трофеи Тревиса, добытые им в бесчисленных сафари по всему миру. Колт внезапно вспомнил, как их ненавидела Китти. Она всегда говорила, что стоит ей только переступить порог, как ей кажется, что глаза оленя, чья голова висела как раз напротив двери, останавливаются на ней с грустью и укором.

Он откинулся на спинку удобного кожаного кресла, закинув ноги на стол. Весь этот длинный день Колт провел в седле, объезжая границы огромного ранчо, простиравшегося до Карсон-Ривер, и теперь, съев сытный ужин, приготовленный для него поваром-мексиканцем, мечтал только об одном — как бы поскорее отправиться в постель. Он так бы и поступил, если бы не эта чертова гора бумаг, которая ждала его уже несколько дней. Колт с радостью отложил бы все это на неопределенное время, но, к сожалению, это было невозможно.

Мысли Колта уже не в первый раз вертелись вокруг огромного особняка Колтрейнов. Что, скажите, Бога ради, ему одному делать в доме, где целых четырнадцать комнат?! Как он отличался от того крохотного домика, в котором прошло его детство. Величественный главный вход, украшенный колоннами, от которого в дом вела широкая лестница с мраморными ступенями, на первом этаже просторный холл, роскошно отделанная парадная столовая для больших приемов и более скромная — для семейных обедов. Кроме них были еще не уступавшие им в великолепии парадный зал и восхитительная небольшая гостиная. Каждую из этих комнат украшал камин. Внизу Китти устроила себе небольшой кабинет, в котором иногда занималась шитьем или просто читала — она до сих пор увлекалась медициной и стремилась быть в курсе последних достижений в этой области.

Кухня размещалась в задней части особняка. Вокруг нее шла длинная, хорошо освещенная солнцем веранда, которую Китти превратила в настоящую оранжерею. Цветы были еще одним ее увлечением, она страстно любила копаться в земле. Колт уже в который раз забывал поливать их.

На втором этаже были две огромные смежные комнаты, служившие спальнями, при каждой была отдельная гардеробная. Родители, уезжая, предлагали ему занять любую из них, поскольку он теперь становился единственным обитателем громадного особняка. Но Колт предпочел остаться в своей комнате, в дальнем крыле. От родительской спальни ее отделяли три гостевые комнаты, одна из которых, конечно, предназначалась в свое время для его сестры. Она прожила в ней всего несколько лет.

Дани.

Он тяжело вздохнул. Колт иногда задумывался, какие чувства он испытывает к сводной сестре, которую не видел уже почти тринадцать лет. Конечно, он не забыл ужасный скандал, закончившийся их дракой перед ее отъездом, но, в конце концов, они же были тогда детьми и он давно уже не таил обиды на сестру.

Единственное, чего он не мог простить Дани, это то, что она порвала с отцом. С тех пор как она уехала с Элейн, от нее не было ни единого письма.

Колт вспомнил разговор с отцом вечером накануне их отъезда во Францию. Тревис просматривал документы, подготовленные для него адвокатом, то самое завещание, по условиям которого серебряный рудник после его смерти становился общей собственностью Дани и Колта. У Китти с Тревисом и без того было достаточно денег, чтобы жить безбедно до конца своих дней, даже если у них не будет ни рудника, ни ранчо.

Колт хорошо знал, что рудник — личная собственность отца, с которой тот волен поступать, как заблагорассудится. Если он готов оставить половину его дочери, которая знать его не желает, что ж, это его личное дело, и Колт ни слова не скажет против. Тем не менее его приводила в бешенство мысль о том, что эта дрянная девчонка в один прекрасный день появится, чтобы потребовать свою долю, — а трудиться приходится ему, Колту.

Правда, в последние годы рудник уже не приносил такого дохода, как раньше, и причин этому было несколько. Началось все с того, что правительство значительно уменьшило долю серебра в звонкой монете. Постепенно цены на него стали падать, и множество шахт просто закрылись. Раньше вокруг каждого рудника быстро вырастал большой поселок, а то и город, в которых жизнь била ключом, сейчас они опустели, как будто вымерли. Силвер-Бьют тоже появился на месте обычного лагеря старателей и вскоре превратился в довольно большой город, каких в округе было немало.

Колтрейнов спасло от разорения то, что Тревис терпеть не мог зависеть от процветания одной только шахты, какой бы богатой она ни казалась. Он с азартом занялся разведением породистого скота и скоро оказался владельцем огромного стада. И несмотря на то что цены на мясо были непредсказуемы, что перевозка его по железной дороге стоила дорого, а несколько суровых зим существенно снизили поголовье, удача сопутствовала Тревису. Семья не только не разорилась, а, наоборот, стала одной из богатейших в Неваде.

Воспоминания привели приунывшего было Колта в гораздо более бодрое настроение. Да, конечно, он хорошо знал свое дело. Он работал на ранчо и копался на руднике с мальчишеских лет, как только оказался в силах держать в руках кирку и веревку. Но, видит Бог, он никогда не собирался ворочать всеми делами в семейном бизнесе. На самом деле Колт втайне мечтал бросить все и отправиться путешествовать, поездить пару лет по стране, чтобы хорошенько утолить свою страсть к новым впечатлениям.

Ну что ж, нахмурился Колт, придется теперь забыть об этом. И внезапно он почувствовал, какой тяжкий груз ответственности отец возложил на его плечи. По правде говоря, он понимал, что попал в ловушку, но уже ничего нельзя было поделать с этим.

Дьявол, с таким же успехом он мог дать себя женить! Налив еще бренди, чтобы взбодриться немного, он в отчаянии покачал головой. Шарлин, слава Богу, оставила его в покое, после того как он серьезно поговорил с ней и предупредил, что пока и не думает жениться. Но потом, когда до нее дошли слухи об отъезде Колтрейнов в Париж и все вокруг заохали, что бедному Колту придется одному жить в таком огромном доме и вести все дела, Шарлин снова стала охотиться за ним. Колт старался под любым предлогом избегать даже случайных встреч с девушкой. Должна же она понять, черт побери, что он вовсе не намерен обзаводиться семьей! По крайней мере в ближайшее время.

Постаравшись выкинуть все из головы, он тяжело вздохнул и склонился над документами. Был конец месяца, а значит, завтра ему придется поехать в город, составить ведомость, чтобы его рабочие смогли получить деньги. Может быть, он задержится в городе на пару дней — было бы неплохо немного развлечься!

Вдруг он вздрогнул и, вскочив на ноги, потянулся за пистолетом. Ему послышалось, что кто-то, крадучись, идет по коридору. Он быстро погасил горевшую на столе лампу и, бесшумно скользнув за дверь, притаился.

В наступившей тишине он услышал скрип открывающейся двери и зловещее щелканье затвора.

— Колт? — прозвучал в темноте дрожащий, испуганный голосок.

— Дьявол тебя забери, Шарлин, ты чуть не нарвалась на пулю!

Кипя от возмущения, Колт сунул пистолет в кобуру и направился к столу, чтобы зажечь лампу. Усевшись на кресло, он повернулся к девушке, не скрывая раздражения:

— За каким чертом ты явилась сюда? Что тебе нужно?

Но та, оправившись от испуга, кокетливо улыбнулась. В голосе ее прозвучали низкие, волнующие нотки:

— Мне хотелось сделать тебе сюрприз. Я надеялась, что ты уже лег, тогда бы я подкралась к тебе незаметно и скользнула в постель!

— Ты окончательно спятила! — взорвался Колт. — Хочешь, чтобы твой папаша пристрелил меня?! И как, скажи на милость, тебе удалось в такое время выбраться из дома?

Протянув руку, она легко коснулась кончиками пальцев его щеки, но он с негодованием оттолкнул ее.

— Ну же, Колт, не надо быть грубым, — нежно проворковала она. — Мама с папой вернутся только утром. Заболела мамина сестра в Пайн-Блафф, они уехали навестить ее. У нас есть целая ночь.

Он решительно прервал ее:

— И не мечтай об этом, Шарлин. Ты не останешься здесь. Я не такой дурак.

Губы девушки обиженно задрожали, невероятно длинные густые ресницы опустились на нежные щеки, прикрыв затуманенные слезами прелестные темно-голубые глаза.

— Ты не хочешь меня, Колт?! Ты не... — Она тяжело вздохнула, тесно облегающий корсаж натянулся на восхитительно пышной груди. Сквозь тонкую ткань отчетливо просвечивали соски, похожие на две маленькие спелые вишни, так и просившие, чтобы он сжал их губами.

Колт с отчаянием почувствовал, как в нем горячей волной поднимается желание. Так много времени прошло с тех пор, когда он в последний раз был с женщиной, а Шарлин могла доставить величайшее наслаждение. Он не испытывал особых угрызений совести, ведь Шарлин уже не была девственницей. Он это выяснил, когда они в самый первый раз остались наедине. Это случилось довольно давно, во время праздника урожая, они лежали вдвоем в фургоне Харли Джернигана за амбаром и предавались любви, пока все остальные гости танцевали до упаду. С тех пор Колт и не вспоминал об этом.

Отец предупреждал его, чтобы он не связывался с девственницами. «Если не собираешься жениться, держись от них подальше, — увещевал сына Тревис. — Иначе до конца дней своих не избавишься от угрызений совести и упреков, что лишил девушку ее главного сокровища. А кроме того, с ними хлопот не оберешься, пока научишь любить по-настоящему. И если ты не собираешься жениться на девушке, с какой стати тратить время на ее обучение?»

Шарлин в обучении не нуждалась. Она была уже достаточно искушенной девицей, чем и удивила Колта. Нет, она не была распутницей. Как и всем мужчинам в Силвер-Бьют, Колту было прекрасно известно имя ее соблазнителя. Это был Билли Эрл Лэссистер. Он больше двух лет ухаживал за Шарлин, и все ожидали скорой свадьбы, как вдруг произошло событие, которое словно громом поразило всех, знавших молодую пару: один из жителей Пайн-Блафф застукал Билли Эрла, когда тот развлекался с его дочкой. Разъяренный отец сам отвел соблазнителя к священнику и под дулом револьвера заставил обвенчаться. По городу потом долго гулял анекдот о том, что малыш, родившийся меньше, чем через полгода, стер себе пятки, торопясь к свадьбе родителей.

Конечно, Шарлин не скрывала обиды и горя, и все думали, что она в конце концов выйдет замуж за состоятельного человека много старше ее, способного утешить ее раненую гордость и исцелить разбитое сердце. Но вскоре она стала с надеждой поглядывать на молодого Колтрейна и по городу вновь поползли слухи.

Вся решимость Колта выпроводить девушку растаяла, как снег под солнцем, когда он почувствовал, как ее горячие пальчики легли на его болезненно закаменевшую, пульсирующую плоть. Облизнув внезапно пересохшие губы, он с трудом взял себя в руки и резко тряхнул Шарлин за плечи.

— Послушай, — хрипло прошептал он, — я хочу, чтобы ты немедленно убралась отсюда. Ты прекрасно знаешь, что это может плохо кончиться для нас обоих.

Слегка улыбнувшись, она кивнула, и Колт отпустил ее.

На самом деле Шарлин и не думала сдаваться. Отойдя на несколько шагов, она двумя пальцами приподняла длинную юбку и, соблазнительно усмехнувшись, открыла взгляду Колта прелестные, стройные ноги.

— Ну, попробуй сказать еще раз, что ты не хочешь меня, — вызывающе прошептала она, откинув назад голову, так что густые золотистые волосы волнами заструились по спине. Она все выше и выше поднимала юбку, и Колт не мог оторвать глаз от восхитительного тела. Вдруг юбка упала и он невольно ахнул: перед ним стояла совершенно обнаженная Шарлин.

Колт замер, словно завороженный, не в силах отвести взгляд от восхитительных золотых завитков, прикрывавших холмик Венеры. Он попытался что-то сказать, но послышалось только хриплое бормотание.

Упершись руками в круто изогнутые бедра, девушка манящe рассмеялась:

— И ведь это все может быть твоим, Колт. Тебе нужно только взять меня на руки и отнести к себе в спальню. А потом я буду принадлежать тебе всю долгую ночь. Я буду твоей столько раз, сколько ты захочешь, и так, как ты захочешь!

Да, он желал ее, черт возьми! Он просто изнемогал от страсти. С хриплым стоном он кинулся к ней и, легко подхватив на руки, прижал к мускулистой груди. Выбежав в коридор, Колт почти бегом пронес ее по коридору и взлетел по лестнице. Ему не нужен был свет, в этом доме он знал каждую половицу.

— Быстрее, ну пожалуйста, быстрее, — стонала она, обжигая его кожу горячим кончиком языка, что окончательно свело его с ума. — Я безумно хочу тебя.

Стремительно войдя в комнату, он положил девушку на постель и лихорадочно сорвал с себя одежду. Секунда — и Колт уже накрыл ее мощным телом, сжав в объятиях, но Шарлин, слегка отстранившись, привстала, опершись на локти и, широко раздвинув мускулистые бедра юноши, игриво усмехнулась:

— Нет, чур я первая.

Девушка откинула назад голову, и ее роскошные кудри, рассыпавшись по спине, сверкнули в лунном свете серебристыми струями. Высоко подняв бедра и изогнувшись всем телом, она вобрала его в себя и застонала от наслаждения.

— Боже, какой ты огромный! Посмотри, как ты заполнил меня, да мы просто созданы друг для друга!

Обхватив сильными руками бедра Шарлин, Колт изо всех сил старался укротить собственную страсть. Он ни о чем так не мечтал в эту минуту, как только раз за разом погружаться в нее, чтобы потом излиться горячим потоком в ее жаркой шелковистой глубине. Колт чувствовал, что этот момент вот-вот настанет, но старался оттянуть его, насколько хватит сил.

Шарлин, закрыв глаза и закинув голову с беспорядочно разметавшимися по плечам волосами, стонала от наслаждения.

— Ах, как хорошо, любимый, еще, еще! И так будет всегда, когда мы поженимся...

Забившись в судорогах экстаза, она закричала, и ее крики эхом разнеслись по пустому дому. Колт, по-прежнему продолжая сжимать Шарлин в объятиях, с силой подмял девушку под себя и, не выходя из нее, задвигался более резкими толчками, ощущая, как и для него близится блаженный миг освобождения.

Когда в голове у Колта немного прояснилось, он отпустил Шарлин и лег рядом с ней. Возбуждение схлынуло, страсть была утолена, и он не чувствовал ничего, кроме усталости и сожаления. Да, конечно, он испытал наслаждение, как, впрочем, и всегда. Но он прекрасно знал, что играет с огнем. Стоит отцу Шарлин застать их вместе, и участь его будет решена.

Шарлин довольно мурлыкала рядом с ним, ее пальцы игриво ласкали его спину, чуть касаясь выпуклых, твердых, как железо, мускулов, рельефно выступавших на мощной спине Колта.

— Ты знаешь, — пропела она, — а мы ведь до сих пор ни разу не проводили вместе всю ночь. Всегда нам приходилось разлучаться, Колт, но нынешняя ночь принадлежит нам!

— Собирайся, — коротко приказал он, и голос его прозвучал резче, чем ему хотелось бы, — ты должна немедленно уйти отсюда. Если твои родители вернутся раньше и не найдут тебя дома, они с ума сойдут от беспокойства. Надеюсь, в твои планы не входит, чтобы они обнаружили тебя в моей постели. — Спустив ноги с кровати, он принялся натягивать брюки, подгоняя ее: — Поторопись! Тебе не придется возвращаться одной, я довезу тебя до самых дверей. Ну, поторопись же!

Шарлин испуганно прижалась к спинке кровати:

— Я остаюсь, Колт. Все будет чудесно. Мы сможем снова заняться любовью, когда немного отдохнем, а потом я приготовлю замечательный завтрак, мы вместе искупаемся, и я успею вернуться задолго до того, как вернутся отец с матерью.

Резко обернувшись, Колт вперил в нее разъяренный взгляд:

— Что ты говоришь, Шарлин?! Тебе пора уезжать. И немедленно! — Он протянул ей руку, чтобы помочь подняться, но девушка оттолкнула его.

Колт почувствовал, что еще немного — и он не сможет справиться с охватившей его бешеной яростью. Склонившись над кроватью, он рывком поднял Шарлин и, резко встряхнув, поставил девушку на ноги:

— Быстро одевайся и жди меня снаружи. Я пойду седлать лошадей.

Вдруг неожиданно для него лицо Шарлин исказилось и она разразилась судорожными рыданиями.

— Попробуй только выгнать меня на улицу, и, Бог свидетель, я тебя возненавижу на всю жизнь!

В отчаянии Колт выругался и, схватив себя за голову, взъерошил густые волосы. О женщины! Сейчас он предпочел бы ночь напролет возиться с деловыми бумагами, взвалить на плечи все тяготы по управлению и ранчо, и рудником, управлять сотней ковбоев, но только не иметь дело с женщиной.

Привстав на цыпочки и обвив руками его загорелую шею, Шарлин взмолилась:

— Ну пожалуйста, Колт, не прогоняй меня! Давай проведем эту ночь вместе, любимый. Неужели у тебя хватит жестокости выбросить меня за дверь после того, как нам с тобой было так хорошо? — Она жалобно заплакала, спрятав лицо у него на груди.

И Колту на минуту стало неловко. Она права. Им действительно было хорошо вместе, а он теперь вышвыривает ее за дверь, как простую шлюху. Стыд какой! Но в то же время подсознательно он чувствовал, что нужно немедленно вернуть девушку домой, если он хочет избежать неприятностей.

— Мы пожалеем об этом, — беспомощно покачал головой Колт.

Чувствуя, как слабеет его сопротивление и уже предвкушая победу, Шарлин повисла у него на шее и принялась осыпать его лицо быстрыми поцелуями.

— Нет, нет, не волнуйся, — уверенно зашептала она. — Я уеду с первыми лучами солнца и незаметно проскользну в дом, так что ни одна живая душа не узнает, где я провела ночь.

Окончательно сдавшись, Колт тем не менее дал себе слово поговорить с ней позже. Он выдержит все: слезы, упреки, но заставит ее кое-что понять раз и навсегда. Во-первых, он не собирается жениться на ней. А во-вторых, намерен положить конец их встречам.

Шарлин попыталась было протестовать, когда он объявил, что возвращается к прерванной работе, но Колт сделал вид, что ничего не слышит, и, вернувшись в отцовский кабинет, с облегчением опустился в кресло. Он попытался сосредоточиться на ворохе документов, но все его мысли были о другом. Колт уповал лишь на то, что с первыми лучами солнца Шарлин навсегда исчезнет не только из его дома, но и из его жизни...

Шарлин приоткрыла заспанные глаза, зажмурившись от яркого солнечного света, лившегося в широко распахнутое окно в спальне. Испуганно озираясь вокруг, она вначале даже не поняла, где находится. Солнце уже стояло высоко. Значит, она проспала рассвет, и, черт побери, куда запропастился Колт?! Почему он не разбудил ее?

— О Боже! — в отчаянии прошептала она, чувствуя, как судорога страха сжала горло. — Ну и попалась же я!

В это время родители уже должны были вернуться домой, и ее отсутствие, вне всякого сомнения, обнаружено. Конечно же, им и в голову не пришло, что их любимая дочка провела ночь с любовником. Они наверняка вообразили что-нибудь ужасное, и первым делом послали за шерифом. О Господи, что же теперь будет?!

Подхватив валявшееся на полу смятое платье, она второпях натянула его и, выбежав из спальни, кинулась вниз по лестнице, испуганно зовя Колта. Заметив на стене часы, она бросила на них взгляд и чуть не упала в обморок, увидев, что они показывают два часа.

Колт с трудом оторвал от стола голову и потер опухшие после сна глаза, стараясь понять, что случилось, когда до него донеслись испуганные крики Шарлин. Он потряс головой, пытаясь прийти в себя и разобраться в происходящем.

Шарлин ворвалась в комнату, как ураган. На мгновение Колту показалось, что она потеряла рассудок, волосы ее разметались по плечам, на побледневшем лице огромные голубые глаза казались безумными.

— Колт! Тебе известно, который час?! — закричала она, заливаясь слезами. — Почему, черт возьми, ты не разбудил меня? О Боже, Боже, что же мне делать?!

Вздрогнув, Колт вскочил на ноги. Бросив взгляд на стол, он все понял: там стояла пустая бутылка бренди. Колт почувствовал, как у него подкосились ноги.

— Боже милосердный! — Он без сил рухнул в кресло, схватившись руками за голову.

Колт был в таком отчаянии, что не сразу вспомнил о Шарлин, которая металась из угла в угол, ломая руки.

— Что же делать?! Они наверняка уже дома. Отец пошлет за шерифом, и они обшарят всю округу, разыскивая меня. Теперь уже никак не скроешь, что я провела у тебя всю ночь. Отец убьет меня! Он и тебя убьет, и весь город будет знать о нас с тобой. Я пропала! Я больше никогда не смогу смотреть людям в лицо!

Колт угрюмо молчал. Да, похоже, будет большой скандал, а это как раз то, чего он всеми силами стремился избежать. Каждый в их городе знал, что Чарлтон Боуден души не чает в единственной дочери и уж, конечно, не будет особенно церемониться с соблазнителем, обесчестившим невинную девушку. Шарлин ничуть не преувеличивала, когда заявила, что ее отец способен пристрелить Колта. Во всяком случае, подумал угрюмо Колт, скорее всего именно с этого он и начнет.

Шум внизу подсказал Колту, что появились слуги. Он вышел из комнаты и крикнул, что занят и не желает, чтобы его беспокоили, а затем с шумом хлопнул дверью. Подойдя к Шарлин, которая по-прежнему заливалась слезами, он крепко стиснул ей руки, впившись в нее горящим взглядом:

— Ну успокойся, пожалуйста, тише, тише. Давай подумаем, как нам быть. Твои слезы нам не помогут.

Она провела по лицу дрожащими, мокрыми от слез пальцами и прошептала:

— Колт, поверь мне, я не хотела, чтобы это случилось. Я собиралась уехать на рассвете, чтобы успеть домой до того, как вернутся родители. Клянусь, я не виновата в этом!

Трясущимися руками он пригладил взлохмаченные волосы и с досадой отвернулся от нее.

— Знаю, знаю, — пробормотал он.

Даже если учесть, что накануне вечером она хитростью заманила его в постель, то сейчас, похоже, говорила правду, слепой бы увидел, что девушка безумно напугана.

Подойдя к окну, он невидящим взглядом уставился на зеленую лужайку внизу, на сонную речушку, медленно и лениво струившуюся в ослепительных лучах жаркого полуденного солнца. Затем резко обернулся:

— Мы должны сказать, что я пригласил тебя поужинать. Мы с тобой слишком много выпили и заснули тут же, за столом. Я упрошу повариху подтвердить это и сказать, что она ночевала в доме и видела, что мы провели всю ночь в столовой. Мы скажем, что были мертвецки пьяны.

Шарлин отрицательно покачала головой:

— Это не сработает. Даже если отец и мать поверят нам, все равно по городу поползут сплетни и скандала не избежать.

— Черт с ними, пусть думают, что хотят.

Она снова затрясла головой. Колт подозрительно вгляделся в лицо Шарлин: ему показалось на мгновение, что ужас и отчаяние исчезли из ее глаз. Их место заняло что-то другое. Удовлетворение? Торжество?

— Мы не должны ни в чем сознаваться, — резко повторил он.

Она медленно приблизилась к нему и ласково погладила по щеке.

— Нет, Колт, — мягко прошептала она. — Ничего не получится. Я думаю, будет гораздо лучше, если мы просто исчезнем на какое-то время. Ну, хотя бы на несколько дней. А родителям пошлем записку, где все объясним, чтобы они не тревожились...

— Ну нет! — Он так стиснул Шарлин, что она негодующе вскрикнула. — Даже не думай об этом, —

произнес он ледяным тоном. — Ничто не заставит меня жениться на тебе. Я уже не раз говорил тебе об этом, но ты, видно, не слушала или не хотела слушать меня. Я не собираюсь жениться на тебе. Я вообще не хочу жениться. И я не позволю загнать себя в угол таким образом. Я не виноват в том, что случилось этой ночью, я не приглашал тебя к себе и не собираюсь нести ответственность за то, что произошло. Поэтому будет гораздо лучше, если ты просто забудешь об этом!

Колт с силой оттолкнул от себя Шарлин. До него постепенно стало доходить, что, возможно, все это было не случайно.

Глаза Шарлин злобно сузились, тонкие ноздри затрепетали от бешенства. С силой сжав кулаки, она шагнула вперед, и Колт подумал, что никогда еще не видел ее такой, как в эту минуту. Как он мог когда-то считать ее красавицей?! Она стояла перед ним с разметавшимися по плечам, спутанными волосами и искаженным яростью лицом.

— Нет, ты женишься на мне, Джон Тревис Колтрейн! Раз ты попользовался мной как женщиной, то теперь изволь сделать меня женой! Я не позволю, чтобы моя репутация была погублена. И я не намерена ходить, пряча от стыда глаза, по улицам родного города из-за такого ублюдка, как ты. Ты должен на мне жениться! И ты женишься или, Богом клянусь, проклянешь день, когда так поступил со мной!

Колт покачал головой — он вспомнил, как она сбросила перед ним одежду, предлагая ему свое тело, а затем бесстыдно умоляла вонзиться глубже. Она желала его так же сильно, как и он ее, но, видит Бог, он никогда не предлагал ей стать его женой, даже ни разу не сказал, что любит ее. Он не пытался обманом заманить Шарлин в постель и не считал поэтому, что обманул ее.

— Нет! — медленно и отчетливо произнес Колт, все так же твердо глядя ей в глаза. — Можешь как угодно защищать свою репутацию, раз ты уж вспомнила о ней, но сейчас убирайся!

Он тут же пожалел о своей грубости, но было уже слишком поздно. Пронзительный крик потрясенной Шарлин эхом разнесся по всему дому.

— Шарлин, подожди!..

Он попытался было удержать ее, но девушка вырвалась и выбежала из комнаты. Колт прекрасно знал, что рыдания и стоны, которые доносились до него, были вызваны не стыдом или страхом. Это яростно бушевала оскорбленная гордость отвергнутой женщины.

От досады и злости Колт со всей силы впечатал кулак в стену спальни, даже не почувствовав боли. Черт возьми, что же теперь будет?! В этом состоянии Шарлин могла решиться на что угодно. Проклятие, он не должен был быть с ней так груб, но она сама вынудила его к этому.

Услышав топот копыт, Колт высунулся в окно и увидел Шарлин верхом на лошади. Безжалостно вонзив шпоры в бока невинного животного, она пустила лошадь галопом по направлению к городу.

Колт тяжело вздохнул. Он знал, что должен поехать в город и сам поговорить с Чарлтоном Боуденом. Он еще не решил, что скажет отцу девушки, но понимал, что не имеет права оставаться на ранчо, скрываясь от всех. Он должен рассказать Боудену, как было дело, а там будь, что будет!

«Будь мужчиной, — так всегда говорил ему отец. — Прав ты или нет, будь мужчиной. Только тогда ты сможешь открыто смотреть людям в глаза».

Колт был уверен, что его отец за всю свою жизнь не совершил ни одного поступка, о котором впоследствии ему было бы стыдно вспомнить.

Но сейчас Колту было нелегко походить на отца.

Глава 4

Элейн Барбоу де Бонне сидела, уютно устроившись, в своем любимом кресле с изящно закругленными ножками и овальной спинкой в стиле Людовика XVI. На первый взгляд она казалась абсолютно безмятежной. Но на самом деле Элейн пребывала в самом подавленном настроении.

Нежно лаская длинными пальцами изящно простеганное сиденье, богато украшенное вышивкой и тесьмой, она невольно подумала, что ни одно вечернее платье, какого бы цвета оно ни было, не могло выгоднее оттенить ее красоту, чем эта прелестная парчовая обивка теплого оттенка слоновой кости.

Клода безумно раздражало это кресло, впрочем, Элейн никогда не была в восторге от его вкуса. Вся комната в соответствии с его желанием была обставлена в стиле Бидермейера и, казалось, невольно переносила вас в начало века. Но Элейн была уверена, что и тогда подобный стиль был принадлежностью исключительно средних слоев общества. Ей было не по себе от его будничной простоты, а стол розового дерева с металлической инкрустацией приводил

Элейн в содрогание, поскольку рядом с ее любимым креслом выглядел неуместной дешевкой.

Больше всего ей хотелось бы полностью сменить мебель в замке, а затем заново отделать его в стиле обожаемого ею рококо, которым она так восторгалась. Особенно умиляли ее прелестные витые ножки мебели и прихотливые изгибы деталей, как бы позаимствованные во Франции эпохи Людовика XVI. Всю обстановку можно было бы заказать из красного или розового дерева или из ореха, но чем богаче и оригинальнее была отделка, тем выше цена. Но все это были одни пустые мечты.

После неожиданной смерти Клода ей пришлось продать все мало-мальски ценное — картины, серебро, драгоценности. А теперь, когда ее письменный стол был буквально завален неоплаченными счетами, похоже, очередь дошла и до замка.

— О, Клод, как я надеюсь, что ты горишь в геенне огненной! — Этот страстный возглас прозвучал неожиданно громко в пустой, гулкой комнате.

Элейн все бы сейчас отдала, чтобы этого брака никогда не было, но в то время замужество для нее оказалось единственным достойным выходом из того положения, в котором она оказалась.

И все это благодаря Тревису Колтрейну. Она была бы счастлива увидеть и его корчащимся в адских муках на раскаленных углях.

Прикрыв глаза, Элейн мысленно перенеслась на крыльях памяти в то блаженное время, когда жизнь ее поистине была раем на земле. Не стертые временем, воскресли воспоминания о роскошном доме в родном Кентукки. Это был настоящий дворец, построенный на века из огромных глыб серого гранита. Высоко и горделиво возносил он к небу все четыре угловые башни. А участок земли вокруг! Элейн даже всхлипнула от острой тоски по навеки ушедшему прошлому — вокруг четырехэтажного особняка были разбиты прелестные цветники и лужайки в соответствии с прихотливым замыслом архитектора. А сколько там было деревьев: высоких стройных кленов, орешника, могучих дубов с раскидистыми ветвями. «Боже, как это было великолепно!» — подумала с тоской Элейн, и глаза ее наполнились слезами.

Да, в те времена жизнь ее была прекрасна, и казалось, что конца не будет этому блаженству. К несчастью, отец связался с ку-клукс-кланом, а потом стал их тайным ночным предводителем. Но правительство послало в Кентукки окружного шерифа, чтобы покончить с кланом. Шерифом в то время был Тревис Колтрейн, и к тому времени, когда он выполнил данный ему приказ, империя Барбоу была разрушена до основания, а их жизнь разбита.

До боли стиснув кулаки, так что побелели костяшки пальцев, Элейн с гневом и отчаянием снова вспомнила тот ужасный день, когда Тревис Колтрейн подло убил единственного человека, которого она действительно любила. В слепой ярости она пыталась застрелить Колтрейна, но негодяю сопутствовала удача — она промахнулась.

Отец ненамного пережил своих друзей из клана, он тихо угас вскоре после того, как организация перестала существовать. Пришлось тогда трудиться не покладая рук, чтобы спасти остатки семейного богатства, чудом уцелевшие после того, как стало известно, что всеми уважаемый Джордан Барбоу — тайный вождь печально знаменитого ку-клукс-клана. Как будто в насмешку над тем адом, в который с тех пор превратилась ее жизнь, Тревис Колтрейн лишил ее единственной сестры. Женившись на Мэрили, он увез ее в свою Богом проклятую Неваду, где бедняжка умерла вскоре после родов.

После смерти Мэрили Элейн твердо решила, что заставит Тревиса заплатить за все то зло, что он принес их семье. Она начала с того, что завоевала привязанность, а затем и любовь своей маленькой племянницы. Ах, как же сладка была ее месть! Никогда она не забудет искаженное горем и мукой лицо Тревиса в тот день, когда с торжеством забрала у него Дани.

А вскоре в ее жизни появился Клод и взял на себя все финансовые проблемы осиротевшей семьи. Бесхарактерный, слабый и непривлекательный, он вряд ли мог устоять против чар Элейн. И очень скоро, околдованный и не помня себя от счастья, предложил ей руку и сердце. Они немедленно уехали к нему на родину, во Францию, где она надеялась до конца своих дней прожить в роскоши, покое и изобилии.

А сейчас она опять оказалась в том же положении, что и много лет назад. Но только теперь у нее уже нет надежды, что откуда-то вдруг придет спасение. Для Элейн это было бы слишком большой удачей. Кто из богатых или хотя бы состоятельных мужчин захочет жениться на немолодой женщине, когда кругом полным-полно очаровательных юных девушек?!

Да, сейчас положение ее было гораздо хуже. Прижав к груди руки, чтобы унять беспомощно трепыхавшееся в груди сердце, она в отчаянии ломала голову в поисках выхода. Боже милостивый, что же делать?! Если даже продать замок, то крохи, оставшиеся после оплаты счетов, наверняка попадут в лапы безжалостных кредиторов, требующих оплатить долги Клода. Вряд ли ей что-нибудь останется. Как же жить дальше? Стать прислугой? И у кого? Может быть, у людей, которые несколько лет назад считали честью для себя попасть на один из ее роскошных приемов? Нет, уж лучше умереть! Продавать себя? Она слишком стара уже, чтобы кто-то заплатил приличную сумму за ее увядающее тело. И потом, с кислым видом недовольно подумала Элейн, ведь это так унизительно для женщины — ломать голову над тем, как прокормить себя.

Оставалась одна последняя надежда — письмо от Тревиса с обещанием передать Дани половину серебряного рудника. Но эта взбалмошная девчонка со своей наивной верой в Бога способна разрушить все надежды Элейн. Где только она набралась этой глупости? Уж конечно, не от Элейн. Для нее религия никогда не стоила и ломаного гроша.

— Будь ты трижды проклят, Тревис Колтрейн! — с бешенством воскликнула она. — Ты снова хочешь разрушить мою жизнь — на этот раз руками своей дочери!

Закрыв лицо дрожащими пальцами, она горестно и безнадежно зарыдала, громко всхлипывая, так что даже не услышала, как кто-то тихо вошел в комнату и встал у нее за спиной. Знакомый мягкий голос заставил ее вздрогнуть от неожиданности.

— Пожалуйста, не плачь, тетя Элейн, прошу тебя.

Элейн вздрогнула от неожиданности, когда она увидела перед собой безмятежное личико Дани. «Как она сейчас похожа на Мадонну, — горько подумала Элейн, — даже светится от сознания своей святости». Заметив маленький чемоданчик в руках девушки, она удивленно приподняла брови и язвительно заметила:

— Неужели ты что-то берешь с собой? Мне казалось, что ты решила оставить здесь все предметы мирской жизни и собираешься уйти от соблазнов светской жизни налегке!

— Это туалетные принадлежности в дорогу, тетя, — мягко ответила Дани, — думаю, потом их заберут у меня, чтобы заменить теми, какими обычно пользуются сестры-монахини.

Элейн молча отвернулась к окну, ее холодное лицо превратилось в маску презрительного негодования. Со вздохом отложив в сторону чемоданчик, Дани тихо опустилась на колени перед теткой и попыталась взять ее руки в свои, но та оттолкнула девушку.

— Пожалуйста, — умоляюще произнесла Дани, по щекам ее катились крупные слезы, — я не хочу расставаться с тобой подобным образом. Ты должна радоваться за меня, тетя. Я ведь наконец нашла свою судьбу. Господь открыл мне, что моя жизнь нужна святой церкви. Никогда еще я не была так счастлива. Как жаль, что ты не понимаешь меня, а я была уверена, что мы вместе порадуемся моему решению. — И она робко заглянула в лицо Элейн.

Та по-прежнему смотрела в окно, словно ничего не слыша.

— Иди своей дорогой, — наконец холодно процедила она. — Ты приняла решение, значит, так тому и быть, и нет смысла обсуждать это. Я посвятила тебе всю свою жизнь, окружила любовью и заботой, дала тебе все, а чем ты отплатила мне за это? Повернулась ко мне спиной и уходишь?! По-видимому, ты так счастлива, что не замечаешь, как разрываешь мне сердце!

— Я никогда не забуду, что ты для меня сделала, тетя Элейн! Я так люблю тебя. Пожалуйста, поверь мне.

— Так, значит, такова твоя любовь! Становишься одной из тех эгоистичных полусумасшедших фанатичек-монахинь, которые бросают дом и семью ради своей религиозной мании! — Она окатила Дани с ног до головы презрительным взглядом. — Твое место не в монастыре, а в сумасшедшем доме.

Дани тяжело вздохнула и поднялась. Эти сцены повторялись по нескольку раз на дню и уже успели изрядно ей наскучить. Тысячу раз она пыталась объяснить тете, что давно не ощущала такого мира и покоя в душе, но все было бесполезно — Элейн не желала ее слушать. Как же Дани не хотелось, чтобы они расстались именно так! Но видно, ничего не поделаешь! С тяжелым вздохом Дани взяла свой чемоданчик и повернулась к Элейн:

— Я каждый день буду молиться за тебя, тетя.

— Мы тоже будем молиться, чтобы к тебе поскорее вернулся рассудок, — саркастически усмехнулась та в ответ.

Вдруг обе увидели Гевина, стоявшего в дверях со стаканом виски в руке. По-видимому, он уже давно наблюдал за ними. Заметив, что обе женщины выжидательно смотрят на него, Гевин неторопливо отпил из стакана и направился к ним. Подойдя вплотную, он обвиняюще ткнул пальцем в Дани:

— Ты, неблагодарная тварь! Ни о ком не думаешь, кроме себя. Тебя не волнует, что твоей тете и мне скоро придется остаться без крова над головой и Бог знает, что сулит нам будущее. Ты не задумываясь отворачиваешься от собственного счастья, отбросив мое предложение, словно грязную тряпку! Нет, тебя ничто не трогает! Хорошо же, иди и живи беззаботно. Да не забудь молиться о своей душе, — он сделал паузу, — которая, я уверен, будет гореть в аду!

Терпение Дани наконец лопнуло.

— Та удача, о которой ты говоришь, ничего не значит для меня. Мне не нужны эти деньги. Перед смертью я оставлю все, что у меня есть, святой церкви. — Она презрительно взглянула ему в глаза: — А что касается твоего смехотворного предложения, то мы оба знаем, почему тебе пришло это в голову. — Покончив наконец с Гевином, она снова обернулась к Элейн: — Пожалуйста, постарайся понять меня, тетя. И благослови меня на прощание.

Но сердце Элейн не дрогнуло.

— Будь ты проклята! — воскликнула она гневно.

Прижав ладонь к дрожащим губам, Дани бросилась на улицу, навстречу ярким лучам солнца, прочь из родного дома.

Элейн снова тихо заплакала. Вытащив из кармана серебряную фляжку, Гевин отставил в сторону стакан и принялся тянуть виски прямо из горлышка. Допив, он расположился в удобном кресле напротив Элейн и закурил сигару.

Они долго сидели в угрюмом молчании, время от времени прерывавшемся всхлипываниями и вздохами Элейн.

— Может, хватит наконец?! — не выдержал Гевин. — Мне уже надоело твое бесконечное нытье! Я же не рыдаю и не обливаюсь горючими слезами.

Глаза Элейн негодующе вспыхнули.

— Не смей так со мной разговаривать! Знай свое место!

— Мое место! — Гевин горько рассмеялся: — А как долго оно будет моим, это место?! И твоим, кстати, тоже! Полгода, а может, меньше? Когда мы начнем распродавать мебель, стулья, кресла, чтобы не умереть с голоду? Или лучше оставить мебель на потом, а то нечем будет топить, когда наступит зима? А можно прямо сейчас выйти на улицу и просить подаяние! Нет, моя дорогая, места у нас с тобой скоро уже не станет.

— Замолчи немедленно! — истерически крикнула Элейн и, вскочив на ноги, забегала по комнате, вполголоса что-то бормоча, как будто какая-то неотвязная мысль преследовала ее, не давая покоя. В эту минуту она казалась помешанной. — Будь ты проклят, Тревис Колтрейн! Будь ты проклят, ты опять посмеялся надо мной! Я обречена сдохнуть в нищете, а ты и твоя жена утопаете в роскоши!

Докурив сигару, Гевин небрежным щелчком отправил окурок в камин, но промахнулся. Тот упал на коврик, и, заметив это, Элейн разъяренной тигрицей набросилась на Гевина.

— Не смей никогда этого делать, ты понял меня?! — взвизгнула она. — Ты не в кабаке! Твой отец никогда бы себе не позволил ничего подобного! О чем ты думаешь в конце концов? Почему ты даже не пытаешься найти себе какое-то занятие? За всю жизнь ты не заработал ни гроша, только и сидел на моей шее и тратил мои деньги, бесстыжий альфонс!

Она осеклась на полуслове, заметив стоящую в дверях Бриану. Девушка была явно растеряна и дрожащими руками нервно теребила край фартука.

— Что ты здесь делаешь? — рявкнула Элейн. — Я не выношу, когда кто-то из слуг шпионит за мной!

Перепугавшись насмерть, Бриана не решалась поднять глаз.

— Клянусь, у меня и в мыслях такого не было!

Элейн холодно оборвала девушку:

— Ну, в чем дело? Что тебе надо? Я тебя, кажется, не звала? И не хочу, чтобы нам мешали.

Бриана глубоко вздохнула, стараясь собрать все свое мужество. Целый час она готовила свою речь и сейчас выпалила, зажмурившись, чтобы не испугаться и не передумать:

— Я хотела попросить — пожалуйста, будьте поласковее к Дани, когда она придет попрощаться! У нее сердце разрывается от боли, ведь она знает, как вы переживаете из-за того, что она уходит в монастырь. Нужно расстаться по-хорошему, чтобы потом вспоминать друг о друге без обиды и горечи. Она ведь так любит вас!

У Элейн от неожиданности даже дух захватило. Что о себе воображает эта наглая девчонка, если позволяет себе вмешиваться в ее дела?! Обычная прислуга! Она со злостью подумала, что виновата в этом одна только Дани, вконец избаловавшая Бриану, а ведь сколько раз Элейн твердила, что до добра это не доведет.

— Убирайся немедленно! — указывая на дверь, крикнула Элейн дрожащим от ярости голосом. — И чтобы больше не смела вмешиваться не в свое дело, запомни это!

Бриана отчаянно замотала головой. Надо попробовать еще раз, подумала она в отчаянии, а там будь что будет.

— Ну пожалуйста, мадам! Дани так часто говорила об этом. Поверьте, ей тоже нелегко. Будьте же поласковее с ней, когда она придет прощаться, не заставляйте бедняжку еще больше страдать!

По комнате разнесся язвительный хохот Гевина.

— Не переживай, малышка, она уже распрощалась. Ушла, обливаясь горючими слезами. Жаль, ты не видела, замечательная вышла сцена, как в театре!

Бриана вздрогнула. Как же, должно быть, переживала бедная Дани, если ушла, даже не сказав ни слова ей, Бриане.

— Ну хватит стоять здесь, открыв рот! — раздраженно одернул растерянную девушку Гевин, сунув ей в руки пустой стакан. — Тебя взяли сюда работать, так что принеси мне еще бутылку виски.

— И постарайся не попадаться мне на глаза, — крикнула разъяренная Элейн вслед убегавшей Бриане. — Один твой вид напоминает мне о Дани.

Девушка изо всех сил захлопнула за собой дверь.

Опять послышались всхлипывания и вздохи, но Гевин уже не обращал на Элейн ни малейшего внимания.

Глядя сузившимися глазами на то место, где только что стояла Бриана, он молча хмурился, о чем-то глубоко задумавшись. Ему в голову пришла невероятная мысль, и чем больше он о ней думал, тем больше она ему нравилась. Чем черт не шутит! Не исключено, что из этого кое-что может и получиться! Во всяком случае, ему показалось, что он видит свет в конце тоннеля.

Сработает ли его план?! Трудно сказать, мысли Гевина путались, ведь он с самого утра не расставался с бутылкой. Единственное, что он хорошо знал, это как быстрее всего выйти из подобного состояния. Ему срочно нужна женщина. Пару часов в жарких объятиях какой-нибудь горячей, сговорчивой кошечки — и он опять будет как новенький!

Гевин бросил испытующий взгляд на Элейн, которая по-прежнему металась из угла в угол, ломая руки и что-то бормоча под нос.

— Мне нужны деньги, — коротко заявил он.

Элейн в изумлении посмотрела на него, словно он попросил луну с неба.

— Ты в своем уме?! Из-за чего, по-твоему, я плачу? Или ты настолько пьян, что не в состоянии понять, насколько плохи наши дела?

И тут будто злой джинн вырвался из бутылки. Позже он винил во всем пары виски, ведь он никогда не считал себя злым или жестоким. Но в ту минуту пелена ярости застилала ему глаза, и Гевину показалось, что Элейн жестоко издевается над ним. Будь все проклято, никому не позволено делать из него посмешище, а уж тем более женщине! Вскочив на ноги, он схватил ее за руки и с такой силой стиснул хрупкие запястья, что Элейн вскрикнула от нестерпимой боли. Гевин безжалостно принялся трясти ее, уже не сознавая, что он делает. Ее голова беспомощно моталась из стороны в сторону, отчаянные крики огласили комнату. Он был настолько взбешен, что не слышал этих воплей, и продолжал безжалостно трясти ее, крича, чтобы она оставила его в покое и не смела больше издеваться над ним.

Элейн с трудом вырвала одну руку и с силой хлестнула его по лицу, но пощечина только привела его в еще бо́льшую ярость. Не помня себя, он в бешенстве ударил ее кулаком в челюсть, так что женщина отлетела к стене и упала, задев массивный стол. Стоявшая на нем лампа сорвалась на пол, и дождь осколков осыпал разъяренного Гевина.

С досадой тряхнув головой, он нагнулся над скорчившейся на полу Элейн, и та со страхом выставила перед собой дрожащие руки, заметив бешеный блеск в его глазах.

— Проклятая сука, — яростно взревел он, — добилась своего! Хотела, чтобы я потерял голову, как когда-то отец?! Или ты думаешь, что можешь дать мне пощечину, и я так это оставлю?! Ну нет, я покажу тебе, как поступают мужчины с такими женщинами, как ты!

Вдруг он вздрогнул и тяжело рухнул на колени. Глаза его закатились, и Гевин, потеряв сознание, с грохотом распростерся на полу. За его спиной ошеломленная и дрожащая от страха Элейн увидела Бриану. Та все еще крепко сжимала в руках скамеечку для ног, которой она и ударила по голове озверевшего Мейсона.

Не помня себя от страха, Элейн мгновенно вскочила на ноги и, убедившись, что Гевин без сознания, подняла глаза на испуганную и дрожащую девушку.

— О, мадам, — пролепетала Бриана, испуганно отшатнувшись, — я просто не знала, что делать, и схватила первое, что подвернулось под руку. Я боялась, что он убьет вас!

— Это ты могла убить его! — не помня себя от страха крикнула Элейн.

— Мадам!..

Элейн и Бриана обернулись и увидели в дверях пораженного Джерарда, пожилого дворецкого. Когда он взглянул на Бриану, в его глазах отразилась бесконечная печаль.

— С вашим братом беда, — быстро проговорил он, от волнения глотая слова, — его пришлось срочно отправить в больницу. Вам лучше немедленно поехать туда.

Забыв о Гевине, все еще неподвижно распростертом на полу, Бриана выскочила из комнаты. Ничего больше не имело значения для нее, кроме беспомощного Шарля.

Повернувшись к Джерарду, Элейн скомандовала, не обращая внимания на ошеломленное выражение лица дворецкого:

— Помогите мне отнести его в спальню, а потом отправляйтесь за доктором.

Кряхтя, Джерард склонился над бесчувственным телом, но в эту минуту Гевин шевельнулся и хрипло застонал.

— Так мне идти за врачом? — спросил Джерард, с облегчением убедившись, что Гевин жив.

Подумав, Элейн решила, что не стоит выносить сор из избы и посвящать постороннего человека в семейные драмы. И так уже хватало неприятных разговоров после внезапной смерти Клода о его выплывших наружу тайных долгах. — Нет, думаю, не стоит, — задумчиво пробормотала она. — Просто помоги мне отвести его наверх. А потом наколи льда и принеси немного бренди.

Они с трудом подняли Гевина на ноги, но, едва придя в себя, он нетерпеливо оттолкнул их.

— Где она? — рявкнул Мейсон, потирая затылок. — Я ведь знаю, что это была Бриана. Уверен, что слышал ее голос.

— Она убежала, — спокойно произнесла Элейн и в двух словах объяснила, что случилось какое-то несчастье с Шарлем. — Пойдем, я отведу тебя в постель, Гевин. Тебе надо отдохнуть.

Выслав из комнаты Джерарда с приказом забыть про лед и бренди и не беспокоить его, Гевин позволил заботливой Элейн отвести его наверх в спальню. Растянувшись на кровати, он потер рукой мучительно нывший от удара затылок, а Элейн с заботливым видом присела рядом.

— Мне очень жаль, — пробормотала она, — конечно, мне не следовало говорить с тобой подобным образом. Просто я себя не помнила от огорчения. — Смахнув слезы, она покачала головой. — Что же нам делать, милый? Надо что-то решать, ведь нет смысла мучить друг друга подобным образом!

Он поднял руку и ласково провел кончиками пальцев по ее обнаженному теплому плечу.

— Послушай-ка, Элейн, — мягко сказал он, — я тут кое-что придумал. Может быть, это будет выход для нас с тобой. А теперь сходи и постарайся разузнать все, что сможешь, о Шарле, мне очень нужны сведения о нем.

— О Шарле? — Ошеломленная Элейн растерянно заморгала. — Какое нам до него дело? Ты ведь раньше никогда им не интересовался!

— Делай, что я говорю, — коротко приказал Гевин, и, еще раз бросив на него недоуменный взгляд, Элейн пожала плечами и вышла из комнаты.

Через час, приняв ванну, которая освежила его, и выпив холодного шампанского из запотевшего бокала, Гевин почувствовал себя так, будто заново родился на свет. От Элейн он узнал подробности болезни Шарля. Мальчику срочно нужна дорогостоящая операция, которую можно сделать только в Париже у известного специалиста. Бриана просто в отчаянии.

Элейн удобно устроилась на диване подле Гевина, маленькими глоточками потягивая ледяное шампанское из хрустального бокала.

— Конечно, — задумчиво проговорила она, — Бриане никогда в жизни не достать такую сумму. Скорее всего Шарль умрет, и, если хочешь знать, это даже к лучшему. — Она перевела взгляд на Гевина и вздохнула.

— А где сейчас Бриана, в больнице? — как бы невзначай поинтересовался Гевин.

— Да, — кивнула Элейн, но вдруг глаза ее гневно сузились, и она подозрительно посмотрела на Гевина. — А с чего это ты так заинтересовался мальчишкой? Мне кажется, нам и без него есть, о чем беспокоиться. Ведь мы так и не решили, как нам быть.

Гевин положил руку на спинку дивана, ласково обняв Элейн за плечи.

— Не стоит ломать над этим голову, дорогая, — промурлыкал он, мягко, но настойчиво привлекая ее к себе. — У меня сейчас на уме совсем другое. Вот это, например.

Он жадно накрыл губами ее рот, и она, издав приглушенный стон, страстно ответила на поцелуй. Осторожно уложив ее на диван, Гевин принялся покрывать поцелуями ее все еще красивые плечи, потихоньку сдвигая вниз платье, пока полностью не обнажил пышную грудь. Задрожав от наслаждения, она выгнулась и крепко прижалась к нему, а настойчивые пальцы быстро скользнули по его телу, пока не добрались до затвердевшего доказательства его желания.

— В первый раз, — с трудом хватая воздух ртом, пробормотала Элейн, — в первый раз нам не надо ни от кого скрываться, Гевин. Теперь нас никто не побеспокоит.

Он хрипло рассмеялся.

— Никогда не мог относиться к тебе как к приемной матери. Ах, Элейн, я всегда видел в тебе только желанную, соблазнительную женщину!

И Гевин яростно принял ее любовь, которой она бесстыдно оделяла его с тех пор, как ему едва исполнилось четырнадцать лет.

Глава 5

— Как ты могла?! Боже всемогущий, деточка, как ты решилась на такое?!

Джульетт Боуден сжала в похолодевших, трясущихся пальцах насквозь мокрый от слез платок. Она вся дрожала, глядя на единственную дочь. Шарлин несчастным маленьким комочком сжалась в углу обитого парчой дивана.

— Отвечай же! — Терзаясь нахлынувшими на нее страшными подозрениями, Джульетт гневно потрясла дочь за плечо: — Что заставило тебя отбросить прочь фамильную гордость, честь, наконец, как ты могла покрыть таким позором свою семью?!

Шарлин в ответ только горько покачала головой. Ее плечи тряслись от рыданий. Слезы нескончаемым потоком лились из покрасневших, опухших глаз. Она плакала уже несколько часов, пока мать допрашивала ее, но что она могла сказать ей?! Ничего теперь не изменишь.

Когда она вернулась от Колта, то увидела собравшуюся перед их домом толпу возбужденных людей. Мать билась в истерике, отец кричал на шерифа, требуя, чтобы тот немедленно приступал к поискам. Появление Шарлин с бледным, виноватым лицом положило конец переполоху.

Быстро спешившись, она пробежала в дом, рыдая и расталкивая стоявших на ее пути и растерянно замолкших соседей. По пятам за ней спешили родители, забрасывая ее вопросами, но она влетела в свою комнату и с силой захлопнула дверь, после чего истерически рассмеялась, слушая их крики. Не ранена ли она? Кто похититель? Как ей удалось спастись?

Потом в комнату ворвался шериф, а за ним спешил доктор Перри, который хотел осмотреть ее раны. Чтобы перекрыть неумолкающий гул взволнованных голосов, Шарлин пронзительно закричала, прижав обе руки к бешено колотившемуся сердцу:

— Оставьте меня в покое и убирайтесь! Слышите, вы все! Я не ранена, и меня никто не похищал. А теперь уходите и оставьте меня одну!

Глаза Чарлтона Боудена вспыхнули от бешенства, когда он понял, что произошло на самом деле. В ярости он вытолкал из комнаты любопытных, оставшись наедине с дочерью и все еще растерянной и ничего не понимающей женой. Крепко закрыв дверь, он повернулся к Шарлин. Лицо его побагровело от ярости, он едва сдерживался, чтобы не дать воли своему гневу.

— Немедленно говори правду! — потребовал он. — Где ты провела ночь, Шарлин? И не смей врать, а то я так выдеру тебя, что ты неделю ходить не сможешь!

Испуганная Джульетт крепко прижала Шарлин к груди, умоляя мужа успокоиться. Их единственное дитя не могло натворить ничего дурного, твердила она. Нетерпеливо оборвав ее, Боуден приказал дочери рассказать, что произошло.

Заикаясь от волнения, насмерть перепуганная Шарлин подняла голову, чтобы взглянуть на отца, но, встретив его пылающий яростью взгляд, умоляюще прошептала:

— Я была у Колта, папа. Я люблю его.

Чарлтона затрясло от гнева. Он попытался что-то сказать, но горло перехватило, и он яростно захрипел.

Джульетт испуганно бросилась к нему:

— Мы немедленно объявим о помолвке. Скажем, что они засиделись допоздна, обсуждая предстоящую свадьбу. Объясним, что Шарлин была с компаньонкой, а в доме все время были слуги. Конечно, сплетен избежать не удастся, но после свадьбы все уляжется. Пройдет всего несколько месяцев и никто даже и не вспомнит...

— Нет. — Шарлин покачала головой, не в силах встретиться глазами с матерью. — Нет, свадьбы не будет. Колт отказался наотрез.

В комнате наступила гробовая тишина, каждый замер, боясь поднять глаза.

— Ну уж нет, — взорвался Чарлтон, — он женится на тебе или я отправлю его на тот свет! Никому не позволено срамить мою дочь! Голыми руками задушу сукиного сына! Сейчас же еду к нему, и вопрос этот будет улажен еще до вечера.

Круто развернувшись, он стремглав ринулся из комнаты. Но заплаканная Шарлин с криком повисла на нем:

— Пожалуйста, папочка, не надо! Не делай этого. Мне очень жаль, правда. Поверь, я не хотела причинить боль ни тебе, ни маме. Просто я безумно люблю Колта. Но сам он меня совсем не любит, и я не хочу, чтобы его силой заставили жениться на мне. Ничего хорошего из этого не выйдет.

Чарлтон в растерянности перевел взгляд с ее несчастного, опухшего от слез лица на опешившую от удивления жену и покачал головой.

— Что же делать? — пробормотал он, ни к кому конкретно не обращаясь. — Куда катится мир?! Моя дочь спит с мужчиной, который отказывается жениться на ней! Половина города сбежалась ко мне на задний двор и сейчас судачит вовсю, перемывая косточки мне и моим близким, и, дьявол меня возьми, как же мне быть?!

Джульетт, которая к этому времени уже пришла в себя и обрела свое обычное хладнокровие, потихоньку выпроводила его из комнаты, приговаривая, что они успеют все обсудить позже, а сейчас уже пришло время открывать банк, иначе сплетни разнесутся по городу. Шарлин, повторяла мать, расстроена, ей нужно успокоиться и собраться с силами. Позже они спокойно решат, что следует предпринять, чтобы замять скандал.

Но не прошло и часа, как Джульетт появилась в спальне дочери, пытаясь во что бы то ни стало разобраться, что же толкнуло Шарлин на этот безумный поступок.

— Ну почему, Шарлин? — плакала она. — Ты ведь выросла в порядочной семье. Как же ты могла поступить, как... как самая обыкновенная шлюха?!

Отчаявшись найти понимание у матери, Шарлин по-прежнему шептала севшим от слез голосом:

— Я не шлюха, мама. Я люблю Колта. И я совсем не собиралась провести с ним ночь. Мне бы и в голову не пришло заставить так волноваться тебя и папу. Я хотела вернуться домой на рассвете, и никто ничего бы не узнал, но, к сожалению, проспала. А когда проснулась, было уже поздно.

— И ты рассчитывала, что все так и обойдется?! — в негодовании воскликнула Джульетт. — Думала, вернешься пораньше и никто ничего не узнает?! И как долго это продолжается? Разве тебе не приходило в голову, что ты позоришь семью?! А что дальше? А этот молодой человек, что он о себе воображает? Ты в конце концов ведь не девка из салуна! Ты дочь почтенных родителей, и он не имел права обращаться с тобой подобным образом! Господи, хоть бы Китти Колтрейн была сейчас в городе! — в отчаянии простонала Джульетт наконец, ломая руки. — Уверена, что уж она нашла бы способ вправить мозги своему сыночку! Готова присягнуть, что она бы за уши притащила его в церковь.

Шарлин безнадежно покачала головой:

— Я влюблена в него, но раз он не хочет меня, тогда о какой церкви вы говорите?! Что за жизнь нас ждет?

— А какая жизнь тебя ждет сейчас, после всего этого шума, ты представляешь?! — обрушилась на дочь разъяренная Джульетт. — Если вы с Колтом не поженитесь, твоя репутация погибнет. На тебя будут показывать пальцем, и так будет до конца твоих дней. Ты не сможешь смотреть людям в глаза. Ни один порядочный человек на тебе не женится. И никого не будет рядом, когда ты умрешь, бесстыжая маленькая распутница! Подумай об этом хорошенько!

В эту минуту Шарлин мечтала только о том, чтобы ее оставили наконец в покое. Ее тошнило от усталости и бесконечных слез, а в душе она ощущала какую-то странную опустошенность, которой, казалось, не будет конца. «Будь ты проклят, Джон Тревис Колтрейн, и будь проклято твое упрямство, — устало подумала она, — как ты мог так поступить со мной!»

— Перед тем как уйти, твой отец решил, что будет лучше, если ты ненадолго поедешь в Филадельфию и поживешь какое-то время у тети Порции. Я тоже считаю, что так будет лучше всего. Там о тебе никто ничего не будет знать, ты сможешь встретить достойного человека и впоследствии счастливо выйти замуж.

— Нет! — Шарлин как будто током ударило. Она соскочила с постели и, дрожа от возмущения, встала перед матерью, до боли сжав кулаки. — Я не собираюсь прятаться в Филадельфии! И я совсем не хочу жить с тетей Порцией, у нее лицо, как кислая слива! Ни за что! Лучше уж умереть!

Джульетт Боуден, казалось, превратилась в ледяную статую. Да как она смеет противоречить ей, испорченная девчонка?!

— Ты поступишь, как тебе велят, Шарлин. Чем больше я думаю об этом, тем больше мне кажется, что это наилучший выход для нас. Начинай-ка собирать вещи, чтобы успеть на утренний поезд. Нам с твоим отцом будет нелегко выдержать поток грязных сплетен, который обрушится на нас, но ничего, мы с этим справимся.

Шарлин окаменела.

— Нет, мама, — очень тихо, но твердо сказала она, — я ни за что не поеду в Филадельфию.

— Тебе прикажет отец.

— Я не поеду.

Джульетт ударила дочь по щеке.

— Он силой заставит тебя сесть в поезд, если потребуется. И мне кажется, что тебе лучше одуматься, не то отец не посмотрит на то, что ты взрослая, и высечет тебя так, что ты и сесть не сможешь!

И в этот момент Шарлин окончательно поняла, что ее не оставят в покое, а она не позволит, чтобы ее считали парией из-за того, что с ней случилось. Машинально разглаживая смятое платье, она подумала, что надо бы переодеться, потом махнула рукой. Люди все равно будут глазеть на нее и перешептываться.

Она направилась к дверям.

Мать решительно встала перед ней:

— И куда ты собираешься идти? Ты не можешь сейчас выйти из дома!

Отстранив ее, Шарлин шагнула к выходу:

— Так нужно, мама. Я иду в банк поговорить с отцом. Хочу заставить его понять, что то, что случилось со мной, — еще не конец света. Все образуется.

— Ничего из этого не выйдет, поверь мне. Ты разбила его сердце, доченька. И мое тоже. Ты испачкала грязью доброе имя нашей семьи и...

Шарлин выбежала из комнаты, с силой хлопнув дверью перед носом матери. Задыхаясь, сбежала по лестнице к выходу и помчалась по дороге, которая вела в город.

4 Любовь и ярость

Не прошло и минуты, как она лицом к лицу столкнулась с миссис Уилкинс, и та, возмущенно фыркнув, немедленно повернулась к ней спиной. Заметив презрение на лице почтенной матроны, девушка вспыхнула и почувствовала, как в горле появился горький комок.

Вскоре она увидела еще двух дам, которых хорошо знала с самого детства. Миссис Марта Гибсон и миссис Элли Мортбейн слыли ревностными прихожанками, и их весьма уважали в городе. Обе посмотрели сквозь Шарлин, как будто ее и не было. Всю дорогу до банка девушка чувствовала на себе презрительные или негодующие взгляды, которые, казалось, как удары кнута, оставляли рубцы на ее теле.

Сможет ли она дальше жить в этой атмосфере всеобщего презрения, в отчаянии подумала она. Похоже, мать оказалась права. Никому она теперь не нужна. Сможет ли она прожить в этом городе всю свою жизнь, отвергнутая и опозоренная? Больше того, теперь она станет для всех «этой девицей Боуден».

Как же она могла так поступить с родителями, с раскаянием подумала Шарлин, и снова слезы заструились по лицу. Девушка спешила к отцу. Нет, они не переживут этого. Может быть, они правы и ей действительно лучше уехать из города? Сплетни утихнут быстрее в ее отсутствие. Но жить с тетей Порцией?! Все время видеть эту ужасную кислую гримасу на сморщенной физиономии? Мрачный, угрюмый особняк, в котором жила тетя Шарлин, больше всего напоминал чистилище, в котором обречены томиться бедные души. Тетя Порция никогда не улыбалась и говорила только о злых силах, что на каждом шагу подстерегают человека в этом мире.

Шарлин застыла в задумчивости посреди улицы, не обращая внимания, что стоит по щиколотку в холодной грязной луже. Погрузившись в безрадостные мысли, она и не почувствовала, как промокли тонкие подошвы туфелек и закоченели ноги.

Устало прикрыв воспаленные глаза, Шарлин впервые без горечи подумала о Колте. На самом деле не так уж он виноват в том, что случилось. Он не лгал ей, даже когда их отношения только начинались. Это было не в обычае Колта. Он не раз говорил, что она ему нравится, но никогда не признавался ей в любви и не заговаривал о свадьбе. Девушка невесело усмехнулась, вспомнив, как он превозносил свободу, единственное, что ему было нужно. Много лет должно пройти, прежде чем он созреет для женитьбы.

Шарлин жалко улыбнулась. Джон Тревис Колтрейн был вылитый отец. Он, похоже, никогда не остепенится. Все в Силвер-Бьют знали о страсти старшего Колтрейна к путешествиям и опасным приключениям, которые будоражат кровь. И не было в городе человека, который не превозносил бы мужество и терпение его жены.

Однажды Шарлин тоже призналась Китти, что восхищается ее умением прекрасно ладить с таким человеком, как Тревис. Она никогда не сможет забыть удивленного выражения, появившегося на прекрасном лице миссис Колтрейн, когда она мягко сказала:

— Для этого совсем не требуется какой-то особый талант, Шарлин. Все, что нужно, — это любовь;

нужно просто принимать любимого таким, какой он есть, вот и все.

И теперь Шарлин поняла, но, к сожалению, слишком поздно, что тоже могла бы принимать Колта таким, каким он был от природы. Она сама все испортила своей проклятой навязчивостью и упрямством. Если бы у них было немножко больше времени, если бы она сильнее любила его, может быть, ей и посчастливилось бы стать той женщиной, на которой Колт захотел бы жениться. А теперь он ненавидит ее из-за этого скандала, тем более что все случилось по ее вине. Хотя, конечно, он мужчина, а значит, на нем это не отразится так ужасно, как на ней. Люди почему-то всегда снисходительнее к мужчине, который еще не перебесился, чем к оступившейся девушке. Если женщина следует своим желаниям, ее считают падшей и обливают грязью. А о нем, самое большее, добродушно посудачат.

«Ну что ж, что толку плакать, раз все равно ничего уже не поправишь», — устало подумала она.

Шарлин постаралась взять себя в руки, вовремя очнувшись от задумчивости, — еще секунда, и она наступила бы в очередную лужу.

Отец, конечно же, в ярости, но он поможет ей, потому что души не чает в дочери. Она поговорит с ним, скажет, как она раскаивается, пообещает сделать все, что он от нее потребует, чтобы хоть как-то искупить свою вину. Но он не должен отсылать ее в Филадельфию, что угодно, только не это.

Может быть, с Колтом тоже стоит поговорить? Если она признает, что несчастное происшествие — целиком и полностью ее вина, что он никогда не заманивал ее к себе, наоборот, старался заставить ее уйти, может, тогда он не будет держать на нее зла? Шарлин знала, что не перенесет его презрения.

Повесив голову, она нерешительно направилась к банку. Не будь Шарлин так погружена в собственное горе, она заметила бы забрызганное грязью платье, насквозь промокшие туфельки и ледяной дождь, который хлестал ей в лицо и превратил улицы Силвер-Бьют в непроходимое болото.

Но несчастная девушка давно уже ничего не чувствовала, кроме собственной боли. И она не обратила никакого внимания на незнакомых мужчин с ружьями, выскочивших из дверей банка ее отца, не разглядела их замотанных темными платками лиц.

Она не увидела и шерифа, залегшего в кустах вместе со своими людьми, готовыми в любую минуту спустить курок.

Оглушительно грянули выстрелы, разорвав мирную тишину, раздались крики и стоны раненых. Кто-то резко окликнул Шарлин, но она не услышала предостережения.

Девушка почувствовала лишь мгновенную, жгучую боль, когда пуля попала ей в голову. А затем вся боль и горечь куда-то исчезли и она погрузилась в блаженную темноту и покой.

Колт придержал лошадь, закрывая ворота перед тем, как отправиться в Силвер-Бьют. Куда он так спешит, подумал он. Стремится поскорее покончить с неприятным инцидентом?

В чистом голубом небе не было ни облачка, ослепительно сияло солнце, и легкий ветерок весело играл длинными душистыми метелками цветущей полыни. Высоко над головой Колта парил орел, и молодой человек долго следил, как, расправив могучие крылья, великолепная птица кругами набирала высоту, прежде чем исчезнуть в бездонной голубизне неба. Стайка перепелок шумно выпорхнула из-за купы деревьев и с веселым гомоном умчалась прочь.

И в первый раз Колт с раскаянием подумал о Шарлин, как она ехала тут ночью совсем одна, через степь, полную гремучих змей, выползающих в поисках воды. Да уж, поистине, стоит Шарлин что-то задумать, и ничто ее не остановит! Она всегда была чертовски упряма! Это все испортило. Но теперь, похоже, упрямство довело ее до беды, впрочем, как и его. Чарлтон Боуден наверняка сейчас просто с ума сходит от ярости, и его вовсе не волнует, что Шарлин сама во всем виновата.

Но так ли уж она виновата? Этот вопрос он не раз задавал себе. Здесь есть и его вина. Надо было держать себя в руках, как положено мужчине, черт побери, а он, будто зеленый юнец, не сумел справиться с похотью. Будь все проклято, он должен был отправить домой безрассудную девчонку!

И что же ему теперь сказать Боудену? Что он вообще может сказать?! Вне всякого сомнения, Боуден будет настаивать, чтобы Колт искупил свою вину перед его дочерью, женившись на ней. Спас от позора несчастную семью и заткнул рты городским сплетникам.

Но Колт отнюдь не чувствовал себя настолько виновным, чтобы выполнить подобное требование. Ну уж нет, он не позволит сделать из себя козла отпущения!

Когда он решит жениться наконец, если это вообще произойдет, то сделает это только по любви. А сейчас он не желает приносить себя в жертву доброму имени Шарлин, дав ей свое.

Когда этот кошмар рассеется, он непременно уедет из города хотя бы на несколько дней, тогда сплетни скорее утихнут. Да и Бранч Поуп — чертовски толковый управляющий и не откажется какое-то время обойтись без него, особенно если Колт объяснит ему все как мужчина мужчине. Бранч справится с делами и без Колта, тем более если тому придется уехать в Мексику.

Но сейчас ему предстояла встреча с разъяренным Боуденом, и Колт поймал себя на мысли, что многое отдал бы, чтобы избежать этого.

Ох уж эти женщины!

Черт возьми, он никогда не считал себя хладнокровным циником, но ему все чаще приходило в голову, что лучше не связываться ни с одной из них. Получить от женщины удовольствие, подарить радость ей, а потом бежать без оглядки, только так и можно.

И он подумал о сводной сестре, которую не видел уже почти четырнадцать лет. В один прекрасный день она свалится ему как снег на голову и нагло потребует половину всего — и это после того, как он работал день и ночь! Но тут уж ничего не поделаешь, потому что такова воля отца. И поскольку тот нажил все своим трудом, начав с нуля, Колт считал, что не его это дело — указывать отцу, как распорядиться своим состоянием. Лучше всего держать свои мысли при себе и не огорчать родителей.

Он уже подъезжал к городу и мог видеть дома, стоявшие на окраине. На вершине холма он слегка замешкался, разглядывая городок сверху. Конечно, жизнь в Силвер-Бьют была уже не такой оживленной, как когда-то во времена старательской лихорадки, но и в упадок он не пришел, как многие другие, подобные ему городки, захиревшие вместе с истощившими свои запасы рудниками. Силвер-Бьют продолжал жить своей жизнью.

Внезапно глаза Колта настороженно сузились. Интуиция, никогда не подводившая его, подсказывала, что происходит что-то неладное. Не понимая, что так встревожило его, он тем не менее заметил, что и конь его захрапел и испуганно попятился. Страх холодком прокатился по спине Колта, покрыв кожу мурашками.

Внезапно до него долетел пронзительный крик, оборвавшийся на самой высокой ноте.

Изо всех сил всадив шпоры в бока лошади, он направил ее вниз по склону холма, рассчитывая срезать угол и выиграть несколько минут. Вскоре Колт оказался на главной улице, но она была вся покрыта раскисшей от дождя глиной, так что ему пришлось убавить скорость, чтобы со всего размаху не грохнуться на землю вместе с лошадью.

В конце улицы он заметил большую толпу возбужденно жестикулировавших горожан. Когда он подъехал ближе, раздался испуганный и смущенный шепот и люди расступились перед ним, образовав живой коридор.

Колт соскочил с коня и увидел женское тело, распростертое в грязи. Волосы, когда-то золотые, были залиты кровью.

Возле тела на коленях стоял мужчина и глухо рыдал, обхватив голову руками.

Внезапно, как от толчка, Боуден поднял искаженное горем лицо и увидел перед собой Колта. Он попытался заговорить, и губы его задрожали и искривились в уродливой гримасе скорби.

— Ты! Будь ты проклят, это ты убил ее! Ты убил ее так же верно, как если бы сам пустил в нее пулю!

Его голос сорвался. Рыдания сотрясали могучее тело, грудь тяжело вздымалась, как будто ему не хватало воздуха. Покрасневшие от слез глаза с горечью смотрели на молодого Колтрейна. Потрясая огромными кулаками, не помня себя от горя, Боуден кричал и проклинал Колта:

— Я убью тебя, Колтрейн! Убью, как ты убил мою несчастную девочку!

Вдруг, краем глаза заметив у стоящего неподалеку человека торчащий из расстегнутой кобуры пистолет, он сделал быстрое движение, чтобы схватить его. Но тот был начеку и с силой оттолкнул Боудена. Подоспевшие на помощь соседи быстро схватили за руки обезумевшего от горя отца и, осторожно поддерживая, повели обратно в помещение банка.

Колт вздрогнул, почувствовав на плече чью-то руку. Он обернулся и, словно во сне, увидел смутно обрисовавшуюся перед ним мужскую фигуру с металлической звездой шерифа на рубахе. Тот что-то говорил, но голос доносился до Колта глухо, как сквозь плотный слой ваты.

Заметив, что Колтрейн как-то странно смотрит на него, шериф заговорил громче, стараясь отчетливо выговаривать слова:

— Это было ограбление банка. Мои люди сидели в засаде. Шарлин, к несчастью, попала прямо в опасную зону. Я еще здорово удивился, глядя на нее, — она шла, как лунатик, или что-то в этом роде. В жизни ничего подобного не видел! Кстати, я совершенно уверен, что никто из моих людей не стрелял в нее. Они прекратили огонь сразу же, как только увидели девушку. Мой помощник считает, что один из нападавших стрелял в кого-то из нас, но промахнулся, либо Шарлин нарвалась на случайную пулю.

От этого, конечно, не легче, — мягко добавил шериф, — но, думаю, она не страдала. А скорее всего даже не успела понять, что с ней.

Но Колт почти не слышал, что говорил шериф.

— А бандиты тут же убрались, — проворчал тот, — мои ребята как увидели, что девушка упала, обо всем забыли, вот они и сбежали. Повезло мерзавцам. Ну да мы их найдем!

Колт нетерпеливо сбросил с плеча руку шерифа и, как слепой, шагнул вперед к телу Шарлин. Опустившись на колено, он протянул руки и нежно, как спящего ребенка, прижал к груди мертвую девушку. Когда ее голова безвольно склонилась к нему на плечо, он чуть было не заплакал, таким безмятежным было ее лицо — и в то же время таким неживым. Все еще не веря в случившееся, он заглянул в безжизненные голубые глаза, еще только утром сверкавшие страстью. А теперь ему пришлось закрыть их дрожащими пальцами.

Колт поднялся, бережно держа на руках тело Шарлин. Увязая по щиколотку в липкой грязи, он нес ее, крепко прижимая к груди. Кто-то окликнул Колта, но он, ничего не замечая, шел вперед.

Колт нес ее домой. Когда он был уже совсем близко от особняка, слуги заметили его и поспешили распахнуть настежь двери. Войдя в дом, Колтрейн миновал маленькую гостиную, даже не заметив женщин, которые столпились возле лежавшей на софе Джульетт. Бедная женщина была в глубоком обмороке.

Шаг за шагом Колт медленно поднимался по лестнице на второй этаж и, войдя в спальню, бережно опустил Шарлин на белоснежные простыни.

Повернувшись к двери, он покинул дом, не сказав никому ни слова, и вернулся в город. Он не замечал, как прохожие сторонились его. Что-то опасное было сейчас в этом человеке, в глазах горели ненависть и жажда мести.

Джон Тревис Колтрейн был одержим одной мыслью: убийца Шарлин должен заплатить за смерть девушки. И горе безумцу, который вздумает помешать ему!

Глава 6

Бриана де Пол сидела, глубоко задумавшись, перед огромным камином. Колени она поджала к груди, уткнувшись в них подбородком, и как завороженная пристально смотрела на пляшущие языки пламени. За ее спиной теплый ветерок слегка играл занавесками, принося в комнату сладостный аромат цветущих лилий, но девушка, казалось, ничего не замечала. Не видела она и солнечных зайчиков, весело мелькавших на полу комнаты.

Прошло уже четыре недели с тех пор, когда она в последний раз видела Шарля. Один из здешних докторов задумал покинуть провинцию навсегда и, добрая душа, сам отвез Шарля в Париж и поместил в больницу. Бриана с ужасом подумала, что, если бы не его доброта и участие, не обещание всю дорогу заботиться о мальчике, ей пришлось бы ехать самой.

Ее собственная поездка, в которую она отправилась ровно через неделю после отъезда Шарля, оказалась в тысячу раз труднее, чем она думала. Денег у Брианы не было, поэтому пришлось идти пешком, останавливаясь только, чтобы отдохнуть и перевязать стертые до кровавых волдырей ноги.

Она нашла Шарля в больнице для бедных, несчастный малыш буквально задыхался в переполненной до отказа палате, среди безнадежно больных или умирающих. Сердце Брианы сжалось от негодования и острой боли, когда она увидела брата, лежавшего на неудобной койке, покрытой грязной простыней, скрюченное, хилое тельце казалось сломанной игрушкой, которую, поиграв, забросили в угол.

Увидев стоящую возле кровати сестру, малыш поднял на нее полные боли глаза, и его личико засияло от радости — ведь Бриана была единственным светлым лучом в его безрадостной жизни. Бриана помыла брата, заставив сурово нахмурившуюся сестру поменять ему простыни. Она пришла в ужас от того, как похудел Шарль и каким больным и слабым он казался. Мальчик кротко объяснил, что еда в больнице совсем не та, что дома. Бриана просила подаяние на улице, пока не набрала достаточно медяков, чтобы купить тарелку горячего густого супа. Ей никогда прежде не было так стыдно, как в ту минуту, когда она стояла у всех на виду с протянутой рукой, но Бриана повторяла про себя, что ее гордость значит гораздо меньше, чем благополучие любимого брата.

К счастью, здешние врачи прекрасно понимали, что такое бедность. Им удалось в конце концов устроить так, что лечение Шарля ничего не стоило Бриане, но, к сожалению, благотворительность не распространялась на дорогостоящие операции. Он может оставаться в больнице, сколько потребуется, чтобы облегчить его боль, но об операции, твердо заявили врачи, не может быть и речи.

Бриана сделала все, чтобы пробудить в них сострадание.

— Он ведь еще ребенок, — умоляла она со слезами, — несчастный малыш, который просто умрет, если вы не попытаетесь спасти его. Неужели деньги для вас значат больше, чем милосердие?

Ей объяснили, что это дело принципа. Если Шарля прооперируют бесплатно, то как тогда требовать платы от других больных?

И Бриана не выдержала. Она, как разъяренная фурия, накинулась на докторов, называя их стервятниками, которые живут за счет страданий других.

— Бог наградил вас знаниями, — кричала она, — а вы используете их лишь для того, чтобы купаться в роскоши, когда у вас на глазах погибает ребенок! Разве вас никогда не мучает совесть?!

Но никто из докторов и внимания не обратил на ее крики. К подобным сценам тут давно уже привыкли: у каждого безнадежно больного были родственники, которые и плакали, и просили, и угрожали.

В конце концов Бриане пришлось оставить Шарля в больнице и вернуться назад к мадам де Бонне, которая по-прежнему была готова держать ее в услужении за самую ничтожную плату, а точнее, за стол и возможность иметь крышу над головой. Перед отъездом она поклялась сделать все, чтобы найти деньги для операции. Шарль ласково улыбнулся, зная, что Бриана не обманывает, что сестра действительно готова для него на любые жертвы, вот только сделать ей ничего не удастся.

И с этой минуты Бриана не знала покоя. Днем и ночью одна только мысль неустанно преследовала ее: где достать денег? У нее не было ни семьи, ни друзей, которые могли бы помочь. Все, кого она знала, были не намного богаче ее, кроме разве что мадам де Бонне, но Бриане и в голову не приходило обратиться к ней за помощью. Она хорошо знала свою хозяйку, да к тому же ее финансовое положение уже ни для кого не было секретом.

Несмотря на теплую погоду, Бриана вся дрожала. Она ненавидела Гевина Мейсона за похотливость. При этом он был изворотлив, хитер и жесток, как ядовитая змея. Бриана подумала, что не успел покойный граф перевезти в замок свою семью, как Гевин стал проклятием для всех домашних.

Она вдруг вспомнила, что ей самой не было еще и двенадцати, когда Мейсон заметил ее и заинтересовался хорошенькой девочкой. Она тогда была еще слишком мала и поэтому ей поручали что-то не очень сложное. Однажды Гевин подстерег девочку, когда она, весело напевая, убирала на конюшне и засыпала корм лошадям. Внезапно Бриана с испугом заметила затаившегося в одном из стойл Гевина, который исподтишка разглядывал ее. Она громко окликнула его, потребовав, чтобы он немедленно объяснил, что ему тут нужно, но он стоял и смеялся над ней. А потом вдруг набросился на испуганную девочку и, не обращая внимания на ее крики, зашептал на ухо:

— Посмотри, что у меня есть для тебя, Бриана!

Выронив от ужаса вилы и пронзительно крича, девочка попыталась убежать. Но он оказался проворнее и успел преградить ей дорогу. Повалив Бриану на пол, Гевин принялся торопливо шарить потными руками по юному, еще не сформировавшемуся телу. Его липкие пальцы мгновенно отыскали маленькую упругую грудь и поползли вниз, к ногам. Он больно хватал девочку, оставляя синяки на нежной коже и бормоча: «Ты хочешь меня, признайся!» — и она дрожала от отвращения, чувствуя у себя на лице его зловонное дыхание и боясь, что в любую минуту ее может вырвать от отвращения.

Вдруг Бриана почувствовала, что он тычет в нее чем-то твердым, и, потеряв от ужаса и боли голову, изо всех сил ударила кулаком по толстой розовой штуке, которая больно упиралась ей в живот. Гевин истошно завопил и, согнувшись пополам, отпустил Бриану.

Бедняжка бросилась бежать со всех ног, безутешно рыдая и трясясь от страха. Влетев в маленький домик, она бросилась к отцу и, укрывшись в надежном кольце его рук, долго всхлипывала, а слезы градом катились по испуганному детскому лицу. Луи де Пол внимательно выслушал то, что ему с некоторым трудом удалось вытянуть из дочери, и глаза его сузились от гнева, как только он понял, какой опасности подвергалась Бриана.

Но худшее для нее было впереди. Выслушав девочку до конца, отец больно схватил ее за худенькие плечи и сердито встряхнул:

— Не вздумай хоть слово кому-нибудь сказать, ты слышишь меня?! Забудь о том, что случилось. А вот на будущее тебе придется все время быть настороже, не то он набросится на тебя еще раз! — гаркнул он, встряхнув дочь в последний раз.

Она глядела на отца испуганными недоумевающими глазами.

— Папа, ты разве не понимаешь?! Мы должны все рассказать мадам де Бонне, она ему задаст!..

Отец покачал головой, и Бриане показалось, что он почему-то сердит на нее.

— Неужели ты настолько наивна, девочка, что думаешь, будто она поверит тебе?! Нет, на это можешь не рассчитывать. А если бы и поверила, ей-то что за дело, в какие игры он играет! А вот меня могут в два счета выгнать из замка, и тогда я потеряю и работу, и крышу над головой! Нет уж, лучше держи рот на замке и старайся обходить его подальше, понимаешь?

Бриана нехотя кивнула, чувствуя, что сердце разрывается от боли. Даже собственный отец был не в силах защитить ее.

Теперь она все время была начеку, каждый день и каждую минуту. Гевину, похоже, нравилась эта игра, но со временем Бриане приходилось все тяжелее. Гевин взрослел и раз за разом становился все более дерзким и наглым.

— В один прекрасный день, — повторял он хвастливо, — ты сама попросишь, чтобы я доставил тебе удовольствие. Я-то ведь понимаю, что тебе просто нравится дурачиться.

Это, однако, совсем не значило, что Бриана просто избегала Гевина. Нет, она вынуждена была сопротивляться изо всех сил, а Гевин воспринимал это как развлечение. Даже когда она с ненавистью крикнула ему в лицо, что скорее умрет, чем позволит дотронуться до нее хотя бы пальцем, он просто рассмеялся и принялся ждать другого случая, чтобы застать ее врасплох.

Бриана тряхнула головой, прогоняя мрачные воспоминания, и принялась мечтать, как хорошо было бы навсегда остаться в Париже вместе с Шарлем. Если бы она была уверена, что найдет там работу! Что ж, по крайней мере у Шарля есть надежное убежище, и в больнице позаботятся, чтобы он не чувствовал боли. А что могла предложить брату она?

Бриана безумно тосковала без Шарля, что бы она ни делала, малыш не выходил у нее из головы. По ночам девушку мучили кошмары, она видела во сне, что умирает, а брата отдают в сиротский приют. Или ей снилось, что Шарлю сделали операцию, но слишком поздно — ему уже ничто не может помочь. Но была еще одна причина, по которой Бриана стремилась в Париж.

Еще в свой первый приезд она пообещала себе обязательно сходить в собор Парижской Богоматери. И однажды вечером, когда Шарль, устав за день, наконец задремал, Бриана на цыпочках выскользнула из палаты и отправилась искать собор. Онемев от восхищения, она разглядывала бесчисленные башни, а потом, поколебавшись немного, направилась к главному входу. Собор был неописуемо прекрасен внутри, ничего более великолепного она не видела ни разу в жизни. Пел хор, и она стояла, молча слушая «Аве, Мария» и восхищаясь необыкновенной красоты витражами.

Наконец она вспомнила о том, для чего так стремилась сюда. Выйдя наружу, она отыскала маленькую дверцу, ведущую в притвор Святой Анны, ее небесной покровительницы, и горячо помолилась о выздоровлении Шарля. Притвор был богато украшен великолепной резьбой. Сделав шаг назад, чтобы получше разглядеть эту красоту, Бриана налетела на окованные железом ворота и испуганно вскрикнула — ей показалось, что за спиной кто-то стоит.

Ворота оказались старинными, им было не менее семисот лет, и Бриана любовалась их красотой, совершенно забыв о времени, и опомнилась, когда уже стало смеркаться. Опечаленная мыслью, что, может быть, больше никогда уже не попадет сюда, девушка поспешила в больницу к брату.

Она была счастлива и горда своим первым маленьким путешествием по парижским улицам и довольна, что нашла время помолиться своей небесной заступнице. Бриана была уверена, что на всю жизнь запомнит красоту и величие прекрасного собора.

Девушка почти бежала, торопясь поскорее вернуться к брату. Сумерки уже сгустились, и Бриана почувствовала, как ее понемногу охватывает страх. Миновав мост Пон-Неф и увидев, что до больницы не более двух кварталов, Бриана обрадовалась, подумав, что успеет вернуться как раз вовремя, чтобы покормить Шарля ужином. По правде говоря, еда в больнице была просто ужасной, и Шарль даже не старался скрывать, что она ему не нравится. О Боже, подумала Бриана с горечью, ну почему все так ужасно сложилось в его жизни?

Больница для бедных размещалась в старом, ветхом здании, насквозь пропитавшемся мерзким зловонием. Бриана поймала себя на мысли, что ненавидит ее, и покраснела от стыда. Ведь Шарль провел здесь уже не один месяц, и Бог знает, сколько еще ему предстоит тут пробыть. И если уж он не жалуется на мерзкий запах тухлой капусты, безропотно терпит скрип рассохшегося дерева и рои мух, если не просит забрать его домой, так и ей не пристало жалеть себя. Лучше побыть с ним до тех пор, пока не придет время ложиться спать.

Но в один прекрасный день, когда Шарль опять задремал после обеда, Бриана решила, что он не обидится, если она покинет его на пару часов. Пройдя через Пон-Неф и стараясь избегать взглядов попадавшихся ей навстречу мужчин, она боязливо шла вперед, спрашивая дорогу только у жандармов, пока наконец не добралась до знаменитого Люксембургского сада. Она долго любовалась восхитительными цветниками, тут и там украшенными великолепными статуями, а потом, отыскав свободную скамейку, устроилась передохнуть. Она сидела в тишине, разглядывая прелестный дворец, охваченная непривычным чувством покоя и умиротворения. Ах, как же тут было прекрасно!

Да и весь Париж, казалось, действовал успокаивающе, как будто ничего плохого не могло случиться с ней в этом прекрасном, как сон, городе. Было ли это правдой? Поможет ли лечение Шарлю, уже в сотый раз Бриана задавала себе этот вопрос.

Поначалу, приехав в Париж, девушка боялась всего на свете — ведь раньше она нигде никогда не бывала, кроме Ниццы и Монако. Ночи в Париже полны опасностей, по крайней мере ее так предупреждали, нищие на улицах — все воры, а в городе полным-полно негодяев, завлекающих беззащитных девушек в темные аллеи.

Но днем Париж был так прекрасен, что она почти забывала о своих страхах. В ярких лучах солнца город сверкал, как драгоценная безделушка. Здания, покрытые свежей штукатуркой и окрашенные в ослепительно белый цвет, гордо выставляли напоказ красные черепичные крыши. Такое сочетание цветов делало дома похожими на праздничные пряники, и Бриана, которая не уставала восхищаться этим великолепием, поняла наконец, почему столько людей мечтают о Париже. Днем город очаровывал волшебной, неземной прелестью, особенно если был залит солнцем, и Бриана путешествовала по его живописным улицам, а сердце ее таяло от счастья. Наступит ли когда-нибудь день, когда они смогут жить в этом необыкновенном городе, она и Шарль? Не может быть, чтобы брату не стало легче, если вокруг все так неописуемо прекрасно!

Послышался легкий стук, и дверь приоткрылась, заставив Бриану очнуться. На пороге крошечного домика стояла Мариса Клозан, дочь сторожа из соседнего имения, лежавшего к югу от замка де Бонне. Долгие годы Мариса была ее близкой подругой.

При виде девушки, непривычно нарядной, в великолепном шелковом платье нежно-золотистого оттенка, Бриана изумленно раскрыла глаза:

— Откуда, скажи на милость, у тебя такая роскошь?!

Мариса была бедна, как церковная мышь, и Бриана привыкла видеть ее всегда в одном и том же простеньком платьице из дешевого миткаля.

Лицо Марисы сияло от счастья. Изящно приподняв подол платья, она закружилась по комнате, ликующе сверкая глазами. Сделав несколько прелестных па, она остановилась перед недоумевающей Брианой и присела в реверансе.

— Ну, посмотри, разве не прелесть?! А взгляни-ка на это! — Она высоко подняла руку, и Бриана изумилась, увидев сверкающий золотой браслет.

Не веря своим глазам она осторожно дотронулась до него и покачала головой:

— Что произошло? Откуда у тебя все это?

Аккуратно завернув край великолепной юбки, Мариса устроилась на полу возле камина и обняла подругу.

— Ну, просто я неплохо устроилась, скажем так, — проворковала она, не в силах оторвать глаз от блестящей безделушки на запястье.

Бриана знала, что совсем недавно ее подружка, к большому неудовольствию родителей, устроилась на работу в бистро.

— Я и понятия не имела, что ты зарабатываешь такие деньги! — удивилась она.

Мариса презрительно фыркнула, не понимая подобной наивности.

— Да нет же, глупышка, я не прислуживаю за столиками. — Склонившись к уху Брианы, она таинственно шепнула: — Дело в том, что я недавно обнаружила гораздо более приятный и быстрый способ заработать деньги! Подумать только, сидела столько лет на мешке с золотом, сама не понимая своего счастья!

Бриана вздрогнула и пристально посмотрела на порозовевшую подругу. Нет, нет, успокоила она себя, конечно, Мариса не пойдет на такое.

— Ах, пожалуйста, не смотри на меня, как ходячая добродетель! — возмущенно крикнула Мариса. — Почему бы женщине и не продать то, за что многие мужчины готовы платить, и платить немало?! Мне потребовалось провести с мужчиной всего только час, и посмотри, какое платье я купила на эти деньги! А раньше? Да я могла работать всю неделю, как лошадь, и не заработала бы и половины! А взгляни на браслет — и она принялась вертеть его, заставляя кидать на стены яркие солнечные зайчики. — Красив, не правда ли?! И всего-то навсего пришлось часика два потрудиться, да еще не самым неприятным образом! — Мариса замолчала и робко поглядела на смущенную подругу, стараясь угадать, что та скажет.

Бриана с ужасом покачала головой, не веря своим ушам.

— О Боже, Мариса, конечно, это не мое дело, но... но разве ты не понимаешь, в какую бездну ты падаешь?! Это же грешно и...

— И поэтому мы обе когда-нибудь отдали бы даром это сокровище, — презрительно фыркнула Мариса. — Но только я продала его, и если бы ты была поумнее, то поступила бы так же.

Бриана вспыхнула от возмущения и стыда. И как только у Марисы язык повернулся сказать о ней такое?!

— Я бы никогда ничего не продала! Я не продажная, запомни это! И я никогда еще не была с мужчиной!

Обиженная Мариса скорчила кислую гримасу:

— Хочешь, чтобы я поверила, что ты служишь в замке и ни разу ничего не позволила мсье Мейсону?! У нас тут все уверены, что ты время от времени ублажаешь его.

— Я знать не желаю, что вы думаете обо мне, да меня это и не волнует, — резко оборвала подругу Бриана, — но мне, будь любезна, не передавай этих сплетен.

Глаза Марисы злобно сверкнули.

— Да знаешь ли ты, маленькая дурочка, для чего я рассказала тебе об этом?! Я просто забочусь о тебе, как ты не понимаешь?! Ты хоть когда-нибудь думала, что с тобой будет, когда мадам де Бонне все потеряет? Что тогда? Да не додумайся я до этого, разве было бы у меня столько денег? А теперь я вообще собираюсь жить отдельно от родителей, буду снимать комнату над бистро. Накоплю денег, куплю роскошные туалеты и уеду в Париж, а там выйду замуж за богача и уж тогда до конца своих дней буду купаться в роскоши!

— Короче, ты собираешься стать обычной содержанкой, — Бриана гневно оборвала ее монолог, — и твоя семья будет стыдиться тебя. Ты разобьешь им сердце, и ни один порядочный человек никогда не женится на тебе. Самое большее, на что ты можешь рассчитывать, — это стать чьей-то любовницей. — Бриана совсем не хотела пугать Марису, но сейчас ею руководили гнев и страх за подругу. — А ты подумала, что с тобой будет, когда ты превратишься в старуху и от твоей красоты не останется и следа? Станешь мадам в публичном доме?! — Бриана ласково дотронулась до плеча Марисы: — Поверь мне, ты делаешь большую ошибку.

— Не смей меня жалеть, ты, нищая дура! — яростно крикнула та, сбрасывая с плеча обнимавшую ее руку. — Это мне надо тебя пожалеть! А я-то хотела тебе помочь, но видно, зря! Ты, похоже, так никогда и не поумнеешь!

Бриана грустно посмотрела на нее, ей совсем не хотелось спорить с Марисой. Она только удивилась, что не заметила, как изменилась Мариса, ведь сейчас перед ней была совсем незнакомая женщина. «Я так погрузилась в себя и свои беды, — с раскаянием подумала Бриана, — что даже не заметила, что произошло с подругой!»

Не колеблясь, она потянулась к Марисе и крепко сжала ее руку.

— Пожалуйста, оставь это, пока не поздно, — умоляюще сказала Бриана, заглядывая ей в глаза.

— Ах, да прекрати же! — Мариса с досадой отдернула руку. — Я не для того пришла к тебе, чтобы слушать скучные нотации, они мне и дома надоели! Разве ты не видишь, я счастлива! А ты — ты навсегда останешься нищей! — Вскочив на ноги, Мариса с надменной усмешкой поправила выбившийся из прически непослушный локон и окинула растерянную Бриану презрительным взглядом. — И ты лжешь, что еще никогда не была с мужчиной! Никакая ты не девственница! Просто упряма и не признаешься, что задаром отдала кому-то свое ненаглядное сокровище и ни черта не получила взамен!

Она быстро пошла к выходу, но у самых дверей задержалась и бросила на Бриану презрительный взгляд.

— Езжай в Париж, милочка, и проси подаяние на улице. Может, встретимся когда-нибудь, обещаю тогда кинуть тебе пару медяков на память о прошлой дружбе. — И она с грохотом захлопнула за собой дверь.

Бриана чуть не плакала от обиды. Она чувствовала, что Мариса пришла не только для того, чтобы похвалиться своим счастьем. Подсознательно ей хотелось оправдаться в собственных глазах, а что могло лучше помочь ей в этом, чем зависть и восхищение лучшей подруги. Но к несчастью, она услышала в ответ совсем другое и страшно разозлилась. Бриана вздохнула, хорошо понимая, что прежней дружбы уже не вернешь.

Она встала и, одернув поношенную юбку, подошла к висевшему напротив двери большому зеркалу. Откинув упавшие на лоб волосы, долго всматривалась в свое отражение и решила наконец, что выглядит усталой. Бриана и в самом деле чувствовала усталость. Все последние дни мадам де Бонне была настоящей мегерой. Элейн уже успела выгнать кухарку и дворецкого, и их обязанности теперь легли на плечи Брианы. И только воспользовавшись тем, что Элейн задремала после обеда, Бриана смогла ускользнуть из замка и немного передохнуть. Однако скоро Элейн проснется и потребует чаю с булочками.

Подумав, что пора возвращаться в замок, она отвернулась от зеркала и, приподняв подол, поправила черные бумажные чулки.

— Очаровательно. Не могла бы ты приподнять юбку еще немного?

Вскрикнув от страха, Бриана выпустила из рук подол и обернулась, но ее испуг мгновенно сменился яростью, когда она увидела в дверях Гевина с его обычной наглой усмешкой и сверкающими от вожделения глазами.

— Как ты смеешь?! — закричала она. — Ну-ка, вон отсюда!

Но Гевин осторожно прикрыл за собой дверь и медленно направился к дрожащей от возмущения Бриане:

— Послушай, нам надо поговорить. Это будет чисто деловой разговор, поверь. Тебе нечего опасаться.

Бриана приподняла одну бровь и саркастически усмехнулась.

— Если ты помнишь, я никогда не боялась тебя, мой господин. И обсуждать нам нечего. Я в услужении у мадам де Бонне, а не у тебя! — язвительно подчеркнула она.

Но к этому времени Гевин уже успел подойти почти вплотную и как будто невзначай дотронулся до ее обнаженного локтя.

— Какая гладкая кожа, — глухо пробормотал он, — и это у прислуги!

С омерзением отбросив в сторону его руку, Бриана кинулась к двери.

— Ты не имеешь права без приглашения являться в мой дом! Вон отсюда!

Двумя прыжками Гевин оказался возле нее и с силой захлопнул дверь. Улыбка сбежала с его физиономии, и глаза смотрели холодно. Схватив за плечи испуганную девушку, он посадил ее на стул и угрожающе навис над ней:

— Хватит с меня твоих капризов. Выслушай, что я скажу, или я так разукрашу твою хорошенькую мордашку, что стыдно будет появиться на людях! Ты слышишь меня?!

Но Бриана, ничуть не испугавшись, попыталась оттолкнуть его. Гевин был сильнее. Резко ударив ее по щеке, он намотал на руку длинные шелковистые волосы и безжалостно рванул их. В этом положении, с головой, притянутой почти к коленям, Бриана была совершенно беспомощна. Волей-неволей ей пришлось выслушать его.

— Послушай, Бриана, я действительно не хочу ничего плохого. И мне нет никакого смысла бить тебя, на что ты мне с синяками? Ну, что, ты согласна выслушать меня?

Глаза Брианы пылали ненавистью, и он снова злобно дернул ее за волосы.

— Говори, что тебе от меня нужно, — прошипела она.

Гевин резко отпустил ее, и от неожиданности девушка рухнула на пол. Гевин подхватил ее и снова усадил на стул.

— Ну а теперь слушай меня внимательно. — Его глаза остановились на бурно вздымающейся груди Брианы, но он только тяжело вздохнул. — Признаться, трудно говорить о делах, когда ты будишь во мне совсем другие желания.

— Пожалуйста, говори скорее, что тебе надо от меня, — холодно оборвала его Бриана.

— Ах, дорогая, что за темперамент! — насмешливо фыркнул он. — Ты была бы неописуемо хороша в постели, особенно когда эти роскошные груди колыхались бы при каждом моем толчке глубоко внутри тебя! Да уж, конечно, ты могла бы дать сто очков вперед этой маленькой шлюхе Марисе. О да, — кивнул он, — я видел, как она выходила от тебя. Я дожидался ее ухода, чтобы застать тебя одну. Когда-то я неплохо позабавился с ней, но потом ей пришла в голову вздорная мысль потребовать плату за то, что она раньше отдавала даром, но, к сожалению, мои денежные обстоятельства сейчас таковы, что я не могу позволить себе этого.

Он подвинул стул и уселся напротив.

— Ну так вот, — с задумчивым видом продолжал Гевин, — похоже, нам с тобой предстоит стать деловыми партнерами. И поэтому я буду откровенен. У нас с Элейн совершенно нет денег, мы разорены. Тебе это, без сомнения, уже хорошо известно. Элейн удалось получить отсрочку в банке, но, если мы ничего не придумаем в ближайшее время, замок пойдет с молотка.

— Ну а от меня-то что вам надо? — перебила Бриана. — У меня своих проблем хватает.

Гевин кивнул:

— Да, я в курсе, и поэтому мы и нужны друг другу. У тебя есть шанс выручить нас с Элейн и заодно помочь себе и, главное, своему несчастному, больному брату.

Он зажег тонкую сигару и глубоко затянулся.

— Ведь ты хочешь получить достаточно денег, чтобы заплатить за операцию? — вкрадчиво продолжал он, выпустив дым ей в лицо.

Бриана застыла в изумлении. Гевин Мейсон был вовсе не похож на человека, склонного к милосердию, следовательно, он что-то задумал.

— Надеюсь, ты не думаешь, что таким образом заставишь меня принадлежать тебе? Для этого тебе никаких денег не хватит!

Он покачал головой и иронически рассмеялся:

— Я могу обладать тобой, когда мне вздумается, маленькая глупышка. А кроме того, для чего платить деньги за то, что можно получить даром? Нет, у меня на уме совсем другое, нечто, что потребует от тебя таланта настоящей актрисы. Ну, что, хватит у тебя на это смелости?

— Что именно ты задумал? Тебе меня не купить, — мрачно пробормотала Бриана.

— Это смотря сколько предложить, — устало махнул рукой Гевин, — ну ладно, слушай, что от тебя требуется.

— Я вся внимание.

— Я собираюсь предупредить врачей в клинике, где лежит твой брат, чтобы его готовили к операции. Потом я устрою его в частную клинику, где за ним в это время будет самый лучший уход. А вот когда именно ему сделают операцию, будет зависеть уже только от тебя.

Сердце Брианы забилось с бешеной скоростью. Неужели это возможно?! А вдруг это единственный шанс для Шарля!

— Мне нужно, чтобы ты вместе со мной отправилась в Штаты, — проговорил Гевин.

— В Штаты? — удивилась она. — Но для чего?

Он поднял руку, требуя молчания.

— Слушай внимательно. Не знаю, говорила ли об этом когда-нибудь Дани, но ее отец очень богат.

Бриана покачала головой:

— Она никогда не рассказывала о нем.

И Гевин поведал ей историю Дани, добавив напоследок:

— Итак, Тревис Колтрейн сейчас в Париже. Он написал Дани, что разделил свое состояние между ней и братом и она может когда угодно получить свою долю. Сначала я предложил Дани, чтобы она вышла за меня замуж, но упрямая девчонка отказалась наотрез. Решила уйти в монастырь. — Гевин с досадой потер лоб.

Бриана улыбнулась про себя. Уж она-то знала, что ее подруга ни за что не стала бы женой такого человека, как Гевин, даже если бы осталась в миру.

— А я-то вам для чего? — спросила она.

— Для того, — и Гевин заговорщически подмигнул девушке, — что все, что потребуется от Дани, — это вернуться в Штаты и потребовать свои деньги.

— Но ведь она же не поедет, не так ли?

Гевин обреченно вздохнул:

— Нет, конечно, нет. Она не собирается брать эти деньги. Тем не менее, — и он сделал внушительную паузу, — Дани поедет в Штаты, потребует раздела имущества отца, Тревиса Колтрейна. Видишь ли... — Он опять помолчал и вдруг выпалил: — В Штаты поедешь ты!

Ни минуты не колеблясь, Бриана решительно покачала головой:

— Даже не думай об этом.

— Поедешь, — повторил Гевин, — поедешь, потому что это единственный шанс для тебя спасти брата. А мой план сработает как пить дать! — И Гевин торопливо заявил: — Самого Колтрейна сейчас нет в Неваде. Из всего семейства в Штатах только его сын, который последний раз видел Дани четырнадцать лет назад. Вы с ней внешне довольно похожи, тот же цвет волос. И по-английски ты говоришь превосходно, только с легким акцентом. Дани тоже говорила бы с акцентом, ведь она прожила во Франции почти четырнадцать лет. Слава Богу, что ей когда-то пришла в голову блажь учить тебя языку.

Все очень просто, — быстро продолжал он, прежде чем она успела возразить, — мы вместе поедем в Штаты. Я потом объясню тебе все подробно. А пока что надо обсудить все детали на тот случай, если ее брат начнет задавать лишние вопросы. — Гевин откинулся на спинку стула и внимательно посмотрел на Бриану. Он сказал ей только то, что, по его мнению, ей следовало знать. А потом он найдет способ с ее помощью прибрать к рукам все состояние Колтрейнов, но Бриане об этом знать не следует, по крайней мере пока.

Девушка растерялась, не зная, что и подумать. Конечно, все это не очень ей нравилось, но разве лучше то, чем занимается Мариса? Что же ей делать?! Неужели она даст маленькому Шарлю умереть?! Будь все проклято, это ее долг — заботиться о малыше! И к тому же Дани больше не нужны деньги, а у Шарля появится наконец тот единственный шанс, о котором она столько молилась.

Она съежилась на стуле и зажмурила глаза. Унесясь мыслями в прошлое, Бриана отчаянно пыталась вспомнить лицо матери. Как ей хотелось бы, чтобы она была сейчас рядом, как ей был нужен ее совет! Может быть, есть какой-то другой выход?! Как ужасно, что жизнь Шарля зависит от того, возьмет ли она на душу этот грех!

Да, решено. Шарль получит свой шанс.

Бриана вознесла молчаливую молитву и подняла на Гевина затуманенный слезами взор:

— Я согласна.

В глазах ее мучителя сверкнул алчный огонек.

— Я знал, что смогу убедить тебя! Ты, конечно, всегда была упрямой, но не глупой.

— Одну минуту, — остановила его Бриана, и Гевин удивился, заметив, как мрачная усмешка исказила ее прелестное лицо, — я соглашусь, но с одним условием — ты оставишь меня в покое и забудешь о своих попытках затащить меня в постель. Это будет частью нашего соглашения. Я хочу, чтобы ты с самого начала понял это. И ты должен дать мне слово чести, — добавила она с некоторым сомнением в голосе: понятие чести вряд ли было знакомо такому человеку, как Гевин.

— О, ну конечно, — беспечно отозвался он, — не волнуйся об этом, кругом полным-полно других женщин. Или ты думаешь, я собираюсь все ночи напролет грезить о тебе?!

Он поднялся.

— А теперь мне пора домой, еще нужно где-то достать деньги, чтобы на это время обеспечить хороший уход за твоим братом. Да и нам с тобой на дорогу и на первое время понадобится какая-то сумма. Как только все устроится, мы немедленно отправимся в Штаты. А тебе лучше всего немедленно начать собираться. Думаю, платья Дани должны быть тебе как раз впору. — Он направился к выходу, но у самых дверей замешкался. — Только смотри, никому ни слова! Ты должна хранить нашу договоренность в абсолютной тайне.

Бриана охотно кивнула. Ей, не меньше, чем Гевину, не хотелось, чтобы кто-то догадался об их замысле.

— Ну, конечно, даю слово.

Окрыленный надеждой, Гевин почти бегом помчался в замок. Правда, впереди его ждало нечто весьма неприятное.

Гевин вошел в замок и прямиком направился в комнату Элейн. Та пребывала в самом подавленном настроении, сидя за массивным письменным столом из красного дерева и изучая семейные документы.

Бесшумно подкравшись к ней сзади, он осторожно скользнул за низкий вырез домашнего платья и ласково сжал в ладонях упругие груди.

Дрожь наслаждения теплой волной накрыла Элейн, но она попыталась сопротивляться.

— Не сейчас, Гевин, прошу тебя! Мне еще нужно закончить с делами. И вообще я сейчас не в настроении.

Он ласково сжал губами мочку ее уха.

— Твое настроение наверняка изменится, когда ты узнаешь, что очень скоро все наши заботы останутся в прошлом.

Она изумленно посмотрела на него:

— О чем ты, Гевин?! Мы же разорены!

Задумчиво проведя пальцем по прекрасному ожерелью из крупных изумрудов и бриллиантов, он как бы невзначай взвесил его на ладони. Это была одна из последних семейных драгоценностей де Бонне, которую еще не успели продать, — Элейн обожала это ожерелье. Граф подарил ей его вскоре после свадьбы, а до нее фамильная драгоценность украшала шейки представительниц шести поколений семьи и стоила целое состояние.

Тихонько притянув к себе удивленную Элейн, Гевин увлек ее на постель и крепко прижал к себе. Он объяснил ей весь план до мельчайших деталей. И по мере того как он рассказывал, напряженное выражение постепенно покидало ее лицо и, видя это, Гевин преисполнился надеждой.

Наконец он замолчал, и Элейн не смогла сдержать восхищения гениальной простотой его выдумки.

— Ах, Гевин, дорогой! — Она обняла его за плечи. — Ты просто чудо! И ведь никто никогда не догадается! Сын Тревиса едва ли сможет узнать Дани, ведь прошло четырнадцать лет! А самого Тревиса нет сейчас в Штатах. Я надеюсь, все удастся провернуть достаточно быстро. А когда вы вернетесь с деньгами, мы заживем по-королевски! Надо будет только отправить куда-нибудь подальше Бриану, чтобы не проговорилась.

Осторожно снимая с плеч ее руки, Гевин ласково предупредил:

— Это займет какое-то время, Элейн. Не забывай, Бриана не должна знать, что я надеюсь вернуться из Невады не только с теми деньгами, что по закону принадлежат Дани, но и рассчитываю добраться до всего состояния Колтрейнов. Однако нельзя заранее все предусмотреть. Будет лучше, если я вначале осмотрюсь, а потом постараюсь кое-что придумать уже на месте.

Элейн не стала спорить.

— И еще кое-что, — добавил он, нежно перебирая бесценные самоцветы, украшавшие шею Элейн. — Мне понадобятся деньги и очень скоро. Надо купить билеты. И еще заплатить за клинику для Шарля. Да, дурочкой Бриану не назовешь. Пока она не будет уверена, что я выполнил свою часть сделки, можно на нее не рассчитывать.

У Элейн растерянно вытянулось лицо.

— Но ведь у нас нет ни гроша, Гевин, — жалобно пролепетала она. — Ты же сам знаешь.

— А это? — Он потянул за ожерелье.

Яростно замотав головой, Элейн инстинктивно отбросила его руку и крепко прижала к себе украшение:

— Только не это!.. Ты же знаешь, Гевин, это все, что у меня осталось. И потом, с этим ожерельем связано столько воспоминаний!

— Я куплю тебе дюжину таких, как только вернусь из Штатов с деньгами Колтрейна, — пообещал он. — А сейчас сними его.

Он заметил, как ее глаза моментально наполнились слезами, но даже не шелохнулся. Слезы никогда не трогали Гевина. Дрожащими, непослушными пальцами Элейн с трудом расстегнула ожерелье, и оно сверкающим ручейком скользнуло в протянутую жадную ладонь.

Отвесив плачущей мадам де Бонне шутливый поклон, Гевин небрежно бросил драгоценность на изящный столик возле постели.

— А теперь, — страстно прошептал он, опрокидывая ее на подушки, — я горю желанием добраться до других драгоценностей, моя прекрасная распутница, драгоценностей, которые принадлежат только мне!

Глава 7

Бесконечные долины с раскиданными тут и там одинокими холмами и плоскими вершинами гор — вот так выглядела страна, в самое сердце которой в погоне за бандитами углубился Колт, сопровождаемый отрядом людей шерифа. Они гнались за шайкой головорезов, ограбивших банк и хладнокровно убивших несчастную Шарлин.

Неистовая, изматывающая погоня продолжалась уже пятый день, нервы людей были напряжены до предела. Индеец-следопыт исчез уже на второй день погони, и во главе отряда встал Колт, с детства прекрасно умевший идти по следу. Подобно отцу, он не старался двигаться вперед исключительно по отпечаткам подков или следам от костра. Нет, чаще Колта выручал природный инстинкт. Он старался вообразить, как поступил бы беглец на его месте, и это почти всегда срабатывало. Теперь интуиция подсказывала Колту, что бандиты недалеко.

Но двигаться вперед с такой же скоростью, что и раньше, было уже опасно, ведь они находились в местах, где могла легко спрятаться целая армия, не говоря уж о небольшой группе вооруженных до зубов людей. Отряд поехал шагом. Боясь стать легкой добычей бандитов, люди вели себя осторожно.

Все, кроме Колта, который только нетерпеливо отмахнулся от предостережений шерифа Бута. Люди шерифа были полны решимости во что бы то ни стало догнать банду, ограбившую банк. Но никто из них не хотел ради этой цели подвергать опасности собственную жизнь или жизнь товарищей.

На пятую ночь они разбили лагерь на вершине одиноко стоящего холма. Место для стоянки было выбрано удачно, вряд ли кто мог прокрасться в лагерь незамеченным. Положив себе изрядную порцию жареного кролика, шериф Бут огляделся и, заметив Колта, сидевшего в стороне под мескитовым деревом, неторопливо направился в его сторону. Он знал, что Колт в который раз отказался от еды и опять сидел в одиночестве, погрузившись в мрачные мысли. Казалось, он оградил себя от окружающих глухой стеной, через которую никто не мог проникнуть.

Буту было хорошо известно, что между Колтом и Шарлин была любовная связь, которая закончилась трагически. Проклятие, старик Боуден просто кипел от ярости, когда на глазах у всего города обвинил Колта в смерти дочери, да еще грозился пристрелить парня!

Усевшись неподалеку от Колта, Бут пристроил тарелку на коленях и принялся за еду, но Колт, похоже, не замечал его. Он так и сидел, с мрачным видом глядя куда-то вдаль.

Шериф то и дело искоса поглядывал на него, обсасывая нежные кроличьи косточки и пытаясь понять, что же происходит с молодым человеком. Колт все так же угрюмо молчал.

— Ну, вот что, Колтрейн, — наконец не выдержал Бут, — думаю, нам с тобой нужно поговорить.

Окинув его с ног до головы холодным взглядом, Колт отвернулся.

— Ты не даёшь мне покоя, парень. Вижу, с тобой что-то неладно. Летишь вперёд сломя голову, будто не знаешь, что из-за любого куста в тебя могут всадить пулю. Можно подумать, смерти ищешь. И мне не очень-то это по душе, терпеть не могу самоубийц, да и мои парни пока ещё не спешат на тот свет. Послушай, я не знаю, что там произошло в городе между тобой и стариком Боуденом. Но что бы то ни было, по-моему, будет лучше всё это уладить по-хорошему, когда ты вернёшься. Правда, если по-прежнему будешь гоняться за смертью, боюсь, и тебе, и нам вряд ли удастся вернуться. Глупо было бы так погибнуть!

— Я знаю, что делаю, — процедил сквозь стиснутые зубы Колт. — Не стоит волноваться, шериф.

Шериф недоверчиво приподнял одну бровь:

— Не стоит волноваться, говоришь?! Ты несёшься вперёд, ничего не видя перед собой, как закусивший удила мул, а мне, по-твоему, не о чем волноваться?!

Колт чуть заметно усмехнулся:

— Если боитесь за своих людей, шериф, давайте разделимся, я готов продолжать поиски один.

Шериф недовольно покачал головой:

— Я пошлю кого-нибудь за своим следопытом. Будем медленнее продвигаться вперёд, зато сохраним свои головы. А что до тебя, думаю, всем было бы намного спокойнее, если бы ты вернулся в Силвер-Бьют.

— И не надейтесь, шериф, — коротко отрезал Колт, поднимаясь на ноги. Перекинув через плечо седло, он широкими шагами направился к тому месту, где были привязаны лошади.

— Эй, погоди! — закричал вдогонку ему шериф. — Куда ты собрался?!

Колт обернулся, и Бут с некоторым смущением заметил, какой яростью вдруг полыхнул его взгляд.

— Не волнуйтесь за меня, шериф! У вас своя цель, у меня своя. Наверное, действительно будет лучше, если мы разделимся!

Шериф попытался было преградить ему дорогу.

— Не спеши, сынок, — заговорил он, чувствуя закипающий в груди гнев, — ты думаешь, я позволю тебе гоняться за бандитами и вершить правосудие, словно ты и есть сам Закон?! Ну нет, на это можешь не рассчитывать. Или ты немедленно возвращаешься в город, или едешь вместе с моими людьми, но, черт возьми, подчиняешься моим приказам, как любой из них!

Заметив, что кое-кто из его ребят уже поднял голову и внимательно прислушивается, шериф понизил голос и постарался взять себя в руки. Подойдя поближе, он примирительно положил тяжелую руку на плечо Колту:

— Послушай, малыш, я знаю, тебе больно, но, поверь, смерть — это не выход.

Колт скосил глаза и столь выразительно взглянул на руку, все еще лежавшую на его плече, что шериф, словно обжегшись, тут же убрал ее.

— Лучше держитесь от меня подальше, — холодно отчеканил он. — Так будет лучше, поверьте, шериф!

Отстранив его, Колт снова зашагал к лошадям. Через несколько минут, вскочив на спину своего коня, он словно растворился в ночи. До шерифа лишь донеслось слабое цоканье копыт, когда Колт спускался с холма, и все стихло.

Бранч Поуп сидел у костра, мрачно уставившись на яркие языки пламени. Он был против того, чтобы разводить костер, уверенный, что бандиты наверняка тоже заметят его, но большинство людей, оказавшись новичками, потребовали, чтобы хотя бы раз в день была горячая пища.

Бранч раздраженно потряс головой и презрительно фыркнул. Он пустился в погоню за бандитами просто потому, что хотел помочь молодому Колтрейну. Ему было хорошо известно о связи Колта с Шарлин Боуден, и, кроме того, он слышал кое-что о странной смерти девушки и безумной ярости старика Боудена и его обещании пристрелить Колта. Это встревожило его. Он не понимал, в чем дело, но чувствовал опасность, угрожавшую молодому хозяину. Бранч помнил клятву, которую перед отъездом дал Тревису, что глаз не спустит с его сына, и нахмурился.

Тяжело вздохнув, шериф повернулся к Бранчу:

— Может, тебе лучше поехать с ним? Попробуй хоть немного образумить мальчишку. Глядишь, тебя он и послушает.

Бранч только насмешливо хмыкнул:

— Ну уж нет! Колт такой же упрямый и своевольный, как и его папаша, и беда тому, кто станет на его пути, уж коли он что задумал! А сейчас он, похоже, и вовсе потерял голову. Нет уж, ищи кого другого, а я еще не сошел с ума! Только взгляну на него, а уж по коже мурашки бегают!

Он замолчал и смачно плюнул в костер табачной жижей, так что искры полетели в разные стороны.

— Он гонится за парнем, пристрелившим мисс Шарлин, и не успокоится, пока не прикончит его. Тут уж ни тебе, ни мне его не остановить, шериф.

Бранч откинулся назад, почувствовав спиной шероховатый камень, и скрестил на груди руки. Больше всего на свете ему нравилось смотреть, как надутый, высокомерный шериф строит из себя всезнайку при всем честном народе.

— А потом, — как можно невозмутимее произнес он, — шериф-то ведь ты, а значит, остановить его — это твоя обязанность!

В толпе гревшихся у огня раздались сдавленные смешки, по суровым лицам расплылись улыбки. Физиономия шерифа стала медленно наливаться кровью. Он прекрасно понимал, что Бранч просто-напросто пытается выставить его перед всеми полным дураком, а такая перспектива его не слишком-то радовала. Раздраженно передернув плечами, он недовольно буркнул:

— Дьявольщина, да ведь его подстрелят, только и всего! Ведь их человек пять, не меньше, а он один. Но я его предупреждал! Я свой долг выполнил, и, если попадет в переделку, пусть пеняет на себя, глупый мальчишка!

Бранч прекрасно понимал, что шериф и злится-то потому, что беспокоится за Колта, и великодушно решил оставить его в покое. Сам он ни минуты не сомневался, что его молодой хозяин вполне способен постоять за себя, поэтому решил дать ему дня два, а потом, если Колт не объявится, поехать и самому взглянуть, что происходит. Больших трудностей он не предвидел.

Покинув отряд, Колт напал на след бандитов и пошел по нему, с каждой минутой неумолимо приближаясь к цели. Он уже знал точно, где скрывается вся шайка, а на рассвете заметил их. Он не торопился, все, что ему было нужно — это держаться на безопасном расстоянии и быть уверенным, что его не заметили. Он вспомнил, как когда-то затаив дыхание слушал захватывающие рассказы отца о его приключениях. Похоже, они пошли ему на пользу.

Колт точно знал, что ему делать, и, судя по всему, подонки впереди тоже. С момента их поспешного бегства из Силвер-Бьют они мчались к юго-западу, в сторону соленых болот Эсмеральды и прямиком к Долине Смерти, за которой лежала Мексика. По всей вероятности, они рассчитывали на то, что люди шерифа, не выдержав бешеной скачки, в конце концов прекратят погоню.

Бандиты устроились на ночь лагерем в большой расщелине, сильно заросшей низенькими мескитовыми деревьями и ароматным шалфеем, неподалеку от вершины одиноко стоявшего холма. Их было пятеро: четверо отдыхали в лагере, а пятый караулил снаружи, скрываясь в кустах. Погони они не опасались, Колт понял это. Ведь они сделали все, чтобы замести следы: подолгу кружили на одном месте, снова и снова пересекая дорогу, по которой скакали, и опять возвращались назад, даже часто ехали по воде, и теперь были совершенно уверены в своей безопасности. И сейчас изощрялись в насмешках над людьми шерифа.

Но Колту были хорошо известны подобные уловки, и поэтому он с самого начала уверенно шел по следу. Он дал им убедиться в собственной безопасности и потерять бдительность. «Думай, как твоя жертва, — снова и снова всплывали в памяти Колта сказанные когда-то отцом слова, — постарайся поступать так, как поступили бы те, которых ты преследуешь. Постарайся предугадать каждый их шаг, по возможности прежде, чем они сами об этом подумают. Не старайся думать, как охотник. Думай всегда, как тот, за кем охотятся».

Легкий ночной ветерок донес до Колта взрыв пьяного хохота. Да, похоже, он не ошибся, и они как раз там, где он и рассчитывал их найти.

Ночь выдалась на редкость темной, луны не было видно за низко нависшими тучами. Спешившись, Колт привязал лошадь в кустах и бесшумно прошел с полмили. Ближе оставлять ее было опасно: койот мог бы напугать ее, и тогда присутствие Колта было бы немедленно обнаружено. Очень осторожно, стараясь не издавать ни малейшего звука, Колт начал карабкаться по холму. До него то и дело доносились пьяные выкрики и хриплый смех бандитов. Добравшись до вершины, Колт решил передохнуть и дать своим жертвам хорошенько напиться и уснуть.

Он устало прикрыл воспаленные глаза, и опять, как и прежде, все то же видение возникло перед его мысленным взором: мертвое тело Шарлин в луже грязи, роскошные золотистые волосы, испачканные кровью. И вдруг живая Шарлин, капризная, своевольная, веселая, с бьющей через край энергией, радостно хохочет над какой-то его шуткой. А затем он снова видит ее, мертвую...

Колт хорошо понимал, что с ним происходит. Нет, его печаль совсем не означала, что он внезапно понял, что любил Шарлин. Нет, совсем нет. И вины за собой он не чувствовал. Он не был влюблен в нее, не любил так, как мужчина любит женщину, с которой собирается прожить до конца своих дней. Но она была чертовски привлекательна, несмотря на то что порой сильно осложняла его жизнь. Колт понимал, почему чувствует себя виноватым в ее нелепой смерти, ведь в какой-то степени несчастье случилось именно из-за него. Ему сказали, что она шла как слепая, ничего не видя вокруг, не слыша предостерегающих криков. И Колт понимал, что думала она именно о том, что произошло с ними в этот злосчастный день.

И в этом была его вина.

Он презрительно оттолкнул ее от себя, не оставив ни малейшей надежды. Скандала не удалось избежать, ее репутация была безвозвратно погублена. И мир, в котором Шарлин жила до сих пор, рухнул.

А потом оборвалась и ее жизнь.

А для него не будет покоя на земле, пока он не отомстит за ее смерть.

Он терпеливо ждал, лежа в тени низкорослых деревьев, и вот наконец пришло время действовать. Бандиты громко храпели, валяясь вповалку у дымившегося костра. Сунув руку за голенище сапога, Колт осторожно вытащил тяжелый нож. Страшное оружие в умелых руках, он достался Колту от отца, а Тревис завладел им на поле боя. Те, кто видел этот нож, говорили, что это финка, а отец называл его «зубочисткой». Нож был одним из любимейших сокровищ Колта, ведь он славно послужил в свое время отцу, а теперь так же верно послужит и самому Колту.

Он бесшумно крался вперед, подобно гибкой пантере, преследующей добычу. Теперь он уже ни о чем не думал, превратившись в живое воплощение яростной мести.

В темноте Колт с трудом различил фигуру бандита, стоявшего неподалеку на страже. Присев на корточки, Колт почти слился с узловатым стволом дерева. Беспечный сторож вздрогнул, почувствовав холодную сталь ножа у своего горла, и попытался было поднять тревогу, но было поздно.

— За Шарлин, — тихо прошептал Колт и быстрым движением перерезал бандиту горло.

Брезгливо вытерев кровь с ножа об одежду бандита, он снова сунул его за голенище и, вытащив из кобуры револьверы, стал осторожно приближаться ко входу в расщелину.

Колт уже видел отблески костра, слабо мерцавшие по стенам, и, подойдя ближе, разглядел четырех бандитов, беспечно спавших у огня. Вступив в освещенный тлеющими углями круг, он тихо произнес:

— Это месть за смерть Шарлин, девушки, которую вы убили пять дней назад.

Его револьверы выстрелили одновременно, двое бандитов отправились на тот свет, не успев даже проснуться: одному пуля попала в лоб, другому — чуть ниже правого глаза. Третий открыл глаза и вскрикнул от ужаса, ринувшись к скале в поисках укрытия, но пуля Колтрейна догнала его. Четвертый бандит все-таки успел вскинуть револьвер и выстрелить. Колт вздрогнул, почувствовав боль в плече, но устоял на ногах и выпустил в бандита все оставшиеся в барабане пули, пока тот не рухнул замертво прямо в костер.

Костер уже почти догорел, и мертвое тело окончательно потушило слабое пламя. Колт внезапно оказался в полной темноте. Он стоял, прислушиваясь, — страшная тишина окружала его. Сегодня от его руки пали пять человек. И странное чувство охватило Колта. Вины? Раскаяния? Нет, ибо свершилось правосудие. Скорее была какая-то странная пустота в душе. Ему вдруг показалось, что жизнь потеряла всякий смысл.

Но рана в плече, горевшая огнем, заставила его подумать о себе. Засунув револьверы в кобуру, он крепко прижал ладонь к плечу, чувствуя, как горячая кровь толчками вытекает из раны. Пуля не прошла навылет, засев глубоко внутри. Нужно было во что бы то ни стало извлечь ее из тела, иначе он истечет кровью. Но сам он не сможет этого сделать, ему нужна будет чья-нибудь помощь.

Выбравшись из мрачной расщелины, Колт жадно глотнул свежий ароматный ночной воздух. Зажав ладонью рану, он начал осторожно спускаться по склону холма. Нужно было быстрее найти коня, а потом во что бы то ни стало разыскать отряд шерифа.

Колт двигался как можно осторожнее, боясь, что от резкого движения кровь польется сильнее. В ушах глухо шумело, и голова с каждым шагом кружилась все сильнее. Он уже не чувствовал боли в онемевшем плече — и это пугало Колта.

Внезапно он оступился: предательский камешек выскользнул из-под ноги, и Колт тяжело рухнул на колени.

Но он слишком ослаб от потери крови и, не удержавшись, покатился вниз, чувствуя, как обжигающая, нестерпимая боль в плече огнем растекается по всему телу.

А затем наступило спасительное беспамятство, и он провалился в бездонную черную дыру.

Грохот выстрелов, гулким эхом отразившись от скал, разлетелся по равнине и, мгновенно разбудив спящего Бранча, заставил его живо вскочить на ноги. Ему хватило и минуты, чтобы протереть глаза и сообразить, что к чему. Колт наконец добрался до бандитов.

— Пора ехать, — Бранч, казалось, обращался ко всем сразу и ни к кому в отдельности, — должно быть, это Колтрейн и бандиты, больше некому.

Люди неохотно вставали один за другим, обмениваясь встревоженными взглядами. Безумная скачка день за днем в удушающей жаре совершенно вымотала их, а стремление нагнать и покарать бандитов заметно ослабело. Накануне один из них уехал из лагеря, коротко сказав, что возвращается в Силвер-Бьют, у него, мол, урожай не убран.

Бранч резко вскинул седло на плечо.

— Пора ехать, ребята, — повторил он, хмуро поглядев на нерешительно переминающихся вокруг него людей. — Я слышал чертовски много выстрелов.

Хэнк Бьюрич неуверенно шагнул к нему:

— Послушай, Поуп, не сходи с ума. Может, ты не заметил, что вокруг темно, и мы понятия не имеем, откуда донеслись выстрелы. Ты хочешь, чтобы мы очертя голову поскакали, сами не зная куда, и попали им прямо в лапы?! — Он покачал головой и швырнул на землю седло. — Что касается меня, предпочитаю дождаться рассвета.

Остальные нестройно поддержали его, и Бранч бросил вопросительный взгляд на шерифа, который тоже уже успел вскочить на ноги и стоял чуть в стороне от других.

— Ну а вы-то что скажете, шериф? — спросил Бранч. — Ведь это вам поручено найти их.

Опустив глаза в землю, шериф нерешительно пробормотал:

— Э-э-э, я, пожалуй, склонен согласиться с Бьюричем. Разве мы сможем обнаружить что-нибудь в этой тьме кромешной?! Нельзя просто так рисковать людьми.

Презрительно оглядев смущенные лица, Бранч выпустил густую струю черной табачной жижи прямо под ноги шерифу.

— Ну и трусливые же вы сукины дети! — Гневно повернувшись к ним спиной, он зашагал к лошадям. Не прошло и минуты, как он был уже в седле и скакал в ту сторону, откуда донеслись выстрелы.

Все было тихо. Бранч пустил коня шагом. Лежащая прямо перед ним равнина мало-помалу сужалась и далеко на юго-западе заканчивалась широкой расщелиной, тянувшейся еще мили на три. Было ясно, что грабители ни в коем случае не рискнули бы разбить лагерь на открытом месте. Бранч направил коня ко входу в расщелину, решив, что выстрелы, по-видимому, доносились именно оттуда.

Он задумался, и, как всегда в эти минуты, рука его машинально потянулась к громадному животу и ласково почесала волосатое тело. Если Колт убит, подумал он, то бандитам наверняка известно, что погоня идет по пятам. И они сообразят, что звуки перестрелки неминуемо укажут людям шерифа место их лагеря. Поэтому у них, по мнению Бранча, было только два выхода: либо удирать без оглядки, стараясь оставить как можно больше миль между хвостами их коней и представителями закона, либо, и это устраивало Бранча намного меньше, залечь в укрытие и, дождавшись шерифа с его отрядом, отстреливаться до последнего. В этом случае, мрачно прикинул Бранч, его пристрелят первым.

Но тут в голове у него мелькнула интересная мысль, и, мигом повеселев, он дал шпоры коню, заставив того прибавить шагу. Лихорадочно обдумывая на скаку свой план, Бранч решил, что будет полным идиотом, если просто спустится в расщелину, во все горло зовя Колта. Пожалуй, будет гораздо умнее подождать немного и, подкравшись поближе к тому месту, откуда стреляли, выстрелить пару раз самому. При этом бандиты, решив, что окружены отрядом шерифа, откроют ответный огонь, выдав себя. Ну а уж тут-то Бранчу и карты в руки, он будет палить не переставая. Может быть, хоть тогда эти трусливые засранцы, называющие себя людьми шерифа, наберутся смелости и снимутся с места.

Он продолжал ехать вперед, удивляясь про себя, какой громадной оказалась расщелина. Когда он уже поравнялся со входом, дорога стала каменистой и резко пошла под уклон. Бранч ехал медленно, опасаясь, что проклятая лошадь подвернет ногу и тогда ему придет конец.

Сжав поводья одной рукой, он осторожно стащил с плеча винтовку и пристроил ее на коленях, настороженно поглядывая вокруг. Сейчас его больше всего занимали две неприятные мысли: в любую минуту он мог столкнуться с вооруженными бандитами или наступить на песчаную гремучую змею — Бранч знал, что в этой местности змей хватает. Ни то, ни другое его не радовало, правда, со змеей справиться было бы намного проще.

Прошло около часа, и Бранч подъехал уже достаточно близко, чтобы рискнуть и сделать пару выстрелов. Спешившись, он залег в кустах и, пристроив поудобнее винтовку, спустил курок.

Ответом ему была полная тишина.

Почему же они не стреляют? Неужели раскусили его план? А может, решили дождаться, пока он потеряет терпение, спустится вниз и угодит прямо в лапы бандитам? Черт побери, что же делать?!

А всего в четверти мили от того места, где доблестный Бранч ломал себе голову в поисках выхода, на каменистом склоне, истекая кровью, лежал Колт. Винтовочные выстрелы разорвали сгустившийся туман и немного привели его в чувство. Слегка приподняв гудящую голову, он с трудом открыл глаза и страшно удивился, заметив, что вокруг по-прежнему темно. Сколько же он пролежал без чувств? И кто это стрелял так близко? Он помнил, что убил всех пятерых бандитов, так что опасаться было нечего. Но и терять бдительность было нельзя.

Непослушными пальцами он с трудом нащупал висевшую на правом боку кобуру, но та оказалась пуста. Острой, режущей болью напомнило о себе раненое плечо, и вдруг его охватил страх. Предположим, один револьвер он мог выронить, когда падал вниз по склону, но где же тогда другой?!

Его рука внезапно наткнулась на вторую кобуру у левого бока, и, почувствовав привычную тяжесть, Колт едва не заплакал от облегчения. Заставив чуть сдвинуться свое ставшее вдруг неуклюжим тело, он с трудом достал из кобуры револьвер и два раза выстрелил в воздух, а потом упал в изнеможении и принялся ждать.

Бранч чуть не подскочил от неожиданности, услышав два выстрела. Безусловно, стреляли не в него, он мог поклясться в этом. Может, это сигнал? Дьявольщина, стоит пойти посмотреть, в чем там дело. Все равно раньше утра нет смысла спускаться вниз по склону, да и опасно это. Подняв винтовку, он выстрелил еще раз.

В ответ опять прогремели два выстрела.

С неожиданной для такого тучного человека легкостью Бранч взлетел в седло и тронул шпорами лошадь, внимательно оглядываясь по сторонам, на каждом шагу опасаясь засады.

А Колт в это время с трудом оторвал обмякшее тело от земли и, встав на колени, приник к шершавому камню скалы. Он настороженно вглядывался в темноту и вдруг, к своей радости, различил едва слышный перестук копыт. Однако радость его была преждевременна: неизвестно, что за всадник приближается к нему. И все же Колт решил рискнуть. С тревогой сжимая в руке револьвер, он собрался с силами и крикнул в темноту:

— Это Колтрейн. Я здесь!

Бранч Поуп не отличался чрезмерной набожностью. Но когда раздался этот голос, он вознес благодарственную молитву, на случай, если кто-то там, наверху, услышит его, и послал лошадь в галоп.

— Сюда, — кричал Колт, завидев приближающегося всадника. Подняв револьвер здоровой рукой, он выстрелил снова, на всякий случай.

Подскакав прямо к нему, Бранч соскочил с лошади и подхватил Колта, который рухнул ему на руки.

— Ты ранен?! — охнул Бранч и осторожно положил его на землю. — Куда тебя ранили? Тяжело? А где остальные бандиты, сбежали?

Колт стиснул зубы, чуть не послав заботливого Бранча куда подальше, когда тот от избытка чувств крепко обнял его. Собравшись с силами, он с трудом пробормотал, что ранен в плечо и пуля осталась, кажется, в теле, потерял чертовски много крови, а бандиты не попрятались и не сбежали, он их просто перестрелял одного за другим.

Бранч облегченно вздохнул при мысли, что им ничто больше не угрожает, но снова озабоченно склонился над Колтом.

— Наш лагерь всего в паре миль отсюда, — он заглянул раненому в глаза, — как ты думаешь, выдержишь? Надо выковырнуть из тебя эту проклятую пулю, не то, прах тебя возьми, ты просто истечешь кровью!

— Нет времени, — прохрипел Колт, — придется заняться этим прямо здесь.

Бранч даже присвистнул от удивления:

— Знаешь, парень, я на своем веку немало пуль повытаскивал и можно не хвалясь сказать, что на этом деле собаку съел, но в такой темноте я и собственных рук не вижу!

— Разводи костер, — чуть слышным голосом приказал Колт. Жестокая боль, будто дикий зверь, терзала измученное, обессилевшее тело. — И поторопись, во мне скоро не останется ни капли крови.

Ощупью собрав охапку сухих веток и сучьев, валявшихся под ногами, Бранч запалил огромный костер, огненно-золотые языки пламени взметнулись к небу, ярко озарив бледное лицо Колта. Спустив почерневшую от запекшейся крови рубашку и обнажив раненое плечо, Бранч недовольно покачал головой:

— Скверная рана, дьявол ее забери. И ножа подходящего, как на грех, нет под рукой. А своим тесаком я тебя, парень, могу порезать так, что только и сгодишься потом на мясо для собак.

Колт пробормотал что-то, указывая на голенище своего сапога, и через минуту Бранч с восторгом разглядывал блестящее тонкое лезвие.

— Будь я проклят! Никак старая «зубочистка» твоего папаши?! Вот она-то как раз и подойдет! — Он коротко бросил, что вернется через минуту, и направился к своему коню.

Достав из притороченной к седлу сумки большую бутылку виски, Бранч неловко сунул ее Колту. Обычно грубый хриплый голос его вдруг дрогнул:

— Глотни-ка, парень, да побольше. Это тебе чертовски понадобится!

Колт послушно сделал несколько больших глотков и закашлялся — саднившее горло обожгло как огнем. Блаженство, горячей волной разлившись по всему телу, мгновенно притупило пульсирующую боль. Бранч молча наблюдал за ним, стараясь взять себя в руки и не думать о том, что сейчас предстоит перенести этому мальчику.

— Ты готов?

Колт заколебался.

— Отрежь мне кусок от своих поводьев, — наконец проговорил он.

Через минуту, крепко стиснув в зубах тонкий кожаный ремешок, Колт кивнул Бранчу.

Тот глубоко вздохнул и приступил к операции: осторожно ввел блестящее лезвие в кровоточащую рану, чувствуя, как при каждом неосторожном движении мучительно содрогается мускулистое обнаженное тело Колта. По спине его потек струйками пот. Бранч ввел лезвие поглубже, молясь, чтобы все закончилось как можно быстрее. Кончик ножа наткнулся на что-то твердое.

Уговаривая себя не спешить, Бранч зацепил пулю лезвием и, чертыхаясь и пыхтя сквозь стиснутые зубы, потянул на себя.

— Вот она! — радостно гаркнул он и, отложив в сторону нож, осторожно выдавил пулю из-под кожи. — Ну а теперь самое неприятное, парень, — и он сунул в огонь окровавленное лезвие, — надо остановить кровотечение.

Приложив к плечу Колта раскаленный докрасна нож, он отвернулся, не в силах вынести ужасного запаха горящей человеческой плоти. Кожаный ремешок выпал изо рта Колта, издавшего мучительный хриплый стон, прежде чем впасть в спасительное забытье.

Бранч устало откинулся назад и с удивлением взглянул на окровавленный кусочек свинца, который до сих пор сжимал в кулаке. Ну вот, все позади, и теперь нужно только устроить Колта поудобнее.

Оглянувшись, он прикинул на глаз расстояние до их лагеря, но со вздохом был вынужден отказаться от мысли доставить туда Колта: он был еще слишком слаб даже для такого небольшого расстояния. Похоже, придется остаться здесь и дать ему отдохнуть. А затем они двинутся на юг, обогнут соляные болота Эсмеральды и окажутся уже в Калифорнии, возле Голконды, небольшого горняцкого поселка. Городом Голконду трудно было назвать, и тем не менее она считалась довольно приятным местечком, где любой старатель мог выползти из своей норы, отряхнуть пыль и повеселиться вволю, так чтобы небесам стало жарко. Было бы неплохо, если бы и Колт отдохнул там немного.

При мысли о Голконде обветренная физиономия Бранча расплылась в широченной улыбке. Представится случай повидать Кэнди и ее девочек. Кэнди содержала один из самых известных публичных домов, и у Бранча там осталось немало подружек. Они с радостью приглядят за Колтом, пока тот не встанет на ноги, а он тем временем вернется в Силвер-Бьют и позаботится о ранчо Колтрейнов.

Бранч весело хихикнул. Ну что ж, среди его приятельниц было немало шлюх, и он нисколько не стыдился этого. Некоторые из них были заботливы и ласковы, а Колт нуждался сейчас в хорошем уходе.

Глава 8

Каждый раз, когда лошадь спотыкалась на неровной каменистой тропинке, по которой они медленно ехали, Колт морщился от обжигающей боли, но кое-как терпел, делая глоток за глотком из чудодейственной бутылки Бранча с крепчайшим виски. По счастью, до Голконды, где он сможет передохнуть, оставалось совсем немного. Бранч тем временем отвезет в Силвер-Бьют похищенные из банка деньги. Этот план устраивал Колта как нельзя лучше. Он совсем не спешил домой с грузом своих горьких мыслей, да и возможная встреча с отцом Шарлин пугала его.

Бранч встрепенулся, заметив, что Колт снова поднес горлышко бутылки к губам:

— Слышь, паренек, не так быстро. Ты словно грудной младенец, который не может оторваться от материнской титьки! И такой же слабый, ведь не забывай, сколько крови ты потерял!

Колт недовольно скривился.

— Мы ведь уже недалеко от Голконды! — И задумчиво пробормотал себе под нос: — Интересно, Кэнди все еще там? Роскошная женщина!

У Бранча глаза полезли на лоб от удивления.

— Так ты знаком с Кэнди?!

Колт поперхнулся. Надо же было ляпнуть такое, но как бы паршиво он себя ни чувствовал, назад ходу не было.

— Ну? — продолжал допытываться Бранч.

Колт поднял на него невинные глаза:

— Ты ведь никогда не интересовался подробностями моей жизни! Так вот, в Голконде я побывал в первый раз, когда мне и четырнадцати не было.

— Да ну?! — изумился Бранч. — Бьюсь об заклад, твой папаша вряд ли догадывался об этом!

— Ах нет, боюсь, ты ошибаешься, — с самым ангельским видом возразил Колт. — Дело в том, что утаить что-то от отца просто невозможно! Но он, конечно, благородно промолчал.

Бранч понял, что Колт шутит, несмотря на сильную боль, и решил подыграть ему.

— Послушай-ка, — игриво подмигнул он, — а какая девочка Кэнди тебе больше всего по душе? Рози? Тилли? Дженни-Лу? У Кэнди полным-полно хорошеньких девчонок.

Колт с сожалением покачал головой:

— Да ведь я не был там уже с год, если не больше.

Язык у него ворочался с трудом, а голова казалась непривычно легкой и слегка кружилась, но Колт был уверен, что сможет продержаться до конца. Скоро они уже увидят крошечные домишки старателей Голконды.

— Ну, скажи же, — не отставал от него Бранч, — какая тебе все-таки больше по душе?

Теплая волна воспоминаний прокатилась по телу Колта, унося с собой усталость и боль.

— Бекки. Она сладкая, как мед, эта девочка. А посмотришь ей в глаза — и сразу вспоминаешь лесные фиалки, а ее волосы — они как лучи восходящего солнца, цвета красного золота, я никогда таких не видел!

Бранч смутился. Он хорошо знал всех девушек Кэнди, наезжая в Голконду раза четыре в год, но ни разу не встречал в этом заведении ни одной по имени Бекки.

— Ты уверен, что не перепутал, парень? Что-то я не припоминаю никакой Бекки.

Утонув в сладостных воспоминаниях, Колт даже не расслышал, что к нему обращаются. Прошло несколько секунд, прежде чем он очнулся и принялся с готовностью объяснять:

— Бекки — племянница Кэнди. Просто работает там — готовит, убирает и все прочее.

— Так ты все время просто издевался надо мной?! — рявкнул Бранч в досаде, что его так провели. — Ты что, спятил?! Кэнди только на первый взгляд безобидная кошечка, но попробуй тронь ее, и она превратится в разъяренную пантеру! И не думаю, что ей понравится, если она узнает, что ты морочишь голову ее племяннице. Ты меня слышишь? Оставь девчонку в покое!

Колт не ответил. Ему и так стоило черт знает каких усилий держаться прямо в седле. Нет смысла сейчас объяснять Бранчу, что между ним и Бекки совсем ничего не было. Девушка была действительно очень мила — невинна и очаровательна. Но Колт не связывался с девственницами, как и советовал отец. Хотя были такие мгновения, когда Колту хотелось, чтобы между ними все было по-другому.

Весь остаток пути до Голконды они проехали в гробовом молчании.

Голконда состояла из небольших домишек, служивших временным пристанищем старателей и бродяг, которые сегодня — здесь, а завтра — поминай как звали. Кроме известного заведения Кэнди, в Голконде постоянно работали только небольшой магазинчик да два салуна. Все они были построены еще в незапамятные времена и отчаянно нуждались в ремонте.

Поселок казался вымершим. Сухой, горячий ветер гонял по городской улице колючие кусты перекати-поля. То тут, то там попадались засохшие мескитовые деревца, раскинувшие уродливые, искривленные ветром сучья. Вокруг не было ни травы, ни деревьев, только камни и песок, да кое-где из земли торчал чудом уцелевший в этой раскаленной пустыне одинокий кактус.

Заведение Кэнди располагалось в конце единственной улицы этого удивительного поселка и радовало глаз своим видом. Свежеокрашенный в белый цвет дом буквально сиял в ярких лучах солнца. Ставни сверкали ярко-розовой краской так же, как и кокетливая ограда вокруг небольшого участка земли, посреди которого и возвышался аккуратный двухэтажный особнячок с широкой, причудливо украшенной террасой.

Попадавшиеся навстречу жители провожали всадников ленивыми, равнодушными взглядами. Их не заинтересовало даже то, что грудь и плечо одного из них были туго обмотаны окровавленной тряпкой. Жители Голконды привыкли не совать нос в чужие дела. Нравы здесь были суровые, впрочем, их диктовала такая же суровая жизнь. Каждый старался держаться особняком, справедливо полагая, что так легче сохранить целой и невредимой свою голову.

В заведении Кэнди стояла сонная тишина, как всегда бывало рано утром, да еще в будний день. Вечерами, а особенно в праздники или в конце недели, мужчины то и дело входили и выходили из дверей, сменяя друг друга.

Всадники въехали во двор. Бранч торопливо соскочил с лошади, привязал ее к изгороди и вовремя успел обернуться, чтобы подхватить потерявшего сознание Колта. Еле удерживая тяжело повисшего на нем раненого, Бранч ощутил исходивший от него жар и понял, что у Колта началась лихорадка. Как можно бережнее он подхватил его на руки и широкими шагами направился в дом.

Кэнди Фаро ринулась к окну, услышав встревоженный возглас служанки, и к тому времени, как Бранч со своей ношей появился на пороге, успела накинуть кокетливый розовый пеньюар и торопливо сбежать по лестнице.

— Быстрее проведи его в дом! — скомандовала она чернокожей служанке.

Бранч, все еще держа на руках Колта, прошел через слабо освещенный холл и вдруг почувствовал, что рад снова увидеть милое лицо Кэнди. И как всегда во время своих прежних визитов он не смог надивиться на восхитительный темно-красный бархат, которым были обтянуты стены, и на прекрасные вазы с пышными страусовыми перьями. Поистине это было очаровательное гнездышко.

— Куда мне его отнести? — спросил он Кэнди и, не дожидаясь ответа, повернулся к испуганной негритянке: — А ты живо беги за доктором!

Та повернулась было к хозяйке, но Кенди только нетерпеливо кивнула, и девушка опрометью кинулась из дома.

Следуя по узкому коридору вслед за Кэнди, Бранч очутился в задней части дома. Хозяйка открыла дверь, и они оказались в маленькой гостиной. Шесть очаровательных девушек, и одетых, и полуодетых, испуганно проводили их глазами, явно ничего не понимая. Наконец они добрались до крошечной, но очень уютной комнатки, и Кэнди указала на стоящий в углу диван:

— Клади его сюда, здесь достаточно тихо, и твоего друга никто не потревожит.

Она с интересом наблюдала, как Бранч, словно заботливая нянюшка, укладывал юношу поудобнее, а потом склонилась над раненым.

— Так это же молодой Колтрейн! — изумленно воскликнула Кэнди. — Боже мой, что это с ним стряслось?!

Бранч молчал, пожирая ее жадным взглядом. Кэнди была очень привлекательна — высокая, с пышной упругой грудью, дразняще просвечивавшей через тонкую ткань пеньюара. Ярко-рыжие, умело окрашенные волосы локонами спускались на точеные плечи, а восхитительные темно-зеленые глаза влажно блестели сквозь длинные шелковистые ресницы. Уже не первой молодости, Кэнди была еще чертовски привлекательна. Увы, она никогда не дарила Бранча своей благосклонностью, а, по слухам, берегла себя для какого-то богатого скотовода, аккуратно навещавшего ее раз в месяц.

— Ну, ты собираешься что-нибудь объяснить мне? — Кэнди решительно скрестила на груди руки, заметив похотливый блеск в его глазах. — Раз уж я позволяю тебе поместить здесь раненого, так уж, наверное, имею право знать, что все-таки произошло.

Подумав немного, Бранч подробно описал ей все их приключения, опустив только историю Шарлин Боуден. Если Колт сочтет нужным, пусть сам ее рассказывает.

Высунувшись в открытое окно, Бранч нетерпеливо огляделся по сторонам:

— Где же этот проклятый лекарь?

Кэнди равнодушно пожала плечами:

— Должно быть, напился как свинья и спит где-нибудь. Не очень-то это здорово, но в нашем городишке разве задержится хороший доктор?! Во всяком случае, это все-таки лучше, чем ничего. Как только Лали отыщет его, тут же приведет, будь спокоен. А пока что я сама взгляну, что можно сделать.

Приоткрыв дверь, она крикнула:

— Кто-нибудь, позовите ко мне Бекки, пусть принесет горячую воду и полотняные бинты. И побольше виски. — И, обернувшись к Бранчу, коротко объяснила: — Нам понадобится все это, чтобы продезинфицировать рану, а виски немного подбодрит его.

Бранч только ухмыльнулся в ответ:

— Парень тянул виски все утро, как воду. Я думаю, поэтому и сомлел.

Пододвинув стул поближе, Кэнди устроилась у лежащего на диване Колта. Очень осторожно, стараясь не причинить лишней боли, она принялась разматывать заскорузлые от крови бинты, поморщившись, когда обнажилась уродливая, дурно пахнущая рана.

— Боже милостивый, Бранч! Что ты с ним сделал?! Пытался зажарить живьем?! Ты только взгляни на это!

— Ну, не так уж все плохо, — виновато пробурчал Бранч. — Сейчас ему нужен только покой и хороший уход.

— Это он и так получит.

Внезапно на Бранча свинцовой тяжестью навалилась усталость.

— А как насчет чашечки кофе для меня, да еще с чем-нибудь в придачу? — заискивающе намекнул он.

Кэнди кивком указала ему на дверь:

— Наверняка у Лали что-нибудь найдется для тебя. Обслужишь себя сам. Я пришлю тебе счет, когда он поправится.

Шагнув к двери, Бранч чуть было не сбил с ног входившую девушку. Он восхищенно уставился на прелестное юное личико, окруженное целой копной ослепительно золотистых вьющихся волос. Широко распахнутые огромные глаза своим цветом напоминали нежные цветы сирени. Тоненькая, прекрасно сложенная, она показалась очарованному Бранчу похожей на спелый бархатистый персик.

Увидев на постели распростертое тело Колта, девушка испуганно прижала руку к губам, и из груди ее вырвался приглушенный стон. Рванувшись к нему, она рухнула на колени возле дивана и, протянув дрожащую руку, чуть коснулась его локтя.

— Колт, — нежно прошептала она. — О, Колт, что же с тобой стряслось?

Искоса взглянув на нахмурившего брови Бранча, Кэнди объяснила:

— Это Бекки, моя племянница. Они с Колтом давние приятели — это совсем не то, что ты думаешь.

Коротко кивнув, Бранч поспешно вышел, постаравшись как можно быстрее отыскать кухню. Это удалось ему без особого труда, и вскоре он увидел длинные, тянувшиеся вдоль коридора полки — здесь, подальше от мух, хранилась приготовленная заранее еда. Распахнув деревянные дверцы, Бранч с удовольствием обнаружил огромное блюдо холодных маисовых лепёшек. Положив изрядное количество себе на тарелку, он отыскал на столе кувшин с пахтой и щедро полил ею лепёшки.

Он как раз засовывал в рот последнюю лепёшку, когда Лали привела дока Малтби. Колт все еще был без сознания. Бранч подозрительно взглянул на дока, заметив трясущиеся руки и заплывшие, налитые кровью глаза, и порадовался про себя, что вытащил пулю до прихода врача. Подумать только, что ему пришлось бы доверить Колта пьянице!

Сдвинув чистую повязку, которую только что наложила Кэнди, док молча осмотрел раненое плечо. Он не сказал ни слова, хотя и заметил, что рану прижигали, — очевидно, сам догадался, насколько сильным было кровотечение. Кровь до сих пор сочилась.

— Рана чистая? — спросил он недовольно. — Пулю, надеюсь, вытащили?

Бранч кашлянул:

— Пришлось надрезать немного, но в конце концов я ее вытащил.

Док одобрительно кивнул:

— Нехорошая рана, но, думаю, все обойдется. Сейчас ему нужен покой. Непременно держите его в тепле. И побольше крепкого мясного бульона. Твердую пищу не давайте, пока сам не попросит. Я вам оставлю немного хинина на случай, если начнется лихорадка.

И ни капли спиртного, — добавил он, копаясь в чемоданчике в поисках хинина. — Я вижу, он у вас и так уже изрядно пьян.

— Тут вам трудно ошибиться, — сладким голосом пропела Кэнди.

Он недовольно взглянул на хозяйку и вернулся к своему чемоданчику, стараясь разобраться в его содержимом. Наконец ему это удалось, и, протянув порошки Кэнди, он захлопнул свой чемодан и быстро удалился.

Как только док ушел, Бекки ворвалась в комнату, лицо ее горело, глаза были полны слез.

— Можно мне самой ухаживать за ним? — Она умоляюще посмотрела на тетку. — Ну пожалуйста! Он знает меня и...

— По-моему, тебе и без этого есть чем заняться, — коротко оборвала ее Кэнди, подозрительно разглядывая взволнованную девушку. — А о нем прекрасно может позаботиться и Лали.

Бекки отчаянно замотала головой, недовольная гримаса появилась на прелестном, юном личике.

— Нет, тетя Кэнди, оставьте его мне! Колт хорошо меня знает, мы с ним друзья. Ему будет гораздо лучше, если именно я буду ухаживать за ним. Ну, пожалуйста!

Бранч с досадой отвернулся. Он догадался, почему раньше не понял, о ком ему с таким восторгом рассказывал Колт. Как и большинство девушек в заведении, Бекки никогда не пользовалась собственным именем. Ее здесь все называли Беллой, и когда он был у Кэнди в последний раз, мужчины чуть ли не с утра занимали очередь, чтобы попасть к ней. Белла была на редкость привлекательна — молодая, свежая, очаровательная, с ангельски невинным личиком. Мужчины толпой осаждали ее. Правда, сам он никогда не старался завоевать ее благосклонность, и сейчас был только рад этому. Он давно уже имел у Кэнди пару постоянных приятельниц и очень редко засматривался на других. О, дьявольщина, подумал он, мрачно покачав головой, и повезло же ему, что он никогда даже не пытался заигрывать с Беллой.

Бранч с жалостью посмотрел на все еще бесчувственного Колта. Он не сомневался, что парень чертовски расстроится, узнав правду о женщине, которую считал чистой и невинной, как ангел. И Бранчу захотелось быть как можно дальше отсюда, когда это случится. Внезапно он почувствовал, что ждет не дождется, когда снова окажется в Силвер-Бьют и займется делами на ранчо.

— Послушай, тебе хорошо заплатят за каждый день, что он проведет тут, — направляясь к выходу, пообещал Бранч Кэнди. — Ты только получше заботься о нем.

Кэнди рассеянно пробормотала, чтобы он не беспокоился, а сама глаз не сводила с озабоченной племянницы. Вдруг, притянув Бекки к себе и заботливо обняв за плечи, она тихо прошептала ей на ухо:

— Дорогая, нам надо поговорить об этом молодом человеке, но только не здесь, а то мы разбудим его.

Бекки послушно поднялась с колен и последовала за Кэнди наверх, в ее комнату. Войдя, Кэнди плотно прикрыла дверь и уселась за прелестный столик в стиле Людовика IV. Достав хрустальный графинчик, она наполнила коньяком два небольших бокала и, протянув один Бекки, опять удобно устроилась в кресле, обитом бархатом чудесного голубого цвета.

— А теперь, — сказала она, чуть пригубив дивный ароматный напиток, — давай немного пооткровенничаем. Я вижу, ты влюблена в молодого Колтрейна и намерена и дальше крутиться возле него, растравляя душу. Но я уверена, тебе было бы гораздо лучше держаться подальше от него, а ему — от тебя. Пускай за ним присмотрит Лали. А для тебя это добром не кончится.

— Нет! — решительно возразила Бекки. — Я должна сама ухаживать за ним.

— А когда он узнает всю правду о тебе? Что тогда будет? Или ты об этом не подумала? — Кэнди подняла брови. — Я помню, что было, когда он приезжал последний раз. Помню, как ты рыдала, когда Колт провел ночь с другой женщиной. И это я удержала тебя, не дала броситься за ним. Ты сама понимаешь, милая, что из этого ничего не выйдет, и, значит, так тому и быть. У тебя в этом городке большое будущее, да и, по-моему, ты уже не раз слышала от других девочек, что нет ничего глупее, чем влюбиться. Во всех мужчинах есть только одна прелесть — их деньги. Ничего больше. Крепко запомни это. Тогда ты никогда не будешь страдать из-за разбитого сердца.

Жизненные принципы тетушки давно не были тайной для Бекки. И такая откровенность отнюдь не шокировала ее. Она даже в чем-то была согласна с Кэнди, но только до того момента, когда речь заходила о Колте. Бекки вдруг ошеломляюще отчетливо вспомнила те волшебные дни, когда они с Колтом познакомились, а потом, ближе узнав друг друга, стали настоящими друзьями. Это было восхитительное время, и действительно она плакала навзрыд, узнав, что Колт провел ночь с одной из девушек Кэнди. Единственное, что ее немного утешило, это мысль, что она сама разожгла в нем жгучее желание, толкнувшее юношу в постель другой. Тогда она была девственна, и он не хотел лишать ее этого сокровища. Она полюбила его за эту деликатность и доброту.

— Бекки!

Вздрогнув, она вскинула глаза на тетку и удивилась неприятному выражению ее лица.

— Вспомни, когда ты впервые увидела Колтрейна, ты ведь еще не была шлюхой. Ты была девочкой с невинными, кроткими глазами, которая приехала ко мне, лишившись матери. Ведь твой отец и понятия не имел, что я — мадам, содержательница борделя, черт тебя побери! Как и все мои прежние знакомые, он был совершенно уверен, что я преподаю в христианской школе для индейских ребятишек. Мне не следовало брать тебя к себе, теперь-то я отлично это понимаю, но, Бог свидетель, я и не думала, что ты тоже займешься этим ремеслом. Ты же знаешь, все произошло случайно.

Жалобно всхлипнув, Бекки протестующе протянула руку, из глаз ее закапали горькие слезы. Не было необходимости напоминать ей об этом самом тяжелом событии в ее коротенькой жизни, но Кэнди решила, что разумная жестокость пойдет ей на пользу.

Стиснув зубы, Кэнди яростно прошипела:

— Убила бы этого подонка, Джейка Вингейта. Войди он в эту дверь, ни минуты не колеблясь, взяла бы винтовку и отстрелила ту поганую штуковину, которой он так гордится! Ничего бы не произошло в ту ночь, будь я тогда тут, в этой комнате. Я никогда не пускаю к себе мужчину, если он пьян как свинья. Тебе это прекрасно известно. Он вломился сюда в мое отсутствие и изнасиловал невинную девушку, и рядом не было никого, кто бы пришел ей на помощь!

— Тетя Кэнди, не надо! — жалобно простонала Бекки, в отчаянии закрыв лицо руками. — Я не могу слышать это! Пожалуйста, не надо вспоминать об этом! Уже все равно ничего не изменишь, так что не стоит мучить меня и себя понапрасну.

— Но даже тогда еще можно было бы найти какой-то выход, — тяжело вздохнула Кэнди. — Я могла бы отослать тебя, и, наверное, это было бы лучше всего. Но ведь ты сама заявила, что знаешь, как тебе быть, и я решила не вмешиваться в твою жизнь. И до сегодняшнего дня, дорогая, я действительно считала, что поступила правильно, оставив тебя, ведь ты так естественно вела себя. — Она помедлила, не сводя зоркого взгляда с расстроенной Бекки, и сделала еще один глоток. — Это ангельски невинное лицо и пышная грудь, тонкая талия и прелестные локоны — да от подобного сочетания мужчины просто теряли голову! Ведь ты зарабатывала больше, чем все!

— Замолчите! — воскликнула Бекки. Она прекрасно понимала, к чему клонила Кэнди. — Я не хочу больше слышать об этом. Теперь я понимаю, почему вы затеяли этот разговор — хотели напомнить, кем я стала?! Но ведь все, чего я хочу, — это в последний раз побыть с Колтом. Он не должен узнать правду обо мне. — Ее голос сорвался и девушка всхлипнула: — Я люблю его, тетя. Я знаю, что никогда не буду с ним, и все-таки люблю его. Я даже не думала, что это так серьезно, пока не увидела его, раненого, без чувств. Просто позвольте мне ухаживать за ним, пока он не встанет на ноги, а там я и слова о нем не скажу, вот увидите!

Кэнди прекрасно поняла глубину той муки, которая сейчас терзала несчастную девушку, она пыталась лишь уберечь ее от лишней боли. Ее глаза наполнились горькими слезами, и она крепко прижала к груди рыдающую племянницу.

— Девочка моя, я ведь совсем не собиралась сказать «нет»! — взволнованно проговорила она. — Я просто хотела предостеречь тебя, напомнить, кем ты стала, чтобы уберечь от ненужных мучений. Не стоит забивать себе голову напрасными надеждами. Все было бы по-другому, будь он просто мужчиной, одним из многих, которому ты подарила бы наслаждение и в которого сама влюбилась. Тогда у тебя была бы надежда. А ведь ты совсем не та, за которую он тебя принимает! И как ты думаешь, что будет, когда он узнает, кто ты есть на самом деле?! Проклятие, неужели ты не понимаешь?! Может, будет лучше просто держаться подальше от него, тогда у тебя хотя бы останутся прекрасные воспоминания. Послушай меня, не подходи к нему, так будет лучше!

Но Бекки как будто лишилась рассудка.

— Только посмейте запретить мне, — пригрозила она, — я все равно сделаю по-своему. Поэтому лучше не тратьте время зря, а постарайтесь предупредить моих постоянных клиентов. Я буду с Колтом, пока он сам не сможет позаботиться о себе.

— Хорошо, — тяжело вздохнула Кэнди, — предупрежу остальных девушек, чтобы оставили в покое вас обоих и держали языки на привязи. А твоим приятелям объясню, что ты на время уехала из города. Но как только он выздоровеет, будь любезна, не удерживай его ни на минуту. Мне это совсем не нравится.

Выскочив из комнаты, Бекки вихрем понеслась вниз по лестнице туда, где лежал Колт. Слова Кэнди не давали ей покоя. Она тоже не ждала впереди ничего хорошего. Но ведь она сама выбрала эту жизнь, которая была не так уж и плоха, если вдуматься. Она зарабатывала кучу денег. В один прекрасный день, быть может, и у нее все сложится, как у других: она выйдет замуж, будет иметь свой дом, детей, семью. Она не была «ночной бабочкой» по своей природе и ненавидела такую жизнь, а еще больше ненавидела и презирала мужчин, плативших за то, чтобы пыхтеть и корчиться в судорогах экстаза над ее бедным телом. Только грубое надругательство Джейка Вингейта толкнуло ее на этот позорный путь. И она всегда вспоминала об этом, продавая по минутам свое тело. Но та безграничная власть над мужчинами, которую она получила, была жестокой местью за ее позор. Она мстила всем за то, что сделал один из них.

Всем, но не Колту. Он был исключением, такой нежный, мягкий, добрый, единственный мужчина, которого она была способна полюбить всей душой. Она уже думала, что никогда больше не увидит его.

И вот он снова здесь. Раненый! Она будет ухаживать за ним и, Бог свидетель, будет наслаждаться каждой минутой, проведенной рядом с ним.

А потом, когда он уедет, она снова вернется к своей жизни. И к работе. Крепко сжав губы, Бекки изо всех сил старалась снова не расплакаться. Все, на что она смела надеяться, это хоть как-то дать ему почувствовать свою любовь.

Бесшумно проскользнув в крошечную комнатку, она нашла Колта спящим, а Лали — бдительно охраняющей его сон. Устроившись в кресле возле дивана, где лежал раненый, она отпустила Лали и склонилась над Колтом. Док Малтби наложил свежую повязку на его плечо и обложил валиками из скатанных одеял.

Бекки принялась осторожно обтирать мокрой салфеткой пылающий лоб Колта, чтобы хоть немного ослабить жар. Он то и дело жалобно стонал и метался под ее ласковыми руками, но не приходил в себя.

Незаметно наступил вечер. Пришла Лали, чтобы зажечь лампу, и комната наполнилась ярким веселым светом.

Держа в руке слабые пальцы Колта, Бекки позволила себе немного расслабиться. Ее сердце пело от счастья. Скоро безжалостная судьба снова разлучит их, и на этот раз навсегда, но пока она наслаждалась драгоценными мгновениями.

Она задремала, не выпуская его руки. Но всего на несколько минут — ей показалась, что она слышит его голос. Низко наклонившись над ним, Бекки расслышала, как Колт хрипло шепнул: «Шарлин». Кто эта девушка?! Неужели он любит другую?!

Он снова застонал, но уже тише. С пронзительной радостью Бекки увидела, как дрогнули густые ресницы и его темный взор остановился на ее лице.

— Я вижу ангела, — чуть слышно пробормотал он.

— Да нет же, — облегченно рассмеялась она. — Это всего лишь я — Бекки.

Глаза снова закрылись, и Колт сонно кивнул:

— Да, конечно, ты настоящий ангел!

Он мгновенно уснул, а Бекки еще долго сидела склонившись над ним, и слезы капали ему на лицо.

Глава 9

Бриана с первого же взгляда влюбилась в восхитительный особняк Колтрейнов. Хоть он выглядел и не столь величественным и роскошным, как замок де Бонне, но в нем царила какая-то необыкновенная атмосфера. Она чувствовала ее даже с закрытыми глазами. Дом, казалось, улыбался — таким спокойным семейным счастьем и уютом веяло от него даже теперь, когда семья была в отъезде.

Как жаль, что Дани не довелось провести детство здесь, в этом прелестном доме, подумала Бриана. Конечно, она не знала всю семью Колтрейнов, но сердцем чувствовала, что это, должно быть, прекрасные, добросердечные люди, иначе дом не мог бы выглядеть таким счастливым и милым.

Мадам Элейн с ее холодным и капризным нравом трудно было бы представить в такой обстановке, решила она. Удивительно, что после детства, проведенного в мрачной обстановке замка де Бонне, у Дани осталось в душе достаточно тепла и света, чтобы посвятить себя церкви.

Бриана присела на верхнюю ступеньку массивной каменной лестницы, с восхищением разглядывая череду возвышавшихся на горизонте гор с плоскими вершинами. День был достаточно теплый, и солнце, которое сквозь черные очки казалось каплей свежего масла, ласково грело обнаженные до локтя руки Брианы. На ней было одно из платьев Дани, очень простое, зеленовато-серое, только, по мнению Брианы, с чересчур глубоким вырезом. Она попыталась слегка задрапировать его, но проклятое декольте по-прежнему откровенно обнажало ее не по-девичьи пышную грудь.

Все платья Дани были ей довольно тесны в груди, но когда она попыталась немного переделать их, Гевин вдруг ни с того ни с сего вспылил и решительно запретил что-либо менять. Ему, дескать, нравится ее грудь. Бриана пыталась протестовать, но Гевин напомнил, что именно от него будет зависеть в свое время судьба ее брата, и она смирилась. Все их споры кончались этим.

Бриана с наслаждением вдыхала полной грудью ароматный воздух. Да, здесь было прекрасно, все вокруг дышало миром и спокойным очарованием. Но как бы ей хотелось вернуться домой, во Францию, и избавиться наконец от ужасного Гевина.

Как же она презирала этого человека! В его обществе поездка в Штаты превратилась в сущую пытку. Он настоял, чтобы они каждую свободную минуту проводили вместе, и не спускал с нее глаз. Гевин заставлял ее говорить без остановки, поправляя каждое слово, чтобы и следа не осталось от ее французского акцента. Всю дорогу он вдалбливал ей в голову мельчайшие подробности детства Дани и случаи из жизни Колтрейнов — все, что выведал у Элейн накануне отъезда.

— Но самое лучшее для тебя, — поучал он Бриану перед отъездом, — поменьше болтать. Чем меньше ты будешь предаваться трогательным воспоминаниям, тем меньше у тебя будет возможностей ляпнуть что-нибудь несуразное и тем самым выдать себя с головой. Учти, когда мы вместе, говорить буду я. Твоя главная задача — понравиться братцу.

Но именно этим Бриана и не могла сейчас заняться. Несмотря на то что прошло уже больше трех недель с тех пор, как они приехали в Силвер-Бьют, у нее до сих пор не было случая увидеться с так называемым братом.

В ее памяти всплыли все события, связанные с их приездом на почтовом дилижансе из Сан-Франциско, так как именно такой маршрут почему-то предпочел Гевин. Устав после долгого переезда, Бриана мечтала только о том, чтобы прилечь и отдохнуть, но Гевин повел ее в ближайший банк.

— Нам нужно найти лошадей и как можно скорее отправиться на ранчо Колтрейнов, — досадливо отмахнувшись от ее робких возражений, заявил он. — Уверен, что в любом банке нам объяснят, как туда добраться.

Вскоре Гевин стоял перед управляющим банком. Представив Бриану как дочь Тревиса Колтрейна, сам он назвался ее сводным братом.

От внимания Брианы не ускользнуло странное выражение, промелькнувшее на лице банкира, когда он сообщил им, что его банк не ведет никаких дел семьи Колтрейнов, но что тем не менее он готов выслушать их.

Надменно вздернув подбородок, Гевин объяснил:

— Видите ли, мы приехали без предупреждения и не знаем дорогу на ранчо. Но раз уж мы здесь, то необходимо познакомиться с нужными людьми, особенно с теми, с которыми мы будем иметь дело, пока находимся в Силвер-Бьют. Поэтому будет весьма любезно с вашей стороны направить нас в банк, который ведет дела нашей семьи.

Управляющий назвал им банк Боудена и после того, как Гевин, рассыпавшись в благодарностях, собирался откланяться, вдруг немного смущенно сказал:

— Прошу прощения, я... я думаю, есть некоторые обстоятельства, которые вам следует знать...

Гевин переглянулся с Брианой, а управляющий, заметно нервничая, продолжил:

— Вы, наверное, довольно давно не виделись с семьей и...

— Что вы имеете в виду? — Брови Гевина удивленно взлетели вверх.

Чиновник беспомощно развел руками:

— Терпеть не могу сообщать неприятные новости, но, по-видимому, вы действительно не знаете, что случилось, а иначе не собирались бы направиться в банк Боудена.

Гевин забеспокоился:

— Ну, так что же произошло? О чем вы хотели рассказать нам?

Управляющий огляделся и, убедившись, что их никто не слышит, склонился к молодым людям и возбужденно заговорил:

— Там было ограбление, на банк Боудена напала шайка бандитов. Погибла дочь мистера Боудена... — Бросив исподлобья взгляд на Бриану, он продолжал: — Говорят, она была невестой молодого Колтрейна. Он сам возглавил погоню за бандитами, но почему-то не вернулся назад вместе с остальным отрядом и... — Его голос упал.

— Почему не вернулся? — нетерпеливо спросил Гевин.

— Я... я слышал только обрывочные разговоры... — пробормотал управляющий.

Бриана чувствовала, что с каждой минутой Гевин злится все больше. Но с трудом овладев собой, он ободряюще похлопал по плечу смущенного управляющего и попросил рассказать все в подробностях.

Тот с готовностью пустился в объяснения. Он сообщил, что сам мистер Боуден недвусмысленно обвинил молодого Колтрейна в смерти дочери, поскольку они жестоко поссорились как раз накануне ее трагической гибели; что управляющий с ранчо Колтрейнов вернулся, привезя обратно награбленное золото, а сам Колтрейн, раненный в схватке с бандитами, в настоящее время находится на лечении где-то к югу от Силвер-Бьют.

— Поэтому, — продолжал он, — как видите, на вашем месте я бы сто раз подумал, прежде чем обращаться к мистеру Боудену. Возможно, он перенес свою ненависть с молодого Колтрейна на всю семью. — Говоря это, управляющий страшно смущался и старался не смотреть на Бриану.

Выйдя из банка, Гевин уже не мог сдержать возбуждения.

— Все складывается даже еще лучше, чем я надеялся! Молодой болван скомпрометировал себя в глазах всего города, а это нам на руку!

Но Бриане к тому времени уже настолько опротивел их замысел, что она только устало поинтересовалась:

— А мы не можем просто получить в банке принадлежащие Дани деньги и сразу же уехать?

Ее слова вывели Гевина из себя. Он больно стиснул ей руку и повлек за собой по дороге к банку Боудена.

— Мы уедем тогда, когда я сочту нужным. Поэтому не начинай снова ныть. У меня и без твоих причитаний есть о чем подумать.

Семеня вслед за широко шагавшим Гевином, Бриана торопливо закутала плечи клетчатой шалью, довольная, что наконец-то прикрыла обнаженные плечи. Ей совсем не было холодно, да и день выдался теплый, но она в своей роли самозванки и претендентки на наследство чувствовала себя настолько неуютно, что вся дрожала. И сейчас яркая шотландская шаль Дани в красно-зеленую клетку оказалась как нельзя более кстати.

Войдя в банк Боудена, Бриана притихла, ожидая, что же будет делать Гевин. Подведя ее к одной из стеклянных кабин, за которой сидела немолодая, приятная дама, он заявил с напускной уверенностью в голосе:

— Доброе утро. Я — Гевин Мейсон, а эта молодая леди — мисс Дани Колтрейн. Мы только что приехали из Европы и с горечью услышали о несчастье, постигшем мистера Боудена. Мы хотели бы выразить ему свои соболезнования и, — Гевин сделал эффектную паузу, — принести извинения от лица семьи Колтрейнов.

Невозмутимо выслушав эту тираду, женщина поднялась:

— Я узнаю, сможет ли мистер Боуден принять вас.

Она исчезла за дверью в задней части зала и через несколько секунд появилась, чтобы сообщить, что мистер Боуден примет их немедленно.

Женщина проводила посетителей в личный кабинет хозяина, где он сам встретил их, сидя за письменным столом. Бриану потрясло измученное горем лицо Боудена, на котором застыла страдальческая гримаса. Не вставая из-за стола, он молча слушал, как Гевин рассыпался в цветистых извинениях, но даже не предложил им присесть. Воспользовавшись моментом, когда Гевин выдохся и замолчал, чтобы перевести дух, он коротко спросил:

— А что вы хотите от меня? Вы пришли по делу, или это визит вежливости? Если по делу, можете поговорить с одним из моих управляющих. А если из вежливости, то нам с вами говорить не о чем.

Гевин удобно устроился в кресле, взглядом приказав Бриане сделать то же самое. Сделав вид, что не заметил раздражения Боудена, он по-приятельски склонился к нему.

— Строго между нами, сэр, — начал он, и Бриана удивилась про себя его стальной выдержке и уверенности в себе. — Не знаю, насколько вам известны наши семейные обстоятельства, — Гевин понизил голос, — но дело в том, что Дани с детства не живет с родными. И мы ничего не знали о вашей трагедии, пока не приехали в Силвер-Бьют. Скажу вам честно, мы были потрясены до глубины души.

Суровое лицо Боудена немного смягчилось.

— Мистер Мейсон, если вам что-то нужно, один из моих служащих займется вами немедленно. Я пока еще в трауре, хотя и вынужден заниматься делами.

Гевин покачал головой:

— К сожалению, дело, которое привело нас в ваш банк, таково, что его можете решить только лично вы. Положа руку на сердце, мистер Боуден, я раньше просто не знал, как к вам и подступиться. Но теперь, принимая во внимание все эти слухи о вашей, впрочем, вполне понятной, неприязни к семейству Колтрейнов, думаю, просто необходимо, чтобы я имел дело именно с вами.

Бриана в замешательстве отвернулась. С замирающим сердцем она слушала лживые разглагольствования Гевина о предполагаемом возмущении молодого Колтрейна, когда он узнает о приезде сводной сестры в Силвер-Бьют и ее притязаниях на часть семейного имущества. С каждым услышанным словом, так легко слетающим с уст Гевина, лицо Боудена становилось все приветливее и дружелюбнее.

— Итак, — продолжал Гевин, — как вы понимаете, нам с сестрой может понадобиться ваша помощь, если Колтрейн вдруг заупрямится. Мы с Дани, конечно, очень рассчитываем на ваше доброжелательное отношение, ведь мы никого здесь больше не знаем.

Президент банка вдруг широко улыбнулся, взглянув на Бриану:

— Ну, конечно. С моей стороны было бы безумием перенести свою ненависть к Колтрейну на кого-то из вас. Так, значит, вы останетесь здесь? И будете жить в Силвер-Бьют? А вас бы не устроило, скажем, такое предложение — переуступить ваши права третьему лицу?

К этому моменту Бриану настолько измучил страх, что она была готова немедленно согласиться. Это было бы самым удачным — продать все права, взять деньги и вернуться домой, во Францию. Но тут она заметила предупреждающий взгляд Гевина. Он немедленно сообщил, что пока они планируют пожить немного в Силвер-Бьют.

Мистер Боуден одобрительно кивнул:

— Прекрасно. Если вам понадобится моя помощь, приходите, не стесняйтесь. Сделаю все, что смогу.

Немного подумав, Гевин сказал, что если все дела Колтрейнов ведутся через банк Боудена, им не помешало бы финансовое заключение о размерах капиталовложений и величине прибылей.

— Весьма вероятно, что Колтрейн попытается скрыть настоящие размеры своего состояния, — с подозрением заметил он.

— Я займусь этим немедленно, — охотно пообещал Боуден. — Чем еще могу вам помочь?

Гевин поинтересовался, где находится ранчо. Затем, уже стоя в дверях, он как бы невзначай спросил, не знает ли Боуден, когда вернется молодой Колтрейн.

— Надеюсь, что никогда! — буркнул Боуден. — Я слышал, он был ранен в плечо, но сейчас вроде бы поправляется. — Бросив искоса взгляд на Бриану, он пожал плечами и небрежно добавил: — Слышал, что он сейчас в одном из борделей Голконды — это небольшой городок к югу от нас.

И вот Бриана с Гевином приехали на ранчо. Гевин проследил, чтобы Бриана познакомилась со всеми слугами и недвусмысленно дал всем понять, что именно она теперь тут хозяйка. А затем вернулся в Силвер-Бьют и снял комнату в гостинице, что вызвало у Брианы вздох облегчения.

Гевин каждый день приезжал на ранчо и обычно принимался нудно разглагольствовать о том, как важно, чтобы она безукоризненно сыграла свою роль, при этом постоянно напоминал, что именно ему она обязана абсолютно всем и что от него зависит сейчас жизнь ее брата. Но к счастью, он не любил задерживаться подолгу на ранчо — его манили развлечения в Силвер-Бьют.

Однажды, оставшись одна, Бриана направилась на поиски Карлотты, мексиканки-домоправительницы, которая на днях любезно предложила ей помочь переделать несколько платьев Дани. Бриана что-то смущенно пробормотала по поводу того, что, дескать, немного поправилась с тех пор, как заказала эти туалеты. Собираясь в поездку, они с Гевином забрали весь гардероб, оставшийся после Дани, все, что только могло понадобиться Бриане: шляпки, платья, даже обувь, радуясь, что все это оказалось почти впору. Ведь если бы для поездки в Штаты Бриане пришлось полностью заказать гардероб, их путешествие могло бы отодвинуться не меньше, чем на месяц.

Единственное, что раздражало Бриану, — это слишком тесные корсажи, которые следовало бы расставить по меньшей мере на пару дюймов. Но она надеялась, что платья удастся переделать без больших хлопот. И только несколько из них, шелковых и полотняных, требовалось тщательно отутюжить, чтобы не были заметны старые швы.

Бриана была счастлива, что дурацкая мода на турнюры либо еще не докатилась до этих мест, либо благополучно миновала, ибо ни одна дама в Силвер-Бьют их не носила. Бриане претила сама мысль о том, чтобы напялить на себя это идиотское сооружение, и она сильно сомневалась, что когда-нибудь решится на это. Турнюры по-прежнему были в моде в Париже, поэтому Гевин настоял, чтобы она привезла парочку подобных платьев с собой.

Весь вечер после отъезда Гевина Бриана с Карлоттой занимались переделкой злополучных корсажей. Заметив, как благоговейно, едва дыша мексиканка разглаживает шелковую ткань, Бриана откровенно призналась, что для нее роскошные платья тоже не очень-то привычная вещь. Она с трудом удержалась, чтобы не поболтать по душам с приветливой говорливой женщиной, которой, похоже, не терпелось о многом расспросить новую хозяйку. Карлотта казалась милой и доброжелательной, и для Брианы было большим облегчением видеть в чужом доме дружелюбное лицо.

Пока они шили, Бриана, случайно взглянув в окно, заметила чью-то темную фигуру возле конюшни. Она некоторое время наблюдала за незнакомцем, пока не узнала в нем Бранча Поупа. Он ей нравился, несмотря на то что встретил ее довольно прохладно. Казалось, он чувствовал себя неловко в ее обществе, не зная, как себя держать. Тот, кого он привык считать хозяином, был далеко, но она владела половиной ранчо и половиной рудника, следовательно, тоже была хозяйкой, и это немало смущало Бранча.

Гевин посоветовал ей держаться от него подальше, но Бриана чувствовала себя такой одинокой. Она приветливо помахала Бранчу рукой, и он махнул ей в ответ. Что случится, подумала Бриана, если она спустится к конюшне и немного поболтает с Поупом? Стояла прекрасная погода, и Бриана истомилась, сидя в доме, который уже стал казаться ей тюрьмой.

Войдя в конюшню, она с удовольствием вдохнула запах свежего сена и ни с чем не сравнимый восхитительный аромат лошадей. Бранч в углу только что накинул седло на спину своего могучего вороного жеребца.

— Он мне понравился больше всех, — вдруг сказала она, ее голос неожиданно громко прозвучал в полумраке конюшни.

Бранч удивленно оглянулся:

— О, мисс Дани, это вы! — И, вежливо кивнув, снова повернулся к коню, старательно затягивая подпругу. — Этого баловня зовут Янус. Гордость и свет очей вашего папеньки. Он его еще жеребенком купил у арабов.

Бриана сделала маленький шажок и робко попыталась дотронуться до шелковистой огромной морды. Но могучий жеребец, злобно фыркнув, оглушительно ударил огромным копытом в стену конюшни, так что Бриана от испуга подскочила.

Бранч весело захохотал:

— Поаккуратнее с этим дьяволом! Характер у него не сахар. Из всех, кто здесь живет, только вашему отцу, брату да мне дозволяется садиться на него. Время от времени я вывожу его на прогулку, чтобы не застаивался и не набирал лишний вес, но, когда порой возвращаюсь весь в мыле, мне приходит в голову, уж не делает ли он то же самое для меня?

Бриана снова ласково потянулась к морде жеребца, и на этот раз он спокойно оглядел ее хрупкую фигурку лиловато-черными огромными глазами.

— Как бы мне хотелось проехаться на таком красавце, — мечтательно прошептала она.

Бранч с удивлением взглянул на нее с высоты своего роста:

— И часто вы ездите верхом?

— Ни разу в жизни не пробовала, — честно призналась Бриана.

— Трудно себе представить. Родная дочь Тревиса Колтрейна — и чтоб ни разу не сидела верхом, — недоверчиво хмыкнул Бранч.

Бриана прикусила язык, опасаясь, что сболтнула лишнее, но быстро вывернулась:

— Тетя Элейн как-то упала с лошади, да так, что едва не убилась. С тех пор мне строго-настрого запретили даже близко подходить к ним.

Он понимающе кивнул:

— Какая жалость! Если тебя сбросила лошадь, самое правильное, это немедленно снова сесть в седло. — Показав на очаровательную кобылу шоколадной масти в углу конюшни, он произнес с некоторой гордостью в голосе: — А это кобылка миссис Китти. Она душечка и, кроме того, привыкла бегать в компании с Янусом. Я бы мог заседлать ее, если хотите, конечно, и дать вам несколько уроков прямо сейчас.

Бриана чуть не запрыгала от радости.

— Правда?! — Она в восторге захлопала в ладоши. — Вы не шутите, мистер Поуп? Боже мой, я так счастлива!

— Ну и отлично, — с удовольствием сказал он и через пару минут вернулся, неся седло поменьше. — Не волнуйтесь, просто делайте, что я скажу.

Он показал ей, как садиться в седло и как правильно сидеть, а потом дал ей в руки поводья:

— Держите их мягко, но уверенно, старайтесь попасть в такт движений лошади. Расслабьтесь, не надо так бояться. Лошади всегда чувствуют, когда седок испуган, и немедленно пользуются этим, чтобы выкинуть какой-нибудь фортель. Пусть она почувствует, что вы владеете ситуацией, или хотя бы заставьте ее поверить в это! — И он снова добродушно рассмеялся.

Бриана была счастлива. Все казалось таким простым. Бранч внимательно следил за каждым ее движением, пока они бок о бок не выехали из конюшни и не пересекли двор.

— Ну, я должен был сразу же догадаться, что много времени это не займет, — проворчал он, приятно удивленный ее уверенной посадкой в седле. — Уж родная дочь Тревиса, конечно же, должна чувствовать себя на лошади как рыба в воде.

Она почувствовала острый укол совести. Ведь он был такой славный. Все, кого она встретила здесь, были добры к ней, — а она только и делала, что лгала им. Ну что ж, ничего не поделаешь, все это ради Шарля.

Они шагом пересекли поле и спустились к весело журчащему ручью. Подул свежий ветерок и принес с собой сладкое благоухание цветущих трав, которыми заросли здешние холмы.

Внезапно, заметив, что огромный вороной жеребец нетерпеливо толкает кобылу мордой, Бранч пустил его неторопливой рысью, кобыла послушно последовала за ним, и Бриане это понравилось.

— Здорово у вас получается, — похвалил Бранч. — Это в вас говорит кровь Колтрейнов.

Бриана с наслаждением прикрыла глаза, чувствуя, как свежий ветер ласково обвевает разгоряченное лицо. Как же ей хотелось в эту минуту стать действительно одной из Колтрейнов, и ранчо стало бы ее родным домом.

Но подумав о Шарле, она вспыхнула от стыда. Что бы ни сулило ей будущее, ей все равно придется в конце концов вернуться во Францию, к прежней убогой жизни. У нее не было иллюзий, она прекрасно отдавала себе отчет, что Гевин не даст ей ни су сверх суммы, необходимой для оплаты операции. И бедность опять станет привычной, а нынешняя роскошная жизнь будет вспоминаться, как сладкий сон.

Но пока она живет жизнью Дани, и именно эта жизнь для нее настоящая. И она будет наслаждаться каждым ее мгновением.

А в доброй сотне миль к югу от ранчо двое всадников галопом взлетели на заросший зеленой травой холм и придержали коней, с восхищением вглядываясь в расстилающуюся перед ними цветущую долину.

Колт, благодарно сжимая руку Бекки, радостно улыбнулся ей:

— Как здорово, что мне наконец удалось уговорить тебя проехаться верхом. Мне так хотелось хоть немного размяться, не говоря о том, что я уже Бог знает сколько времени не дышал свежим воздухом!

Бекки промолчала. В голове у нее роились десятки мыслей. Не так-то легко оказалось делать вид, что она по-прежнему просто прислуга в доме тетушки. Кое-кто из ее постоянных клиентов устраивал время от времени неприятные сцены, когда ему сообщали, что Бекки занята, и тетя Кэнди, у которой порой голова шла кругом, все чаще выговаривала племяннице.

Колт ласково погладил ее руку.

— Ты молчишь с той самой минуты, как мы выехали из Голконды. В чем дело? Ты чем-то огорчена?

Боясь, что вот-вот расплачется, Бекки предпочла не отвечать. Тетя Кэнди была права, подумала она с горечью. Она просто законченная дура.

Колт ласково притянул девушку к себе и, бережно взяв в руки ее лицо, заглянул в глаза.

Бекки напрягала все свои силы, чтобы не разразиться безудержными горькими рыданиями. Она поняла, что настал момент, которого она так боялась.

Его губы внезапно прижались к ней — горячие, нежные, нетерпеливые, они, казалось, хотели и требовали гораздо большего. Он бережно привлек ее к мускулистой груди, руки страстно скользнули вниз по ее телу, слегка сжимая упругие ягодицы. Бекки, почувствовав, как напряглась его плоть, и ощутив, как прокатилась по всему ее телу горячая волна, испуганно, прерывисто вздохнула. На мгновение оторвавшись от ее губ, Колт улыбнулся и шепнул:

— Ты удивлена? Неужели для тебя мое тело — по-прежнему тайна, несмотря на то что ты столько дней ухаживала за мной? Разве ты до сих пор не поняла, как безумно я хочу тебя?! Как я изголодался по тебе?!

Она покачала головой и попыталась отодвинуться, но он только крепче прижал ее к себе.

— С первой минуты, как только я увидел тебя, я мечтал, что ты когда-нибудь станешь моей! — неистово шептал он. — Ты даже не представляешь, сколько часов я провел без сна, мечтая о тебе, грезя о той минуте, когда смогу сжать тебя в объятиях, покрыть поцелуями все твое тело, войти в тебя...

Его губы снова накрыли ее рот, чуть приоткрыли его, языки сплелись в чувственном танце обладания.

Колт бережно опустил девушку на землю, поросшую мягкой, густой травой. Солнце садилось, и свежий ночной ветерок, пробегая по разгоряченным телам, казалось, еще больше возбуждал их.

Нервным движением Бекки попыталась высвободиться из кольца его рук.

— Уже поздно. Тетя Кэнди будет волноваться, — с трудом проговорила она.

— Пусть идет к черту! — радостно рассмеялся Колт. Его тонкие пальцы пробежали по длинному ряду крохотных пуговиц на ее золотистой шелковой блузе, умело расстегивая их одну за другой. — И все остальные вместе с ней! А теперь, радость моя, я намерен доказать тебе, как давно и как страстно я желал тебя!

Бекки почувствовала, что в ней разгорается ответное пламя и нет больше сил сопротивляться собственному жгучему желанию. Когда он, нагнувшись, сжал губами крохотный твердый сосок, она не выдержала сладкой муки и, изогнувшись всем телом, чтобы как можно теснее прижаться к нему, издала хриплый крик, полный страсти. Перед ее мысленным взором внезапно промелькнули длинной чередой лица других мужчин, обладавших ее телом, она вновь почувствовала, как другие губы впиваются в ее рот, другие руки больно мнут грудь. Боже милостивый, разве когда-нибудь прежде ей было так хорошо?!

Колт был единственным мужчиной, которого она страстно желала, о котором мечтала долгими ночами, лежа без сна в своей одинокой постели. Но теперь больше ничто не стояло между ними. Сердце ее билось только для него. Но она мечтала не просто испытать наслаждение, которое он мог подарить ей, но и излить на него ту страсть, которая переполняла ее душу.

Он обвел языком крошечные упругие соски, потом его руки мягко легли ей на грудь и нежно сдавили упругие холмики, прежде чем скользнуть ниже. Колт коснулся жарким поцелуем ее живота и, потянув вверх юбки, быстрым движением обнажил стройные ноги девушки. Его пальцы коснулись теплых, бархатистых бедер и медленно скользнули туда, где трепетала ее женская плоть, предвкушая сладостное вторжение.

Кончиками пальцев он приоткрыл нежную раковину — средоточие ее женственности, и трепещущая Бекки вдруг ощутила, как его горячий нетерпеливый язык проник в нее. Из горла Бекки вырвался мучительный стон. Наслаждение было настолько пронзительно острым, что причиняло почти физическую боль. Никогда ни одному мужчине не позволяла она ничего подобного.

— Доверься мне, — задыхаясь, прошептал он, — я не причиню тебе боли. Я буду очень осторожен, обещаю тебе...

Услышав эти слова, Бекки зажмурилась, чтобы не видеть его лица в эту минуту. Ну конечно, ведь он считает ее девственницей!

Ее рука бесшумно скользнула в карман юбки, и Бекки крепко сжала в дрожащей ладони крошечный флакончик, тот самый, который недавно дала ей тетя Кэнди. Ей на минуту показалось, что она слышит ее голос: «Когда придет ваш час — а он обязательно придет, — ты можешь заставить его поверить, что ты пришла к нему девственницей. В этом флаконе — кровь зарезанного цыпленка. Тебе нужно незаметно открыть его и вылить на себя так, чтобы кровь протекла между ног. Он никогда не узнает правды. Это старый способ, к которому прибегали женщины с достопамятных времен».

Бекки чувствовала, как наслаждение волнами прокатывается по ее телу, и понимала, что для нее уже близится момент наивысшего экстаза, тот, о котором она только мечтала, но который ей пока не дано было испытать. Она предвкушала мгновение, когда Колт окажется глубоко внутри ее, когда его горячее мужское естество будет сильными толчками врываться в глубину ее тела, и, не в силах ждать, вскинула руки ему на плечи, привлекая к себе.

— Сейчас, — прошептала Бекки, не узнавая своего голоса, в котором звучала такая жаркая, неприкрытая, голодная страсть. — Войди в меня! Ну пожалуйста, Колт, я хочу почувствовать тебя глубоко внутри...

Он с обожанием смотрел на нее, и Бекки, тающая от счастья под этим пламенным взглядом, потеряв голову, чуть было не забыла про пузырек с кровью. За мгновение перед тем, как Колт, позабыв обо всем на свете, мощно ворвался в нее, она незаметно подсунула его под себя и громко вскрикнула, как от внезапной резкой боли. Колт, опомнившись, немедленно остановился, нежно успокаивая ее, уговаривая расслабиться, пустить его к себе. Он осыпал ее поцелуями, укрощая собственную страсть и обещая подарить ей блаженство. А Бекки, приоткрыв флакон и осторожно вылив под себя его содержимое, незаметно сунула его в карман и наконец смогла безбоязненно отдаться страсти.

Их тела тесно сплелись в жарком объятии, и к небу вознесся торжествующий крик Бекки — то был миг высшего наслаждения, и она поняла, что в ее жизни такое возможно только с Колтом...

Они долго лежали, тесно прижавшись друг к другу. Вдруг слезы, которые Бекки больше не могла сдержать, хлынули рекой по ее щекам. Колт с тревогой заглянул ей в глаза.

— Что с тобой, Бекки? — испуганно спросил он. — Я сделал тебе больно?

— Нет, нет, — она покачала головой, и пышные волосы шелковистыми волнами упали на его обнаженную грудь, — прости, я сама не понимаю, что со мной. — Больше она не сумела ничего сказать — отчаяние было слишком велико — и поэтому просто прижалась к нему, спрятав лицо.

Ласково приподняв ее подбородок, Колт погладил Бекки по голове, запутавшись пальцами в роскошных кудрях.

— Ты плачешь, потому что мне скоро придется уехать? Ты же понимаешь — я должен вернуться, Бранч не сможет долгое время выполнять мою работу.

— И когда? — Она подняла на Колта затуманенные слезами глаза, чтобы не было никаких сомнений в том, что именно его скорый отъезд — причина ее слез.

Колт тяжело вздохнул.

— Думаю, через день-два, не позже. Там будет видно. Послушай, давай не будем об этом. И потом, я ведь непременно вернусь, Бекки. Время пролетит быстро — не успеешь оглянуться, а я уже снова стучусь в твою дверь, — шутливо пообещал он.

Но при этих словах Бекки вся сжалась и задрожала от страха. Такая возможность даже не приходила ей в голову. А что, если он действительно приедет, а она в это время будет с другим мужчиной?!

Безумная нервная дрожь уже колотила ее, и, видя, что девушка не может успокоиться, Колт решил, что настало время для серьезного разговора.

— Мне нужно кое-что сказать тебе, — хрипло произнес он, и глаза его потемнели. — Тебе следует знать об этом.

И он рассказал ей о Шарлин. Все, как было, ничего не утаивая. Глаза Бекки от удивления стали огромными, и, когда он закончил, у нее от волнения перехватило дыхание.

— Ты... — Она осеклась, страшась услышать, что он ответит. — Ты любил ее?

— Не знаю, впрочем, может быть, и любил по-своему. Но не настолько, чтобы связать с ней свою жизнь. Я хотел, чтобы ты знала об этом, Бекки. Постарайся понять: ты мне бесконечно дорога, и я счастлив с тобой, но о женитьбе не может быть и речи. — Он заглянул ей в лицо, пытаясь разгадать, о чем она думает. — Не жди от меня большего, чем я могу дать. Ни одной женщине в мире я не желал бы причинить боль, тем более тебе, но я знаю, что именно о замужестве думает любая из них, когда... когда хочет мужчину.

Она ласково коснулась кончиками пальцев его щеки.

— В том, что случилось с Шарлин, не твоя вина, Колт. И не думай об этом. Не терзай себя.

Он чуть отодвинулся от нее и, откинувшись на спину и заложив руки за голову, задумчиво поднял глаза к небу. Над горизонтом уже появились первые звезды, и Колт не мог оторвать от них глаз.

— К сожалению, теперь до конца моих дней меня будет мучить вопрос: виноват ли я в гибели Шарлин?

Они еще долго лежали, прижавшись друг к другу, когда внезапно Колт, обхватив ее мощными руками, прижал к себе и зарылся лицом в гриву спутанных волос.

— Только теперь мне будет легче, — шепнул он, вдыхая ее аромат.

Бекки глубоко вздохнула, она подумала о своем. Да, ей тоже будет проще солгать во второй раз.

Глава 10

Бранч сказал, что Дани просто создана для жизни на ранчо, и Бриана, счастливая до глубины души, была полностью с ним согласна. Прошло всего несколько дней с того первого урока верховой езды, который он сам ей дал, а она уже сидела на лошади так, как будто родилась на ней. И ей было по-настоящему хорошо с Бранчем. Он больше не казался ни замкнутым, ни холодным. Теперь они стали друзьями.

Гевин все так же избегал подолгу оставаться на ранчо, и Бриана всякий раз благодарила небеса за это. Когда же он все-таки приезжал, ей приходилось следить за каждым своим словом или поступком: ей было велено как можно больше времени проводить в своей комнате и не сближаться с прислугой или ковбоями с ранчо. И она хорошо представляла себе, как бы разозлился Гевин, если бы узнал, что каждую свободную минуту она убегает из дома, чтобы возиться с лошадьми или терзать Бранча вопросами по поводу разведения скота или содержания ранчо. А уж если бы узнал, что они подружились, то Бриане даже трудно было вообразить, в какую ярость пришел бы Гевин.

Девушка между тем была почти счастлива. Она буквально влюбилась в эти места. Когда она скакала бок о бок с Бранчем по этим бескрайним просторам, ей казалось, что вся ее прошлая жизнь просто дурной сон. Нет ни Гевина, ни обмана, а сама она вовсе не самозванка, лгунья и мошенница, а самая настоящая наследница, плоть от плоти этой волшебной земли. Она мечтала, как было бы прекрасно каждый день мчаться во весь дух верхом вместе с верным Бранчем вдоль величественных гор Сьерра-Невада. Как чудесно было бы навсегда остаться на ранчо Колтрейнов, каждый вечер обедать с Колтом, а утром — болтать на кухне с добродушной Карлоттой. И от этих мыслей у нее, бывшей служанки, даже дух захватывало!

Сколько раз во время прогулок верхом по бескрайней равнине у Брианы замирало сердце от восхищения при виде дивного разноцветья, царившего в этих местах. В Монако никогда не встречалось такого буйства красок, как здесь. Все оттенки и цвета были мягче, спокойнее, нежнее, даже небо было светло-голубым, а не ярко-синим, как здесь. А эта земля казалась творением какого-то великана или волшебника, нагромоздившего причудливые каменные гряды в пустыне, а потом могучей кистью расписавшего все вокруг. Скалы стали темно-коричневыми, рассветы и закаты заполыхали огненно-золотыми и багрово-рыжими зарницами в отличие от мягких серовато-розовых и розовато-лиловых вечеров в Монако.

И, самое главное, во время этих прогулок верхом в компании Бранча она была совсем другим, новым человеком, была лучше, чище. Временами она даже забывала о Шарле, и привычное беспокойство за судьбу брата покидало ее на несколько блаженных, беззаботных часов. Потом ее часто мучила совесть, сознание своей вины перед ним.

У нее появилась привычка по утрам завтракать вместе со всеми ковбоями. Столовая и гостиная в особняке были прелестны, но Бриана чувствовала себя гораздо уютнее в большом шумном доме, где жили те, кто работал на ранчо. Продолговатый приземистый дом для ковбоев был выстроен из грубо оструганных бревен, вдоль стен стояли двухъярусные кровати. А в конце комнаты, возле двери, было оставлено достаточно места для нескольких массивных столов и низких скамеек, в углу всегда жарко пылал огромный, сложенный из целых валунов, камин. Здесь всегда витали запахи кожи и свежесваренного горячего кофе, лошадиного пота и табака, и почему-то это сочетание безумно нравилось Бриане.

Завтрак для ковбоев всегда был сытным, со множеством разнообразных блюд, готовил повар-китаец Чоуин. Бриане, естественно, ни разу не удалось справиться с толстым, истекающим кровью стейком, но для мужчин, проводящих весь день в седле, такой завтрак был как нельзя более кстати. Они легко управлялись не только с одним, но и с двумя стейками, а кроме того, и с миской рассыпчатой картошки, горячей овсянкой, густо политой медом, и заканчивали трапезу большими, еще теплыми бисквитами со свежесбитым маслом. Потом они наслаждались горячим кофе, добавив в него чуточку свежего молока, только что надоенного и охлажденного в ледяном ручье неподалеку. Кроме того, Чоуин часто готовил сок из свежего дикорастущего винограда, который буйно оплел деревянные изгороди на восточных границах ранчо.

Бриана полюбила общество ковбоев. Суровые и диковатые с виду, с ней они всегда были вежливы и дружелюбны, и она чувствовала, что ее приходу рады.

Бранч откопал где-то две пары брюк, которые оказались ей почти впору, и Бриана вскоре стала предпочитать их тем полотняным и муслиновым прелестным платьицам, которые она позаимствовала в гардеробе Дани. Одни из них, из плотной шерстяной фланели, теплые и удобные, особенно понравились Бриане. А потом он привез ей из города высокие ботинки и шляпу с большими полями, и она почувствовала себя настоящей пастушкой.

Однажды утром, спустя почти три недели после ее приезда на ранчо, Бранч сразу после завтрака отвел ее в сторону и извиняющимся тоном предупредил, что собирается съездить на рудник на пару дней.

— Я бы с удовольствием взял вас с собой, Дани, но там для женщины небезопасно. Колту это может не понравиться, а он ведь, в конце концов, ваш сводный брат. — И чуть насмешливо добавил: — А то с ним еще невзначай припадок случится. Короче, постарайтесь не скучать без меня.

Оцепенев от такой неожиданной несправедливости, Бриана подавленно молчала, пока он объяснял, почему ей нельзя одной отправиться на прогулку.

— Всякое может случиться! В прерии полным-полно койотов и гремучих змей. Вы можете заблудиться, Дани. Лучше оставайтесь дома.

После этого разговора она держалась в стороне от Бранча, провожая его взглядом, когда он отъезжал от дома, стараясь придумать, чем же заняться в его отсутствие. Мысль о том, что ей предстоит просидеть целых два дня одной в пустом доме, приводила Бриану в глубокое уныние. Она сразу почувствовала себя одинокой и несчастной и с горечью подумала, что обманывает сама себя. Мир вокруг нее стал походить на волшебный сон. И как только она могла вообразить, что она тоже часть этого мира, забыть о бедах и нищете, что ждали ее дома, не вспоминать, о той ежедневной борьбе за жизнь, жизнь свою и Шарля?! И Бриана внезапно поняла, что чем дольше она пробудет на ранчо, тем труднее ей будет покидать его.

— Не обращайте внимания на Поупа.

Вздрогнув от неожиданности, она обернулась и увидела стоявшего за спиной Дирка Холлистера. Непонятно почему, но Бриана никогда не чувствовала себя спокойно и беззаботно в его обществе, особенно, когда его взгляд спускался с ее лица ниже, к плечам и груди. Но в действительности, признавала Бриана, в нем не было ничего отталкивающего. Густые темные волосы, немного длинные для мужчины, всегда были слегка взлохмачены, обрамляя приятное, с правильными чертами лицо, на котором ярко и весело сверкали голубые глаза, опушенные длинными ресницами. Высокий, хорошо сложенный, он мог бы даже считаться красивым, подумала Бриана, если бы, конечно, взял на себя труд мыться почаще и следить за своими манерами.

Его взгляд не мог оторваться от ее груди.

— Старина Поуп иногда кудахчет, словно наседка. Я видел, как вы ездите верхом, и уверен, вы вполне сможете, если что, постоять за себя.

— Не забывайте, что управляющий на ранчо пока что он, — напомнила Бриана. Дирк был здесь новичком, Бранч нанял его всего несколько дней назад. Сам он никогда подолгу нигде не задерживался, и это, в сущности, все, что было о нем известно.

Он льстиво улыбнулся:

— Но разве вы не владелица половины всего, что здесь есть? Тогда вы — его хозяйка, мисс Дани.

Бриана кивнула:

— Конечно, но я не собираюсь доставлять ему лишние хлопоты. В конце концов, я ведь здесь тоже новичок, никогда раньше не жила на ранчо и ничего не знаю об опасностях, которые таятся в здешних местах. — И Бриана повела рукой в сторону бескрайней пустыни вокруг.

Он пожал плечами и, небрежно положив руку на висевшую у бедра кобуру, продолжал нагло разглядывать ее.

— Ну что ж, если вы предпочитаете в такую прекрасную погоду сидеть дома, вместо того чтобы прокатиться верхом за компанию со мной, то тем хуже для вас. Я как раз собирался поискать отбившихся от стада коров.

Чуть приподняв шляпу, Дирк повернулся, собираясь уходить.

— Постойте! — вдруг воскликнула Бриана. — А вы уверены, что все будет в порядке? — В голосе ее чувствовалась неуверенность. — Бранч не рассердится?

— Конечно, нет, — уверенно сказал Дирк. — Поехали, мисс Дани. Я сейчас оседлаю для вас Белль. А

Бранч даже не узнает, если, конечно, вы сами ему не скажете.

И вот они уже скакали легким галопом, удаляясь от ранчо, и Бриана любовалась, как утреннее солнце заливает расстилающуюся перед ними равнину золотыми лучами. Высоко над головой, в бескрайней синеве неба, кружил ястреб, и она подумала, что постарается расспросить Бранча о здешних местах, ведь она почти ничего не знает, кроме названий нескольких растений. Она принялась повторять их про себя: юкка, гуама, мескитовое дерево, а там, выше, появятся полынь и деревья Джошуа. В предгорьях Бранч показывал ей можжевельник и пихты, а также редко встречающееся в этих местах красное дерево.

Из-под копыт с шумом выпорхнула стайка куропаток, и Бриана весело расхохоталась:

— Они похожи на выводок жирных цыплят, не правда ли?

— Цыплят? — Дирк язвительно присвистнул. — У них перья покороче, а мясо намного вкуснее, особенно если парочку таких толстячков насадить на вертел да поджарить на костре.

Далеко на юго-западе, почти у самого горизонта, величественно вырисовывались горные вершины Сьерра-Невады. Бриана уже знала, что зимой они будут покрыты снегом.

— Здесь так прекрасно! — восхищенно сказала она, и Дирк кивнул в ответ.

— Может быть, в один прекрасный день мы с вами проедемся подальше, в пустыню Алкали, к горам Тойаб. Это все дикие места, да и вся Невада такая же. Через нее лишь иногда проезжают старатели, если направляются в Калифорнию, и то редко, ведь на это не каждый решится.

Бриана поинтересовалась, откуда он родом, и с удивлением поймала на себе его настороженный взгляд.

— Да, в сущности, ниоткуда, мисс Дани. Я и сам не знаю, где родился, не знаю, кто мои родители. А то, что я здесь, — просто случайность.

— Но вы ведь где-то выросли, — настаивала Бриана, — может быть, ваши родственники...

— Нет у меня никаких родственников! — резко оборвал Дирк. — Я рос один. И никогда подолгу не оставался на одном месте. Мне нравится скитаться по свету. — Его голос чуть дрогнул, когда он тихо произнес: — Ведь мир так велик.

На какое-то время оба замолчали, Бриана раздумывала над тем, что услышала.

— А что собой представляет Франция? — вдруг спросил Дирк. — Я, может быть, съезжу в Европу, когда мне тут надоест.

Бриана принялась рассказывать о красоте южного побережья, где море с шумом бьется о высокие скалы. О том, как прекрасно море в ясную погоду, когда волны тихо плещутся у берегов.

Дирк внимательно слушал ее, но, когда она замолчала, вдруг, к ее удивлению, сказал:

— Так как же вам может нравиться здесь?! Думаю, Франция больше подходит для такой девушки, как вы. Впрочем, на вас, богачей, разве угодишь? — неожиданно холодно добавил он.

Бриана чуть не расхохоталась ему в лицо. Богачи?! Да ведь семейство де Бонне искренне считало, что ей, служанке, кроме крыши над головой и куска черствого хлеба, ничего и не требуется!

Не прошло и минуты, как Дирк заметил именно то, что искал: пять отбившихся от стада телок лениво паслись в зарослях по берегу журчащего ручья.

— Они, по-моему, выглядят вполне безобидно, — проговорил он, спешиваясь. — Давайте отдохнем немного, а потом отгоним их на ранчо.

Бриана соскользнула вниз и легко спрыгнула на землю. Она огляделась по сторонам, глубоко вдыхая ароматный воздух и наслаждаясь теплыми лучами солнца, и с удовольствием потянулась, чтобы размяться, но вспыхнула, заметив, как поднявшаяся грудь туго натянула тонкое полотно рубашки. К сожалению, было уже слишком поздно: она заметила, что Дирк не сводит с нее загоревшихся глаз. Одернув рубашку, Бриана недовольно отвернулась и, стоя к нему спиной, старалась справиться с охватившим ее неприятным чувством. Она даже не услышала, как Дирк подкрался к ней. Лишь почувствовав на щеке его горячее дыхание, девушка отпрянула, но в ту же минуту он крепко схватил ее, и жадные губы скользнули по нежной шее Брианы.

— Ах ты, маленькая богачка! — насмешливо прошептал Дирк. — Может быть, это единственная вещь, которую ты еще не имела, но о которой мечтаешь...

— Да как ты посмел?! — воскликнула она, стараясь оттолкнуть его.

Смеясь, он еще крепче прижал ее к себе, но Бриана брезгливо отвернулась.

— Ах, Дани, — усмехнулся Дирк, — только не надо уверять, что ты не поняла, почему я предложил тебе поехать со мной! Ты ведь не настолько наивна.

— Я была достаточно наивна, чтобы принять тебя за порядочного человека. — Освободившись наконец из его рук, Бриана опрометью кинулась к лошади. — Не трудись провожать меня. Я поеду одна.

— Ты никуда не поедешь! — Он подскочил к ней и, словно клещами сдавив талию, с силой швырнул девушку на землю.

Упав на нее сверху и прижав всем телом, так что бедняжка с трудом дышала, Дирк обхватил руками ее груди, и Бриана в ужасе закричала.

— Прекрати ломаться, — рявкнул Дирк, — иначе тебе не поздоровится. Я могу быть очень нежным, а могу и не быть. Впрочем, выбирать тебе, а я все равно намерен сделать то, за чем сюда и приехал.

Он наклонился, но Бриана, изловчившись, с силой вонзила зубы в его ухо. Завопив от боли, Дирк отшатнулся и с силой хлестнул ее по лицу.

— Прекрати, или, Богом клянусь, я за себя не ручаюсь!

Бриана изо всех сил старалась не лишиться чувств, когда он грубо срывал с нее брюки. Добравшись до белья, его руки запутались в кружевах. Он жадно накрыл горячими, нетерпеливыми губами ее рот.

— Сейчас получишь удовольствие, девочка, — бормотал Дирк, — потом еще сама просить будешь. Уж я для тебя готов постараться...

Бриана мотала головой, безумный ужас охватил ее. Боже мой, что же делать?! Она не должна допустить этого, нет, лучше умереть! Собравшись с силами, она яростно вонзила ногти ему в лицо, располосовав щеку до крови и одновременно рванулась изо всех сил, ударив Дирка коленкой между ног.

Вскрикнув от неожиданности, он прижал одну руку к кровоточащей щеке и согнулся чуть ли не вдвое, стараясь хоть как-то успокоить жгучую боль в паху.

— Ах ты, сука! Жаль, что не убил тебя!

Но Бриана уже успела воспользоваться его слабостью: отбежав в сторону, она вихрем взлетела на лошадь. Умница Белль, как будто читая мысли хозяйки, с места взяла в галоп.

— Домой, Белль! — закричала Бриана. Ветер хлестал ее по лицу, а она все мчалась вперед, спасая свою жизнь.

И Белль как будто понимала ее и неслась со скоростью ветра. Казалось, она чувствовала, что сейчас от нее зависит жизнь девушки, так отчаянно припавшей к ней.

Несмотря на безумную боль, когтями разрывавшую тело, Дирк дополз до своей лошади и кое-как взобрался в седло. Бешенство с новой силой охватило его, когда, устраиваясь поудобнее, он нечаянно задел горевшее адским огнем больное место.

— Ах ты, мерзкая шлюха, — взвыл он, чувствуя, как кровавая пелена застилает глаза. Дирк с силой вонзил шпоры в бока лошади, посылая ее вперед бешеным галопом. — Богатая кривляка! Заморочила мне голову, такая сладкая на вид, как мед! Ну да я не игрушка! Попомнишь ты меня! Дай только добраться до тебя, я такое устрою!

Бриана с ужасом услышала за спиной оглушительный грохот копыт настигавшей ее лошади и, повернув голову, испуганно закричала: Дирк гнался за ней, и расстояние между ними стремительно сокращалось. Крича и плача, Бриана вцепилась в гриву напрягавшей последние силы кобылы и жалобно взмолилась:

— Ну пожалуйста, быстрее, Белль, пожалуйста!

Слезы бессильного отчаяния текли по лицу. Бриана понимала, что здесь, в пустыне, ее криков никто не услышит.

...Даже не оборачиваясь, Бриана по стуку копыт поняла, Дирк настигает ее, он уже близко, почти за спиной. Снова и снова она погоняла измученную лошадь, судорожно вцепившись в гриву, молилась, чтобы Белль не дала себя догнать, чтобы не споткнулась на полном скаку. Из-за страха, перехватившего горло, и бьющего в лицо ветра ее рыдания сменились редкими судорожными всхлипываниями.

Все ближе и ближе слышался грохот копыт скакавшей за ней по пятам лошади. Дирк поравнялся с ней и неожиданно с силой ударил кулаком в лицо. Бриана не удержалась в седле и рухнула прямо на землю. Острая боль пронзила девушку, небо словно озарилось яркой вспышкой, а потом все окутала спасительная темнота. Бриана потеряла сознание. Последнее, что она слышала, был удалявшийся топот копыт Белль.

Дирк натянул поводья и, соскочив на землю, опустился на колени возле неподвижного тела Брианы. Дьявол, хоть бы она была жива! Он молча проклинал свою отвратительную вспыльчивость, которая уже в который раз приводила к беде.

Бриана лежала очень тихо и, казалось, не дышала, кровь заливала ей лицо. Приподняв голову девушки, Дирк наклонился к ее губам и, различив слабое дыхание, с облегчением вздохнул. Но она, похоже, сильно расшиблась, а ему хотелось бы, чтобы Бриана пришла в себя и почувствовала, что он будет делать с ней. В конце концов ему вовсе не хотелось быть с ней жестоким. Боже, она ведь настоящая красавица, но зачем она отвергла его, когда он был так мил с ней?! Она сама напросилась на это! Ей давно следовало преподать урок!

Дирк поднял бесчувственное тело девушки и перекинул ее через спину лошади, затем, вскочив позади нее, направил коня к густым зарослям мескитовых деревьев. Там он спешился и, подхватив ее на руки, отнес в кусты. Рубашка Брианы распахнулась, порванная сорочка открывала грудь. Склонившись над девушкой, Дирк, принялся дрожащими руками расстегивать брюки, а губы его жадно терзали маленькие розовые соски. Почувствовав резкую боль внизу живота, он не смог подавить мгновенную вспышку ярости и грубо ударил девушку — та, к его облегчению и радости, слабо застонала. Слава Богу, раз почувствовала боль, значит, приходит в себя. Ну что ж, если боль может заставить ее очнуться, он быстро приведет ее в чувство!

Схватив за плечи беспомощную девушку, он грубо встряхнул ее и заметил, как дрогнули темные густые ресницы.

— Ну, давай, сука, — прошипел Дирк, — открывай глаза и посмотри, что у меня есть для тебя!

И тут его словно громом поразил раздавшийся неподалеку стук подков. Приближались трое, и галопом. Дирк торопливо застегнул брюки и быстро привел в порядок одежду Брианы. К тому времени, как всадники заметили их, он уже стоял, держа на руках Бриану и, судя по выражению лица, был вне себя от беспокойства.

— Сюда! — изо всех сил закричал Дирк. — Она упала с лошади и, похоже, сильно расшиблась. Слава Богу, кажется, жива.

Он узнал подъехавших к нему: все они — Том Люкас, Бен Эдхоп и Лейси Коли — служили пастухами на ранчо Колтрейнов.

Том спешился и торопливо осмотрел Бриану, а потом подозрительно взглянул на Дирка:

— Что она здесь делала вместе с тобой? Поуп тебе голову оторвет за это.

— Угу, — согласился Лейси, — а этот ее чертов братец вообще сживет со свету. Мы с ребятами кинулись на поиски мисс, как только увидели, что кобыла вернулась без нее, и по дороге встретили Мейсона, он ехал на ранчо.

Дирк сделал вид, что не заметил подозрительных взглядов.

— Если хотите знать, я тут вообще ни при чем. Я даже не знал, что она собирается куда-то, только потом, когда пошел в конюшню, заметил, что ее кобылы нет в стойле. Ну и поехал за ней на всякий случай, и вот тут нашел ее.

Ковбои молча переглянулись. Они плохо знали Холлистера, но подсознательно держались от него подальше.

— Давайте отвезем ее домой, — предложил Люкас. — Коли, скачи за доктором. Она, похоже, здорово ударилась головой.

Дирк предпочел промолчать и убраться подобру-поздорову. Ведь стоит ей прийти в себя, как она немедленно расскажет, как было дело. Но как уехать, если у него нет ни гроша, ведь деньги должны были заплатить дня через два, и, подумав немного, он решил рискнуть и подождать жалованья. А кроме того, решил он, всегда ведь можно сказать, что у нее от удара все перепуталось в голове. Или обвинить ее в том, что она сама вешалась ему на шею, а теперь решила свалить вину на него, чтобы отвести подозрения от себя. Ну уж нет, никуда он не уедет без денег. Да и ехать ему некуда!

Повернув к ранчо, они столкнулись с Гевином, который был вне себя от бешенства, услышав, что его сестра уехала верхом. Всю обратную дорогу он, не замолкая ни на минуту, причитал над ней, объяснял, куда отвезти девушку, и заклинал мужчин, ради Господа Бога, поосторожнее обращаться с ней. Он сто раз повторил, как велел ей ни в коем случае не покидать ранчо, и клялся добраться до того идиота, который заставил ее ослушаться брата.

Дирк предпочел помалкивать. Но по мере того как он слушал, в его душу закрались неясные подозрения. Что, черт возьми, тут происходит?! Этот Мейсон вел себя как помешанный. Почему он так переживает из-за девчонки? Его подозрения усилились, когда Мейсон отвел его в сторону и, пряча глаза, принялся расспрашивать, говорила ли что-нибудь Дани, когда он нашел ее. Мысли одна за другой закопошились в его голове. Он часто слышал, как ковбои на ранчо толковали о девушке, и поэтому знал, что она дочь хозяина, но долго была в ссоре с семьей, а теперь вдруг решила вернуться домой, чтобы потребовать свою часть наследства. Всех на ранчо страшно интересовало, что предпримет Колт, когда приедет домой и найдет ее здесь.

А теперь, заметив, как нервничает Гевин, Дирк решил проверить неясные еще подозрения. Оглядев Мейсона с головы до ног, он холодно бросил:

— Возможно, говорила.

— Возможно? — рявкнул Мейсон, но тут же сообразил, что его могут услышать слуги, и заговорил тише: — Что же она сказала?

Дирк не смог удержаться от торжествующей ухмылки. Что ж, его подозрения подтвердились. Мейсону явно было, что скрывать, и поэтому он опасался, что девчонка проболтается.

— Я сказал, возможно, — уклончиво ответил Дирк.

Гевин занервничал. Если Бриана проболталась, что на самом деле она никакая не Дани, весь его великолепный план полетит к чертям.

— Что это значит? — вспылил он, возмущенный тем, как этот грязный пастух осмеливается разговаривать с ним.

А Дирк наслаждался страхом Гевина. Возможно, ему удастся выяснить, что же скрывает Мейсон. Вытащив из кармана старой кожаной куртки тонкую сигару, он принялся неторопливо закуривать ее и, только выпустив облачко вонючего дыма, медленно процедил сквозь зубы:

— А это значит, приятель, что я не из тех, кто сует нос в чужие дела. И потом, разве можно верить тому, что скажет человек после того, как со всей силы хлопнется головой о камень?!

Мейсон затравленно оглянулся, и Дирк внутренне возликовал. Он был страшно горд собой, поскольку не только раскопал что-то весьма подозрительное, но и получил в руки оружие против Дани на тот случай, если, придя в себя, эта шлюха начнет орать, что он пытался ее изнасиловать.

Бриану внесли в дом, и теперь вокруг нее суетилось и бегало множество слуг, пытавшихся привести в чувство лежавшую без сознания девушку. Гевин подозрительно рассматривал Дирка. Как много известно этому парню? Проклятие, этого нельзя допустить!

— Пошли со мной! — скомандовал он и бесцеремонно вытолкал Дирка из комнаты. Дирк последовал за ним на второй этаж, и они вошли в спальню, где ночевал Гевин, когда ему случалось останавливаться на ранчо. Плотно прикрыв дверь, Гевин заметался по комнате, раздираемый сомнениями, не зная, что же известно Дирку.

А тот, с удобством развалившись на элегантном полукруглом диване, подложил под спину шелковые подушки и закинул ноги в грязных ботинках на кружевное покрывало. Его просто распирало от гордости, так как теперь уже не было никаких сомнений, что он крепко держал за горло этого Мейсона, да и сама ситуация могла оказаться ему весьма и весьма на руку.

Гевин по-прежнему мерил шагами комнату, и Дирк решил, что пора кончать с этим.

— У меня еще полно работы. Давай говори, что надо, да я пойду, — грубо остановил он Гевина.

Тот искоса взглянул на него и медленно подошел к дивану.

— Я хочу, чтобы ты повторил слово в слово, что сказала Дани.

— Вот что я скажу тебе, парень: нет нужды так переживать. Я знаю, когда следует держать рот на замке.

Вдруг Гевина осенило:

— А как насчет того, чтобы поработать на меня? Мне нужен человек, которому я мог бы доверять.

Дирк ухмыльнулся.

— Я слушаю, — пробормотал он.

Конечно, Гевин не мог точно знать, что именно известно этому парню, но и рисковать он тоже не хотел.

— Ну что ж, для начала я дам тебе втрое больше того, что ты зарабатывал на ранчо. Но держи язык за зубами. И задавай поменьше вопросов. Позже, когда придет время, я расскажу тебе все, что ты должен знать. Тогда сможешь заработать кучу денег. — Для большей выразительности он помахал пальцем перед носом Дирка. — Ты понял: кучу денег!

Поджав губы, Дирк закрыл глаза, показывая, что его это нисколько не интересует. Ну похоже, началась игра. Правда, он может проиграть. А может, дельце и выгорит, тогда ему повезло. Мейсон, похоже, что-то затевает и боится, что Дани спутает ему карты. Со временем он все разузнает, подумал Дирк.

— По рукам, — наконец кивнул он. — Говори, что от меня требуется.

Краем глаза Дирк успел заметить, как от облегчения мгновенно просветлело лицо Мейсона.

— Для начала отправляйся на конюшню и работай, как прежде. Когда понадобишься, я дам тебе знать.

Дирк уже повернулся было, чтобы уйти, но неожиданно остановился:

— Минутку, есть еще кое-что. — И Гевин отметил, что в голосе его не было слышно ни малейшего подобострастия. — Когда Дани придет в себя, не надо обращать внимания на то, что она будет говорить обо мне.

Гевин оцепенел.

— Так ты посмел... — очень тихо процедил он.

Дирк нагло улыбнулся:

— Ну что вы, мистер Мейсон, если девушка ударится головой, разве может она отвечать за свои слова?! Вы ведь, конечно, не поверите ей — не так ли?

Сказав это, он многозначительно посмотрел на мрачно задумавшегося Гевина и, хлопнув дверью, вышел из комнаты.

Гевин прошипел какое-то проклятие. Придется присмотреть за этим подонком, подумал он.

Спустившись в гостиную, он обнаружил, что приехавший доктор уже осмотрел Дани. «Несколько дней в постели — и все пройдет», — заверил он на прощание и ушел.

Гевин отослал слуг. Оставшись с Брианой наедине, он грубо встряхнул ее. Чуть приподняв веки, девушка подняла на него затуманенные глаза, и вдруг перед ней снова встал весь тот ужас, который она недавно пережила. Туман в голове рассеялся, уступив место дикой ярости. Безуспешно пытаясь приподняться, Бриана закричала:

— Он напал на меня! Я попыталась убежать, но он догнал меня и сшиб с лошади!

И тут Гевин ударил ее, не очень сильно, но достаточно, чтобы прервать поток ее слов.

— Замолчи и послушай, что я скажу! — резко приказал он. — Ты чуть было не разрушила весь мой план.

— Но он почти что...

Гевин опять поднял руку, но она замолчала.

— Поскольку ты сказала «почти», можно догадаться, что с тобой ничего страшного не произошло, не так ли? Просто забудь об этом. Я приму меры, чтобы это не повторилось. — Послав Бриане ледяную улыбку, Мейсон добавил: — А теперь отдыхай. Как только ты поправишься, мы придумаем, как ввести тебя в светское общество Силвер-Бьют.

Бриана в отчаянии покачала головой. Почему он просто не может забрать эти деньги? Тогда бы они могли немедленно уехать...

— Я не понимаю, зачем... — начала было она.

— А тебе и не надо понимать. Просто делай, что говорят.

— И сколько же ты собираешься тут пробыть? — воскликнула Бриана, видя, что он уходит.

На пороге Гевин бросил на нее один из тех высокомерных, наглых взглядов, которые она так ненавидела.

— Ровно столько, сколько сочту нужным, моя дорогая.

Глава 11

— Этому пора положить конец, Бекки.

Так сказала Кэнди, коротко и решительно, хотя глаза ее были полны сострадания.

Она поднесла стакан к губам, накрашенным кроваво-красной помадой, и сделала глоток, прежде чем продолжить разговор с племянницей.

— Ты ведь и сама понимаешь, что я права. Бекки, послушай меня, ты сейчас сидишь на бочке с динамитом — рано или поздно Колт обо всем узнает.

— Но ведь на самом деле я не обманываю его, — защищалась Бекки, стоя у окна за спиной тетки.

Кэнди раздраженно грохнула стаканом по столу:

— А когда ты убедила его, что он спал с девственницей, это, по-твоему, был не обман?!

Бекки беспомощно посмотрела на нее:

— Но у меня не было другого выхода!

Кэнди, вздохнув, с досадой пожала плечами:

— Глупо с моей стороны было предлагать это, но я же не предполагала, что ваши отношения зайдут настолько далеко. Я и подумать не могла, что он так надолго останется здесь. А кстати, почему он до сих пор не уехал? — Кэнди обвиняющим жестом указала на Бекки и сама же ответила: — Потому что он, бедняга, воображает, что влюблен в тебя! А почему, спрашивается, он так уверен в этом? Думаю, мы обе это знаем.

В тысячный раз Бекки пожалела о том, что передала тетке все, что Колт рассказал ей о Шарлин.

Глядя на расстроенное лицо своей племянницы, Кэнди немного смягчилась.

— Дорогая, неужели ты не понимаешь, что в твоих объятиях он просто-напросто пытается позабыть о Шарлин. Колт смотрит на тебя и видит милую, ласковую девочку и борется с собой, чтобы не поступить с тобой так же, как в свое время с Шарлин. Он и сам не понимает этого — но ты-то должна! И тебе следует положить этому конец.

Бекки отчаянно замотала головой:

— Но я не могу! Мне легче навсегда уехать из города. По крайней мере тогда он не узнает, что я была шлюхой.

Кэнди покачала головой, понимая, что даже сама Бекки не верит в это.

— И будешь до конца своих дней дрожать от страха, что появится кто-то из бывших клиентов и узнает тебя? Да, конечно, это может и не случиться, но ведь ты все равно будешь бояться, не так ли? И как, ты думаешь, поступит Колт, когда узнает об этом? Нет, милая, — она вздохнула, — ты не сможешь жить во лжи. Либо скажи ему правду сейчас, и пусть за него решает любовь, либо сама уйди с его дороги.

— Но ведь были же случаи, когда такие, как я, выходили замуж и все было прекрасно, — прошептала Бекки.

— Ты забываешь, что в большинстве случаев мужчины прекрасно знали, на ком они женятся, — отрезала Кэнди. — Нет, моя девочка, — повторила она нежно, поглаживая руку племянницы, — не стоит так рисковать. Ты проклянешь такую жизнь, если будешь постоянно дрожать от страха. Ты никогда не будешь счастлива, а Колт будет ломать голову, недоумевая, что с тобой происходит.

Бледная Бекки стояла с несчастным видом, придерживая у ворота золотистый атласный пеньюар. Она еще спала в объятиях Колта, когда ее внезапно разбудила Лали, вошедшая на цыпочках в спальню, чтобы сказать, что ее тетушка хочет поговорить с ней. Бекки послушно спустилась, заранее зная, что ей собирается сказать тетя Кэнди. В конце концов, Колт прожил у них в доме уже почти два месяца.

Бекки подавила вздох. Для чего тетушка затеяла этот разговор?

— Ну, — решительно произнесла Кэнди, поднимаясь на ноги, — и как ты собираешься поступить?

— Не знаю.

— Он уже говорил что-нибудь об отъезде?

Бекки покачала головой.

— А ты знаешь, что и дня не прошло, чтобы кто-нибудь из твоих обычных клиентов не спрашивал о тебе? Я предлагаю им других девушек, но они хотят только тебя, и когда-нибудь это плохо кончится. А ведь кое-кому из них известно про тебя и Колтрейна...

— Что?! — Бекки подскочила от ужаса. — Как они узнали? Ты же сказала, что предупредишь девушек, чтобы они не проговорились!

Кэнди беспомощно развела руками:

— Да ведь в Голконде нет ни одного человека, кто бы не знал, что Колтрейн у нас в доме. А поскольку известно, что он здесь, а ты никого не принимаешь, многие из твоих знакомых догадываются о том, что происходит. Ты еще должна благодарить Бога, что Колтрейн не бывает в салунах, иначе он уже давно услышал бы кое-что такое, что ты желала бы скрыть от него навсегда.

Бекки молча повесила голову. Это было правдой. Ей просто повезло, что Колт до сих пор ничего не узнал, но ведь везение не может продолжаться вечно.

Подойдя к девушке, Кэнди ласково обняла ее за плечи и, прижав к себе, нежно шепнула:

— Оставь его, дорогая. Пусть возвращается домой. Если не хочешь, чтобы он узнал правду о тебе, постарайся просто отослать его. Или сошлись на меня, скажи, что я недовольна тем, что он живет у нас так долго. В общем, придумай что-нибудь. Но этому нужно положить конец.

Отпустив ее, Кэнди отвернулась, но Бекки вдруг с надеждой спросила:

— А что, если я попрошу его уехать, скажу, что ты недовольна, а он вдруг предложит мне уехать с ним? Что же мне делать, ведь не могу же я признаться, что была шлюхой?!

Кэнди безнадежно покачала головой:

— Ну, и зачем, по-твоему, Колту увозить тебя, если он бежит от женитьбы, как черт от ладана?! Учти, он все еще считает, что та бедняжка погибла из-за того, что он разбил ей сердце. Неужели ты надеешься, что он так быстро выкинет это из головы? Нет, даже если он и влюблен в тебя, то не настолько.

Но, — продолжала она, увидев тоску в глазах Бекки, — запомни: если он и захочет увезти тебя с собой, то только как любовницу. Может быть, он не будет против того, чтобы иметь любовницей бывшую проститутку. Лучше подумай об этом заранее. Но помни, я предупредила тебя: он должен уехать, Бекки. В конце концов мне надо заниматься своим делом, да и для тебя так будет лучше всего.

Бекки уже повернулась, чтобы уйти, когда Кэнди снова окликнула ее:

— Не забудь о том, что я сказала. Поверь, так будет лучше для всех, особенно для тебя.

Бекки медленно направилась в комнату, где она оставила Колта мирно спящим. Что же ей делать? Беда была в том, что она понимала, насколько отчаянно, безнадежно полюбила его. Ни за что на свете не хотела бы она потерять его, дать ему уехать одному, без нее.

Колт все еще спал, разметавшись во сне, и она долго не могла отвести от него глаз. Как он был ошеломляюще прекрасен, какое великолепное, могучее тело! Она снова почувствовала, как ее накрыла знакомая теплая волна и сердце затрепетало в груди.

Вдруг она заметила, что Колт открыл глаза и с улыбкой наблюдает за ней.

— Иди ко мне, — ласково позвал он.

И Бекки кинулась к нему, на бегу сбрасывая с плеч пеньюар.

В этот раз она хотела дарить, а не просто принимать его любовь. Скользнув вниз по его мускулистому телу, Бекки коснулась губами напряженной плоти. И благодарно приняла его семя, упиваясь хриплыми стонами Колта, счастливая, что дарит ему радость.

А потом он прижал ее голову к груди и ласково взъерошил спутанные пышные кудри.

— Я хочу забрать тебя отсюда, — внезапно сказал он. Бекки оцепенела.

— Ты же понимаешь, что у меня сейчас очень сложное положение, — задумчиво продолжал он. — Прежде чем думать о будущем, я должен разобраться со своим прошлым. — Привстав на локте, Колт склонился над молчавшей Бекки и заглянул ей в глаза. — Сейчас я не могу тебе предложить ничего, кроме дружбы, но ведь это только начало.

Бекки с трудом перевела дыхание, голос ее предательски дрогнул:

— А что будет со мной? Где я буду жить?

Колт уже не раз думал об этом. В Силвер-Бьют у него были друзья, а среди них почтенные пожилые дамы, которые могли бы приютить Бекки и со временем подыскать ей работу. Можно было бы определить ее компаньонкой или няней к какой-нибудь старушке.

— Я хочу, чтобы ты начала новую жизнь. Тебе не годится жить в этом доме, — процедил он с ноткой осуждения в голосе.

Кончиками пальцев Бекки нежно провела по его груди, и, поймав ее руку, он нежно прижал к губам эти ласковые пальчики.

— Ты любишь меня? — отважилась спросить Бекки.

Как будто тень набежала на лицо Колта, и он опустил глаза. Выпустив ее ладонь, он нерешительно прошептал:

— Нет! Я не хочу лгать тебе, Бекки. Если бы любил, просил бы тебя стать моей женой. Но ты мне очень нравишься, правда, Бекки, и я хочу, чтобы ты была рядом. Даю честное слово, что буду заботиться о тебе. Ну, а пока мы будем просто друзьями.

У Бекки защемило сердце. «Дурочка! — подумала она с горечью. — На что ты надеялась?! Рассчитывала, что он признается тебе в любви?! Что он, может быть, женится на тебе? А он что предложил — дружбу! Господи, ну что он за человек?!»

И Бекки показалось, что душа ее покрывается льдом.

— А для чего мне тогда покидать этот дом, мне и тут хорошо, — ровным, холодным тоном произнесла она. — Ты же знаешь, тетя Кэнди — единственной родной человек, который у меня есть. С какой стати мне расставаться с ней? А ты сможешь иногда приезжать...

Она привстала, но он успел перехватить ее и, навалившись всем телом, прижал к кровати. Даже сейчас, когда глаза его сверкали гневом, он был ошеломляюще красив, печально подумала Бекки.

— Я не желаю, чтобы ты оставалась в этом доме! Это обычный бордель, или ты забыла об этом?!

— Это мой дом, — резко оборвала его Бекки, — или ты забыл об этом?

Она вырвалась из его объятий, и Колт неохотно разжал руки, слишком ошеломленный, чтобы удерживать ее. Наблюдая, как она поспешно застегивает пуговицы, он неуверенно спросил:

— Ты, наверное, ожидала, что я предложу тебе выйти за меня замуж?

Это оказалось последней каплей. Бекки пришла в бешенство.

— Конечно, нет! — процедила она. — Ты ведь не из тех, кто женится.

— Но ведь ты была девственницей, — возразил Колт. — А в этом случае девушка обычно рассчитывает, что мужчина женится на ней.

— А что, твоя Шарлин тоже была девственницей? — съязвила Бекки. — Может быть, именно из-за этого она так и убивалась, когда ты отверг ее?!

Колт тихо покачал головой и лег на спину, невидящим взглядом уставившись в потолок. «Женщины, — мрачно подумал он. — Сколько ни старайся, все равно они все повернут так, что именно ты почувствуешь себя виноватым».

— Может, мне лучше уехать, Бекки? Пора собираться домой.

Девушка отвернулась, так что Колту оставалось только гадать, что она думает.

— Да, по-моему, так будет лучше. И тетя Кэнди сегодня жаловалась, что ты уж слишком надолго здесь задержался. Она обещала прислать тебе длинный счет за виски. Я успокоила ее, сказала, что ты за все заплатишь. Надеюсь, не ошиблась.

Колт не верил собственным ушам. В первый раз Бекки перестала быть той нежной, прелестной, как ангел, девушкой, от которой он был без ума. Сейчас она говорила с ним сухо и неприязненно, словно с совершенно чужим человеком. Что произошло? И как он раньше мог не замечать в ней этой жесткости?

Прежде чем он сообразил, что ответить, Бекки вылетела из комнаты, раздраженно хлопнув дверью.

Колт поспешно оделся. Собрался он быстро, так как вещей у него было немного. Покончив с этим, он пошел искать Кэнди и обнаружил ее внизу, в гостиной, где она составляла букет из своих любимых страусовых перьев.

— Я уезжаю, — коротко сказал Колт. — Спасибо, что позволили остановиться в вашем доме. Пришлите мне счет, и я немедленно оплачу его.

Она даже не взглянула на него, небрежно бросив:

— Пяти сотен будет вполне достаточно.

Колт подумал, не сошла ли она с ума, требуя такие деньги, но предпочел промолчать. В дверях он остановился и вдруг сказал:

— Позаботьтесь о Бекки. Я бы хотел время от времени видеть ее.

Кэнди промолчала, так и не обернувшись.

И пока Колт, не обращая внимания ни на пыль, ни на палящее солнце, шел вниз по улице, он все ломал голову, не понимая, что же в конце концов произошло. Проклятие, жаль, что у него не хватило терпения. Возможно, это потому, что он в этом отношении пошел в отца — ненавидел что-либо обсуждать. Обычно он просто высказывал свое мнение и, если кто-то не соглашался, почитал за лучшее не спорить. Но он обязан был поговорить с Бекки. Ведь если бы он смог в свое время договориться с Шарлин, может быть, она и была бы сейчас жива.

Дважды по дороге на конюшню Колт в нерешительности останавливался, желая вернуться. Ему страшно не хотелось расставаться с Бекки, тем более так. Но как ее убедить? Что еще сказать — что она ему нравится, что он без ума от нее? Может быть, в один прекрасный день это чувство и превратится в любовь, но пока этого нет. И он не может брать на себя никаких обещаний, если не будет твердо уверен, что сможет сдержать их. А сейчас лучше вернуться домой, он отсутствовал достаточно долго, и дел, наверное, скопилось немало, это поможет ему отвлечься.

У Колта при себе не было денег, и ему пришлось пообещать хозяину конюшни, что пришлет их из дома, вместе с платой для Кэнди. Парень молча кивнул. Все в Голконде прекрасно знали, кто такой Колт.

Оседлав лошадь, Колт вывел ее из конюшни и зажмурился от слепящих лучей солнца. До Силвер-Бьют было не близко и следовало захватить в дорогу хоть немного еды, поэтому Колт завернул в небольшой магазин неподалеку.

Купив мешок сухарей и увесистый окорок, он обратился к хозяину:

— Знаете меня?

— Угу, — тот кивнул, — молодой Колтрейн. Возвращаетесь к себе в Силвер-Бьют?

Колт объяснил, почему не может заплатить наличными.

— Нет проблем. Будете отсылать деньги для Кэнди, приложите к ним и то, что должны мне. Она позаботится, чтобы я их получил, — понимающе подмигнул Колту хозяин и ухмыльнулся, показав два ряда кривых зубов. — Тут такое сплошь и рядом бывает. Мужчины каждый вечер просаживают у нее кучу денег, а потом приходится их высылать. И никто еще не пытался ее обмануть. Наша Кэнди дружит с шерифом, а он уж всегда позаботится, чтобы его приятельница сполна получила свои денежки.

— Не беспокойтесь, она получит деньги, — сказал Колт. Конечно, он мог бы объяснить, что задолжал Кэнди просто за комнату и уход, а вовсе не за «особые услуги», но, как обычно, он счел ниже своего достоинства что-либо объяснять.

Забрав покупки, он вышел из магазина, не обратив ни малейшего внимания на какого-то человечка, который стоял неподалеку, но тот вдруг окликнул его. Колт с удивлением оглянулся.

— Никак домой собрался, а, Колтрейн?

Колт молча кивнул и уже было хотел пройти мимо, но тот вдруг снова заговорил:

— Вот наши парни порадуются, что ты убрался из города. А то стали поговаривать, что ты у Кэнди в любимчиках ходишь!

Колт замер. Внимательно приглядевшись, он заметил радостный блеск в глазах незнакомца и угрюмо буркнул:

— Ты ошибся, приятель.

Человек поежился, заметив, что лицо Колта потемнело от гнева, и попытался объясниться, стараясь не показать, как ему страшно:

— Да нет, все в порядке. Я просто слышал, как наши ребята жаловались в салуне, что никак не могут побаловаться с Беллой, так как ты, дескать, «купил девчонку для себя».

— Не знаю я никакой Беллы, — бросил Колт, — а с кем я был — не ваше дело.

Он повернулся, чтобы уйти.

Человечек заколебался — он слегка побаивался того, что могло случиться, но, с другой стороны, пока что все шло нормально.

— Эй! — окликнул он Колта, и голос его слегка дрогнул. — А может быть, ты знаешь Бекки, племянницу Кэнди?

Колт в два прыжка оказался возле него и нанес страшный удар в челюсть. Последнее, что почувствовал незнакомец, прежде чем его поглотила темнота, было сожаление, что он взялся исполнить поручение Кэнди. Вряд ли обещанная сумма стоила того, чтобы так рисковать.

Обезумев от гнева, Колт кинулся к лошади и, вскочив в седло, галопом помчался домой, будто сам дьявол гнался за ним по пятам.

И в глубине души он с ужасающей отчетливостью понял, что этот подонок наверняка сказал правду.

Бекки, Белла.

Припав к лошади, Колт молча стиснул зубы.

Женщина опять сыграла с ним злую шутку. А он оказался в дураках.

Удобно расположившись перед туалетным столиком в кресле, обитом розовым бархатом, Бриана подняла глаза и встретила в зеркале разъяренный взгляд Гевина. Она ответила ему тем же.

— Ты, маленькая попрошайка! — прошипел он. — Интересно, где бы ты была сейчас без меня?! Копалась бы в канаве или раздвигала ноги перед каждым, кто пожелал бы заплатить за то, что Дирк Холлистер надеялся взять даром! Если не ошибаюсь, ты именно в этом попыталась обвинить парня?

Вскочив как ужаленная, Бриана закричала ему в лицо:

— Дирк действительно пытался изнасиловать меня! Мне нет дела до того, что он наговорил тебе. Этот человек — чудовище, и я хочу, чтобы он немедленно убрался отсюда! И почему, скажи на милость, ты вдруг взялся защищать его? — Бриана едва перевела дух. — А что касается того, где бы я могла быть сейчас, то попытайся-ка припомнить, где бы ты сам мог быть?! Если бы не я, у тебя не было бы ни единого шанса наложить лапу на ту половину денег, что принадлежит Дани! Так что нечего вести себя так, словно ты делаешь мне одолжение, Гевин. По-моему, все обстоит как раз наоборот. Я ведь тоже кое-что о тебе знаю!

Его глаза превратились в две ледяные щелочки. Подскочив к Бриане, Гевин бешено схватил ее и сдавил обеими руками горло. Она яростно защищалась, царапаясь, как дикая кошка, но Гевин сильнее сжал пальцы, так что Бриана начала задыхаться.

— Замолчи, слышишь? Я зашел слишком далеко, чтобы позволить тебе спутать мне карты! Только попробуй, и, Бог свидетель, я придушу тебя не задумываясь! И уж позабочусь о том, чтобы твой калека-братец последовал за тобой, когда вернусь во Францию.

Он с силой тряхнул ее и заметил, как помутнели глаза девушки, но не отпустил ее.

— И не вздумай хоть слово кому-нибудь сказать о том, что произошло между тобой и Холлистером. Мне нужно, чтобы он оставался на ранчо, а ты, милая, будешь поступать, как я велю! Сделаешь все, чтобы наше маленькое предприятие удалось. Попробуй только пикнуть, и тебе конец.

Гевин резко разжал руки, и Бриана, не удержавшись на ногах, рухнула на пол. Стоя над ее неподвижным телом, Мейсон жестко сказал:

— И еще запомни: одно мое слово — и твой братец снова окажется в той самой больнице для бедняков, откуда я его вытащил. А уж там он долго не протянет!

В моей власти, — с жестокой усмешкой продолжал он, — отдать тебя Холлистеру побаловаться, — конечно, после того, как сам всласть потешусь с тобой!

Шатаясь, Бриана с трудом поднялась. И, взглянув на нее, Гевин заметил, что в ее прекрасных ореховых глазах тлеющими угольками горела ненависть. Горло мучительно саднило, голова раскалывалась от боли, и Бриана думала лишь о том, чтобы не разрыдаться, не доставить этого удовольствия своему мучителю.

Гевин презрительно ухмыльнулся:

— Сбегай принеси мне бренди. А когда вернешься, поговорим о предстоящих событиях.

А когда Бриана вернулась с бокалом бренди, Гевин сидел, удобно развалившись, на диване. Забрав из ее рук бокал, он потянул девушку за руку, усадив рядом, и покровительственно улыбнулся:

— Не стоит ссориться, дорогая моя девочка. Если бы не твой тяжелый характер, у нас могли бы быть прекрасные отношения. И уж совсем не стоит волноваться из-за Холлистера, он больше не побеспокоит тебя! — Он успокаивающе похлопал ее по плечу. — Пусть только попробует — будет иметь дело со мной.

Ну а теперь, — продолжал он, сделав маленький глоток и смакуя чудесный напиток, — давай поговорим о более приятных вещах — например, о приеме, который тебе следует устроить, чтобы познакомиться со здешним обществом.

И Гевин рассказал, что миссис Боуден, несмотря на то что семья все еще в трауре, была настолько любезна, что составила для нее список людей, которых обязательно следует пригласить.

— Она сама с удовольствием пришла бы, — добавил он, — но, к сожалению, пока это невозможно. Тебе придется навестить ее, Бри... Дани. Она и ее муж могут стать нашими покровителями. Кроме того, было бы неплохо, если бы тебя почаще видели в городе.

Бриана удивленно смотрела на Мейсона:

— Но ведь ты получил все необходимые сведения из банка. Так почему бы теперь просто не потребовать принадлежащие Дани деньги и не уехать домой?

— Ты опять испытываешь мое терпение, дорогая. Мы уедем, когда я решу, что для этого настало время. И честно говоря, у меня чешутся руки проучить тебя за излишнее любопытство. Если бы не предстоящий прием, я задал бы тебе трепку. И непременно сделаю это, если ты не возьмешься за ум.

Бриана кивнула, молясь про себя, чтобы Гевин не заметил, что она кипит от ярости. Девушка не сомневалась, что он способен избить ее до полусмерти.

Гевин продолжал строить планы по поводу предстоящего бала. Он не пропустил ни единой детали, проинструктировал ее, как она должна держаться, продумал даже фасон платья, которое Бриане следовало надеть. «Все должно пройти гладко», — строго предупредил он.

Не успел он уехать, как Бриана, сдернув с себя платье, переоделась в брюки и мужскую рубашку и кинулась к конюшне.

Седлая Белль, она вдруг вспомнила, что Гевин запретил ей покидать ранчо. Впрочем, нечего бояться, главное, что Гевин уехал, а другие ее не выдадут.

Она улыбалась, когда вывела Белль из конюшни навстречу ослепительному солнечному дню. Наконец-то она снова свободна, свежий, ароматный ветерок ласкает разгоряченное лицо — и она счастливо, беззаботно улыбнулась.

— Хорошая погодка, мисс Дани, как раз для прогулки верхом.

Кровь бросилась ей в лицо, когда Дирк Холлистер, бесшумно появившись из-за угла, преградил ей дорогу.

Нагло ухмыльнувшись ей в лицо, он чуть коснулся шляпы:

— Мне так приятно, что вы снова собрались прокатиться. Мистер Мейсон перед отъездом предупредил, что вы, вероятно, так и поступите, едва он уедет. Он велел мне сопровождать вас. В конце концов, не можем же мы допустить, чтобы вы снова упали с лошади. Ну что, поехали?

Дрожа от ярости, Бриана отшатнулась от него, крепко сжав поводья.

— Посмей только дотронуться до меня, Дирк Холлистер, и я прикончу тебя!

Он только расхохотался, очень довольный собой.

— Ну что вы, мисс Дани, разве я могу обидеть вас?! Хозяину это не понравится. А если вы так уж против моего общества, ну что ж, я скажу ему об этом. Похоже, он не успел еще далеко уехать, я смогу догнать его и...

Задыхаясь от ужаса и отчаяния, Бриана резко повернулась и повела кобылу в конюшню. Гевин мог праздновать победу.

Глава 12

Мысль о том, что ее постигнет неминуемая кара, когда раскроется обман, настолько пугала Бриану, что идея устроить прием для двухсот гостей показалась ей вовсе кошмаром.

Однако, думая о предстоящем приеме, Бриана испытывала какое-то странное любопытство, ведь до сих пор она была лишь незаметной, простой служанкой. Теперь же ей предстояло нечто другое — стать хозяйкой бала, блистать, быть центром всеобщего внимания и притягивать к себе восхищенные или, наоборот, недоброжелательные взгляды.

Удастся ли ей справиться с этой ролью? Не скажет ли она ненароком что-нибудь неподобающее, несмотря на то, что Гевин буквально выдрессировал ее, заставляя заучивать, как и что следует говорить, как вести себя за столом. Он постарался предусмотреть все. И она понимала, что он не простит ей ни малейшего промаха.

Господи, какое безумие затеял Гевин! Чарлтон Боуден, из ненависти к Колту ставший почти близким другом Гевина, лез из кожи вон, стараясь ему помочь. Поскольку

Бриана как Даниэлла Колтрейн уже подписала все официальные документы и выдала Гевину доверенность на управление всем состоянием Дани, Боуден не видел необходимости ограничивать его в денежных ссудах. Гевин не жалел никаких расходов в подготовке великолепного бала и концерта. Он решил напоследок ослепить все светское общество Силвер-Бьют.

Дожидаясь, пока начнут собираться гости, Бриана как неприкаянная бродила по комнатам. Даже сейчас, после многочасовых изматывающих уроков хорошего тона, которыми изводил ее Гевин, она чувствовала, что колени у нее подгибаются от страха. Прием обещал стать целым событием.

Огромные охапки свежих роз доставили по железной дороге из Калифорнии, и весь особняк был завален ими: белые, желтые, розовые и кроваво-красные роскошные цветы наполняли комнаты восхитительным благоуханием. Лестницу красиво драпировали шелковые ткани нежнейших пастельных оттенков, роскошные хрустальные подвески люстр сверкали, мебель красного дерева в каждой комнате была отполирована до зеркального блеска.

Для приема гостей Гевин выписал из Сан-Франциско повара-француза, чтобы поразить собравшееся общество шедеврами изысканной кухни. Столы ломились под тяжестью блюд: утка под апельсиновым соусом, цыплята в красном вине, груды колбас и ветчины, обилие различных салатов, а также острые блюда из устриц, розовые креветки, нежное мясо крабов и морские гребешки в сметане, соте — коронное блюдо мэтра Бернара, огромный омар в коньяке с гарниром из овощей и ароматных трав и многое другое.

Стоя в дверях, Бриана с любопытством наблюдала, как один из лакеев сервировал стоявший в углу стол, уставив его бесчисленными блюдами с сыром всех известных сортов. Заметив хозяйку, он предложил ей отведать крошечную тартинку, и, проглотив ее, Бриана восторженно выдохнула:

— Фантастически вкусно!

Но когда кто-то поднес ей десерт, девушка с улыбкой отказалась, лишь с восхищением полюбовалась шоколадным муссом и бесчисленными блюдами с пирожными, тарталетками и пирогами.

Дом наводнила целая армия слуг, нанятых Гевином специально для этого приема. Сновавшие взад-вперед служанки были все одеты в одинаковые туго накрахмаленные белоснежные платья со строгими высокими воротничками и длинными рукавами. Волосы женщин были гладко зачесаны и сколоты сзади в аккуратные пучки. Их внешность казалась бы по-монашески строгой, если бы не кокетливые розовые фартучки. На мужчинах были белые пиджаки и черные брюки. Бриана сочла, что розовые бутоны в петлицах у слуг выглядят довольно вульгарно, но предпочла оставить это мнение при себе.

Она уже хотела подняться в свою комнату, как в дверях появился небольшой оркестр и принялся занимать свои места. Очень скоро весь дом был заполнен звуками восхитительной музыки.

Переодевшись в платье, выбранное для нее Гевином, Бриана признала, что оно не только было необыкновенно изящно, но и чрезвычайно ей шло. Пышная юбка выглядела как белоснежное облако, а тонкую талию подчеркивал пояс бледно-лилового цвета, который завязывался на спине бантом, длинные концы которого ниспадали почти до самого пола.

Неожиданно Бриана, стоя перед огромным зеркалом и критически оглядывая себя, нахмурилась: как и всегда, платье Дани было ей тесновато в груди. К сожалению, не было никакой возможности переделать его, так как лиф был богато украшен тысячами крошечных жемчужин. Декольте было настолько глубоким, что почти не скрывало прелестных округлостей, упруго поднимавшихся при каждом ее вздохе. Бриана дала себе слово не вздыхать слишком глубоко, чтобы как-нибудь ненароком не обнажить полностью чуть прикрытую грудь.

Платье было открыто в соответствии с последней французской модой. Надень его Дани, она непременно накинула бы шарф, чтобы хоть немного прикрыть обнаженные плечи. Скорчив недовольную гримасу, девушка подумала, что уж ей-то Гевин ни за что не позволит сделать этого, ведь он старался при каждом удобном случае показать всем ее прелести.

Одна из нанятых на этот вечер служанок умела великолепно укладывать волосы и предложила свои услуги Бриане.

Она провела целый час в хлопотах, накручивая длинные каштановые пряди девушки на горячие щипцы. Когда с этим было покончено, служанка перевила каждый мягкий локон бархатной ленточкой цвета лаванды и, заплетя их, уложила роскошной короной высоко на голове. Затем она украсила прическу жемчужной нитью и восхищенно ахнула. Это было настоящее произведение искусства — копна блестящих локонов, в которых мягко сияли жемчужины, а лиловые ленты подчеркивали необыкновенный красновато-каштановый оттенок волос девушки.

Бриана как раз примеряла новые шелковые туфельки, которые Гевин привез ей из Силвер-Бьют, когда он сам вошел к ней — как всегда без стука.

Остановившись перед девушкой, Мейсон оглядел ее с головы до ног холодным, оценивающим взглядом и лениво поаплодировал:

— Обворожительна, прелестна! Все мужчины сегодня потеряют из-за тебя голову, а женщины — аппетит. Но помни, — и в голосе его зазвучала сталь, — ты должна понравиться именно дамам, а не их мужьям. И не вздумай кокетничать. Очень важно для тебя понравиться именно женщинам, чтобы быть принятой в их круг. Воспользовавшись связями миссис Боуден, я добился, что самые влиятельные в городе семейства приняли наше приглашение. Правда, допускаю, что кое-кто из них сделал это из чистого любопытства. И, приехав к тебе в дом, они должны найти очаровательную, неиспорченную девушку своего круга. Ты поняла?

Бриана молча кивнула, подавив в себе желание спросить, почему это так важно. Ведь они все равно скоро уедут, так какая разница, понравится она или нет всем этим людям? Однако она вовремя прикусила язык, сообразив, что сейчас не время обсуждать их отъезд. Как будто отгадав ее мысли, Гевин подмигнул ей:

— Когда-нибудь ты поймешь, для чего я затеял все это, и будешь восхищаться мной! — И, покрутившись перед Брианой, весело спросил: — Ну, как я выгляжу?

Гевин был во всем белом: белые брюки и фрак, белоснежная рубашка и туфли. Это белое великолепие оживлялось только розовым галстуком и алым жилетом. Про себя Бриана подумала, что он выглядит несколько странно — не совсем по-мужски, скорее как наемный танцор, но опять промолчала и с самым дружелюбным видом одобрительно кивнула:

— Ты просто безупречен, Гевин! Впрочем, ты ведь всегда отлично умел одеваться.

Он расплылся в самодовольной ухмылке:

— Знаю. Мне просто хотелось это услышать от тебя. — Повернувшись, чтобы уйти, он бросил через плечо: — Помни о том, что я говорил тебе, Дани. Ты должна произвести впечатление прелестной, неискушенной светской девушки, прекрасно воспитанной и с безупречными манерами. Помни, что ни один твой жест, ни одно слово не останутся незамеченными, их будут придирчиво обсуждать и, возможно, осуждать. Гости уже начали съезжаться, так что подожди немного и затем спускайся. Поняла?

Ровно через полчаса Бриана появилась на верхней ступеньке парадной лестницы. Гевин уже ждал ее внизу, и по его сигналу музыканты смолкли, и наступила тишина. Стихли разговоры, и, повернувшись лицом к толпе гостей, Гевин торжественно провозгласил:

— Леди и джентльмены, позвольте представить вам мою очаровательную сводную сестру мисс Даниэллу Колтрейн!

По залу рассыпались аплодисменты. С застывшей на губах улыбкой Бриана неторопливо сошла к гостям, неуверенно перебегая глазами с одного незнакомого лица на другое. Музыканты снова заиграли, рядом с ней незаметно возник Гевин и, изящно поклонившись, прикоснулся губами к кончикам ее пальцев. Затем, подхватив ее, повел к толпе гостей, чтобы представить собравшимся.

Имена и лица очень скоро перепутались у Брианы в памяти и стали сливаться в одно целое. Все были с ней необыкновенно любезны, но даже спиной девушка ощущала на себе любопытные, оценивающие взгляды.

Какая-то женщина полностью завладела ею и, отведя Бриану в сторону, вдруг начала оживленно болтать, как будто они были давно знакомы. Она представилась как миссис Аннабель Родс, не забыв с гордостью упомянуть, что она супруга того самого Дадли Родса, владельца бесчисленного количества лесопилок не только в Неваде, но и в Калифорнии.

— У меня есть племянник, дорогая, и я умираю от желания познакомить вас, — ворковала она. — Натаниэль вам непременно понравится. Он так же честолюбив, как и его дядюшка, и один из самых видных женихов в Сан-Франциско. Правда, чересчур разборчив, ведь он из очень хорошей семьи, надеюсь, вы меня понимаете?

На минуту прервав свой монолог, чтобы перевести дыхание, она снова открыла рот, и слова потекли. Ах, им непременно надо познакомиться! А когда же Дани собирается вернуться в Сан-Франциско? Погода сейчас такая чудесная, ведь это время года считается самым лучшим в здешних местах. Не мешало бы им с Дани как-нибудь прогуляться вдвоем по магазинам!

Бриана слушала ее с любезной улыбкой, затем вежливо кивнула и пробормотала, что это было бы чудесно, и, сославшись на то, что сейчас ее зовут, двинулась через толпу по направлению к столику, где стояло множество бутылок с вином. Среди толпившихся здесь мужчин Бриана заметила Гевина, который, завладев всеобщим вниманием, самодовольно объяснял притихшим слушателям, какие сорта вин и откуда он предпочитает выписывать.

— А теперь попробуйте вот это. — И он наполнил бокал сухим светлым вином. — Мне его прислали из Эльзаса, это один из лучших тамошних сортов.

Стоявшая неподалеку толстуха в кричащем дорогом вечернем платье, аляповато украшенном огромным количеством перьев и блесток, восхищенно воскликнула:

— О, мистер Мейсон, как хорошо вы разбираетесь во всех этих тонкостях! — Заметив Бриану, она всплеснула руками: — Дорогая моя, как вам повезло, что рядом с вами такой знаток и ценитель, такой светский и образованный человек, как ваш брат!

Бриана заученно улыбнулась, подумав про себя, как, интересно, отреагировала бы эта дама, если Бриана объяснила бы ей, что все знания о винах Гевин почерпнул, потребляя их без всякой меры.

Взяв в руки следующую бутылку и купаясь в атмосфере всеобщего восхищения, Гевин продолжал объяснять:

— А вот это — сухое белое вино «Коте-дю-Рон», оно прекрасно гармонирует с рыбой или дичью. Конечно, — поправился он, — на столь торжественных приемах мы с сестрой всегда пьем шампанское, но я просто хотел познакомить вас с некоторыми любопытными и мало кому известными сортами.

Бриану передернуло от этого бесстыдного, самодовольного тона, и, вздрогнув от отвращения, она повернулась, чтобы уйти. В ту же минуту немолодой, но еще достаточно привлекательный мужчина пригласил ее на танец. Увидев стоявшую неподалеку женщину, которая окинула ее откровенно неприязненным взглядом, Бриана благоразумно отказалась. Его супруга, вне всякого сомнения, подумала она.

Внезапно она почувствовала, что задыхается в этом воздухе, наполненном благоуханием сотен роз, запахами духов и сигар, ароматами изысканнейших блюд. Улыбаясь, то и дело кивая и обмениваясь любезностями, Бриана с трудом пробиралась через плотную толпу гостей в сторону дверей, за которыми была огромная веранда. У дверей стояли бесчисленные вазы и каменные чаши с растениями — их приказал принести Гевин, чтобы гостям не пришло в голову выходить наружу через эту дверь. Рассчитывая на успех своего грандиозного приема, Гевин хотел поразить воображение местных жителей богатством и великолепием празднества и ослепительной красотой Дани, но для этого нужно было удержать всех в доме.

Постояв немного возле дверей, Бриана незаметно огляделась и, решив, что настал подходящий момент, бесшумно выскользнула наружу. Ее окутал прохладный, чистый ночной ветерок, и девушка с облегчением прикрыла за собой тяжелые створки двери.

Дойдя до конца террасы, она с наслаждением вдохнула свежий ароматный воздух. Ночь была неописуемо прекрасна, появившаяся в темном небе полная луна окрашивала окрестности серебристым светом.

Неожиданно за спиной Брианы раздался низкий мужской голос, и она в ужасе обернулась.

— Не пугайтесь, мисс Дани, это я.

При виде появившегося из темноты Бранча Поупа Бриана приветливо улыбнулась. Она была рада, что он вернулся, рада, что снова видит его.

— А почему вы бродите тут в темноте, и один? Почему вы не с остальными гостями? — спросила она.

— А меня никто не приглашал, — коротко буркнул Бранч, удивленно разглядывая ее туалет, — да, впрочем, если бы и пригласили, я бы все равно не пошел.

— Но ведь вы же управляющий, — запротестовала Бриана. — Почему же тогда пригласили Дирка Холлистера, ведь он-то простой пастух?

Лицо Бранча от обиды потемнело.

— Мне кажется, я могу задать вам этот же вопрос, мисс Дани.

— Надеюсь, вы не думаете, что это я его пригласила? Клянусь, что... — Но тут Бриана смолкла. Гевин предупреждал, чтобы она ни слова не смела сказать против Дирка. — Думаю, это Гевин пригласил его, — вздохнула она. — Я, во всяком случае, этого не делала.

Бранч испытующе посмотрел на нее:

— Похоже, тут многое изменилось с тех пор, как я уехал, и не могу сказать, что мне это по душе. У меня порой такое чувство, что этот Холлистер всеми силами пролезает туда, откуда меня изо всех сил выпихивают. Ваш брат дает ему все больше и больше власти. Я в толк не могу взять, почему Мейсон всюду сует свой нос и всем командует. Вы, конечно, одна из Колтрейнов, но ведь он даже не ваш брат по крови.

Бриана в смятении покачала головой. Она безумно боялась сказать что-то такое, что могло выдать нечестную игру, которую вели они с Гевином.

— Мистер Поуп, поверьте, мне очень жаль. Вы же знаете, я ничего не понимаю в хозяйстве, — пролепетала она.

— Да и ваш братец вместе со своим дружком Холлистером, похоже, тоже ничего не смыслит в этом, — угрюмо буркнул Бранч. — Плохо дело, мисс Дани. Глупо сейчас обсуждать это, да я бы и не стал. Но увидев вас здесь совсем одну, не стерпел.

От волнения у него перехватило дыхание. Справившись с собой, он продолжал более спокойно:

— Поверьте, когда вернется домой ваш брат, ему не очень-то понравится, что Мейсон хозяйничает у него на ранчо. Не обрадуется он, и если меня выгонят отсюда. — И Бранч выразительно замолчал, предоставив Бриане самой сделать вывод.

Бриана перепугалась не на шутку. Ведь Бранч — единственный, кто был добр к ней, когда остальные видели в ней только испорченную богатую девицу.

— Простите, — прошептала она беспомощно. — Если бы я могла вам помочь, поверьте, я бы, не задумываясь, сделала все, что в моих силах. Но это невозможно. Может быть, Джон Тревис скоро вернется домой. По крайней мере я очень на это надеюсь.

Господи, что она еще могла сказать ему?!

— В любом случае, — вздохнул Бранч, — я совершенно уверен, что Мейсон не имеет никакого права всюду совать свой нос и всем командовать. Колту это не понравится. Что бы ни делалось здесь, на ранчо, Мейсона это совершенно не касается.

— Да и вас тоже! — раздался резкий голос.

Бриана и Бранч отпрянули друг от друга. И Гевин, выступив из-за куста в углу террасы, где он подслушивал их разговор, встал между ними.

Бриану одолевали страх и ненависть к нему. Гнев наконец вырвался наружу.

— Как ты смеешь шпионить за мной, Гевин?! — воскликнула она.

— Замолчи и ступай домой! — гаркнул Мейсон. — Я заметил, как ты выскользнула из зала, и догадался, что ты что-то задумала. Ведь недаром я никогда не доверял ни тебе, ни этому ублюдку!

Бранч шагнул вперед, но замер, увидев, как из-за спины Мейсона бесшумно появилась высокая фигура Холлистера. Сдернув с плеча винчестер, Холлистер направил дуло на Бранча.

— Убери пушку, — коротко приказал Бранч. — И немедленно, Холлистер. Терпеть не могу, когда парни вроде тебя балуются с оружием. В этом нет необходимости.

— Может быть, и есть, мистер Поуп, — возразил Гевин. — Вы больше здесь не служите и зарубите себе на носу: я не терплю неповиновения в слугах.

Бранч разразился гомерическим хохотом, он смеялся от души, а потом твердо взглянул в лицо своим противникам. Обращаясь к Гевину, он спокойно произнес:

— Слушай, что я тебе скажу, парень, и постарайся понять меня. Я — управляющий этим куском земли и буду им и впредь. Колтрейн меня нанял, Колтрейн и уволит. И не таким соплякам, как ты, не умеющим отличить коровы от вола, указывать мне, что делать. — Он смерил Холлистера с головы до ног презрительным взглядом и снова повернулся к Гевину: — Так что можете не надеяться, что я уйду.

— Тогда не исключено, что тебя унесут, — проговорил разъяренный Холлистер.

— Вы с ума сошли! — воскликнула Бриана. Она повернулась к Холлистеру: — Убери ружье — и немедленно.

Дирк даже ухом не повел.

На шее Гевина вздулись вены, глаза потемнели от бешеной ярости.

— Предупреждаю тебя, Дани! — Последнее слово он почти прошипел и грубо бросил: — Кажется, ты забыла о нашем договоре. Здесь распоряжаюсь я.

Бриана замотала головой. Бранч Поуп всегда был добр к ней, он единственный, кто отнесся к ней по-человечески с тех пор, как они приехали в Штаты, и она не позволит так поступить с ним.

— Мистер Поуп останется на ранчо. Он разбирается в делах гораздо лучше, чем ты или твой Холлистер. — Не дрогнув, встретила она бешеный взгляд Гевина. — Может быть, мне стоит напомнить тебе, что в доме полно гостей? Мы ведем себя по меньшей мере невежливо по отношению к ним — да и стрельба, по-моему, не входит в программу праздничного вечера.

— Убери пушку! — бросил Гевин Дирку и, повернувшись к Бранчу, рявкнул: — Убирайтесь вон! Мы поговорим обо всем завтра.

— Прекрасно, — коротко кивнул тот. — Только не думаю, чтобы мне было так уж интересно то, что вы скажете. — Вежливо поклонившись Бриане, он повернулся и, не оглядываясь, растворился в темноте.

Подскочив к Бриане, Гевин схватил ее руку и с силой заломил за спину.

— Если бы я не нуждался в тебе, упрямая маленькая шлюха, я бы тут же свернул тебе шею и бросил на растерзание стервятникам.

Не обращая внимания на боль в руке, Бриана бесстрашно крикнула ему в лицо:

— Но я нужна тебе, так что немедленно отпусти меня, иначе я закричу так, что сюда сбежится все твое светское общество, и ты пожалеешь об этом.

— Бриана, ты испытываешь мое... — Он осекся, заметив испуг на ее лице, и перевел взгляд на Холлистера, который с интересом наблюдал за этой сценой. Гевин фыркнул: — Не обращай внимания, он и так все знает. В конце концов, должен же я хоть кому-нибудь тут доверять?!

— Насчет меня можете не волноваться, — нагло ухмыльнулся Холлистер. — Я уже по уши завяз в этом деле, так что волей-неволей буду держать рот на замке. Да и за вами присмотрю, мисс, не хуже, чем он. Только попробуйте выкинуть какую-нибудь штуку, мигом горло перегрызу, как кролику.

Бриана молча смотрела в ненавистное лицо Гевина и чувствовала, что больше ей не выдержать.

— Все, моему терпению пришел конец. Я возвращаюсь во Францию. Жизнь Шарля в руках Господа, а я смогу позаботиться о нем и без ваших грязных...

Гевин с силой вывернул ей руку, и она чуть не потеряла сознание от нестерпимой боли.

— Слушай, что я скажу, а не то сломаю руку. Никуда ты не поедешь. И жизнь твоего братца не в руках Господа, а в моих собственных. Попробуй только выкинуть еще что-нибудь подобное, мигом окажешься в лапах у Дирка, и он закончит то, что начал тогда, в прерии!

Бриану била крупная дрожь, но страха она не чувствовала. Ну уж нет, она была слишком взбешена, чтобы позволить этим подонкам запугать себя.

— Я возвращаюсь в дом, — процедила она, — но предупреждаю тебя, Гевин, лучше поторопись закончить свои дела. А что до тебя, Холлистер, только попробуй хоть кончиком пальца коснуться меня, и я найду способ тебя прикончить!

И она захлопнула за собой дверь.

***

Колт натянул поводья. Он решил не разбивать на ночь лагерь, а ехать без остановок, чтобы как можно скорее очутиться дома. Чем ближе к ранчо подъезжал он, тем сильнее тянуло его домой. Слишком долго был он вдалеке от родных мест, правда, приобрел при этом пусть и горький, но опыт. Его светлое чувство к Бекки было безжалостно растоптано, и не один раз во время возвращения ему приходили на память слова отца, который любил повторять, что горький опыт дает знания и он тоже нужен в жизни.

А теперь Колт молча вглядывался в темные контуры построек на ранчо, казавшиеся призрачными в лунном свете. Только хозяйский дом был залит огнями. Колт медленно тронул лошадь. Что-то было не так, и, насторожившись, он решил соблюдать осторожность.

Подъехав немного поближе, он разглядел перед домом огромное количество карет и наемных экипажей.

Спешившись возле конюшни, он пешком двинулся к дому. Не пройдя и нескольких шагов, Колт заметил какую-то темную фигуру, человек быстрыми шагами шел ему навстречу.

Увидев хозяина, Бранч остановился как вкопанный, не веря своим глазам, а потом, подбежав к нему, с ликующим криком хлопнул по спине:

— Дьявол тебя забери! Никогда бы не подумал, что могу так обрадоваться кому-то. Я уж было собрался искать тебя. Почему ты так долго...

— Что происходит? — резко оборвал его Колт.

Бранч заметил, как молодой хозяин бросил исподлобья недовольный взгляд на ярко освещенные окна, из которых доносились звуки музыки.

— Там большой бал, — осторожно промямлил Бранч, на всякий случай отступив на пару шагов.

— Кто это, черт возьми, устраивает балы в моем доме? — взорвался Колт.

— Этот бал в честь твоей сестры, — выпалил Бранч.

Колт круто обернулся и не веря своим ушам уставился на Поупа. Не ослышался ли он?

Бранч кивнул:

— Все правильно, Дани вернулась домой, и, когда я расскажу тебе обо всем, что тут происходит, ты, черт побери, обрадуешься, что сделал то же самое.

Глава 13

Колт провел в конюшне ночь, выслушав рассказ Бранча. Ему хотелось спокойно поразмыслить, прежде чем встретиться лицом к лицу с единокровной сестрой, которую он не видел четырнадцать лет.

По правде говоря, он ничуть не удивился, узнав о приезде Дани. Он уже давным-давно ломал себе голову, попробует ли она воспользоваться возможностью получить свою часть фамильного состояния и избежать при этом встречи с отцом.

Но почему в таком случае она осталась? Почему не уехала сразу же, когда получила деньги?

Он и раньше не понимал, почему отец просто не отослал ей ее долю. Мать когда-то объяснила, что они с Тревисом по-прежнему надеются увидеть Дани. Может быть, узнав, что Колтрейн в Париже, она захочет увидеться с отцом?

Черствость сестры возмутила Колта. Ей нужны деньги, это понятно, но неужели она настолько жестока, что не может забыть прежних обид и не воспользуется случаем помириться с родителями?! Что же она за человек? — спрашивал он себя, неприятно удивленный таким откровенным проявлением эгоизма. Впрочем, какая бы она ни была, но ему придется, хочет он этого или нет, встретиться с ней.

Но какого черта этот ее сводный брат делает на ранчо и сует свой нос в семейные дела Колтрейнов?! Кем он вообразил себя, самодовольный щенок, что осмелился уволить Бранча и допустить никому не известного пастуха к делам, о которых тот и понятия не имеет?!

Колт решил переночевать в дальнем конце конюшни, ясно дав понять ковбоям, что о его присутствии никто не должен догадываться. Те просто умирали от любопытства узнать, что затевает хозяин, но помалкивали, зная по опыту, что из Колта слова не вытянешь, пока он не решит, что для этого пришло время. Колт уже услышал вполне достаточно, чтобы понять, насколько всех раздражает создавшаяся ситуация и как все надеются, что он быстро наведет прежний порядок. Он ни словом не обмолвился насчёт Гевина Мейсона, даже не стал о нем расспрашивать.

Первый утренний луч солнца робко заглянул в окно конюшни. Ковбои давно уже были на ногах, объезжая ранчо, рассвет застал их в седлах.

Правда, к Холлистеру это не относилось, он зашел в конюшню, когда там никого уже не было, и подозрительно уставился на спящего Колта. Кивнув в его сторону, он поинтересовался у Бранча, что это за человек. Тот пожал плечами, бросив небрежно, что новый ковбой, которого наняли на днях, что-то неважно себя чувствует.

— Здорово! — саркастически хмыкнул Холлистер. — Выходит, ты нанял какого-то бездельника, и больного к тому же! Да он, того гляди, и нас всех перезаразит. Вот погоди, увидишь, что будет, когда об этом узнает Мейсон!

Заметив, что Бранч молча повернулся к нему спиной, Холлистер издевательски засмеялся и крикнул ему вслед:

— Эй, старина, запомни: твои дни сочтены! Мейсон не намерен долго терпеть тебя. Хочешь, чтобы все обошлось — будь с ним полюбезнее. А лучше всего забирай свое барахло и убирайся подобру-поздорову!

Бранч не ответил, только молча хлопнул дверью. Вслед за ним ушел и Холлистер.

Оставшись один, Колт перевернулся на спину и задумчиво уставился в потолок. Насколько он понимал, выбора у него не было. Он должен выяснить, каковы планы Дани, а затем разобраться с Мейсоном. Дани здесь у себя дома, и попросить ее уехать он не имеет права. Но вот терпеть какого-то Мейсона с его наглыми выходками он не намерен!

Колт умылся, с наслаждением побрился и, надев чистую одежду, оставленную для него одним из ковбоев, решил позавтракать чашечкой кофе с лепешками.

Он уже направлялся к дому, когда его окликнул неожиданно появившийся Холлистер.

— Ну-ну, вот и наша Спящая Красавица! — ехидно ухмыльнулся он. — Что-то не похож ты на больного, парень. Эдакий щеголь! Нет уж, нам здесь таких, как ты, не нужно, так что давай убирайся!

Колт неторопливо отхлебнул горячего кофе.

— А я было думал, здесь Поуп главный.

Холлистер злобно фыркнул:

— Здесь я отдаю приказы. А теперь вон отсюда!

Не обращая на него никакого внимания, Колт с удовольствием допил кофе, неторопливо надел широкополую шляпу и направился к дому. Его невозмутимость привела Холлистера в бешенство.

— Ты что, не понял меня, эй, ты! Как тебя там?! Я сказал: забирай вещи и убирайся!

Колт был уже возле дверей. Схватив его за плечо, Холлистер заорал еще громче:

— Слушай, ты, лучше не зли меня!..

Удар обрушился на него настолько неожиданно, что Дирк даже не понял, что, собственно, случилось. Только что он стоял на ногах и вдруг отлетел к стене, врезался в нее с оглушительным грохотом и, почти теряя сознание, сполз на землю.

Колт надвинул шляпу и чуть улыбнулся.

— Лучше уж ты не серди меня. — Шагнув к двери, он вдруг обернулся и небрежно бросил через плечо: — Между прочим, я Колтрейн.

Войдя в дом с черного хода, Колт приветливо поздоровался с ошеломленными его неожиданным появлением слугами.

Обойдя одну за другой все комнаты внизу, он подивился на беспорядок, царивший после вчерашнего бала. В это время неожиданно появилась Карлотта, пожилая мексиканка, которая вела хозяйство в доме и управляла слугами чуть ли не с рождения Колта.

— Ох, сеньор Колт, как я рада вас видеть! — с облегчением воскликнула она.

Колт приветливо кивнул, догадываясь, насколько тяжело, должно быть, пришлось в это время слугам. Он огляделся вокруг и удивленно присвистнул. Прием, судя по всему, был грандиозный, да и влетел в копеечку, если судить по количеству пустых бутылок из-под шампанского и дорогого вина и по огромным охапкам увядших роз.

Широко распахнув глаза, Карлотта прижала руки к груди и запричитала:

— Сеньор Мейсон всем распоряжался. Прошу прощения за ужасный беспорядок, но последние гости разъехались уже на рассвете, и мы только начали прибираться.

Понимая, что несчастная домоправительница может принять его упорное молчание за проявление недовольства, Колт мягко улыбнулся:

— Не беспокойся, Карлотта. Никакой спешки нет. А где Дани? До сих пор в постели?

Карлотта покачала головой.

— Ах нет! Она встала чуть свет и пришла помочь нам, но я налила ей чашечку кофе и велела отправляться наверх и не беспокоиться ни о чем. Она такая милая! — Добрая улыбка озарила лицо пожилой мексиканки. — Не то что сеньор Мейсон! Он все время кричит на нас, а ведь вы этого никогда не делали.

Колт молча кивнул и, постаравшись, как мог, успокоить расстроенную Карлотту, вскоре ушел. Поднимаясь по лестнице, Колт подумал, что Дани скорее всего заняла свою бывшую комнату, и, подойдя к дверям, негромко постучал.

— Войдите, — ответил нежный женский голос.

Она сидела в кресле у открытого окна с книгой в руках, одетая в простенькое желтое утреннее платьице. В ярком свете солнца ее роскошные волосы цвета красной меди, убранные со лба и небрежно сколотые сзади, переливались, как шелк.

Колт замер на пороге, осознав, что перед ним — самая красивая женщина, которую он когда-либо видел в жизни.

А Бриана испугалась. Что нужно этому незнакомцу в ее комнате? Но, заглянув ему в глаза — самые добрые, самые чуткие из всех виденных ею мужских глаз, — она поняла, что ей нечего бояться.

— Что вам угодно? — вежливо спросила она.

Прошло несколько мгновений, прежде чем Колт смог наконец заговорить. Перед ним снова встало прошлое, хотя трудно было представить себе, что эта очаровательная девушка и есть та самая испорченная маленькая ведьма, оставившая ему шрам на лице во время их последней встречи. Сейчас она выглядела такой мягкой, такой нежной!

Колт покачал головой. Четырнадцать лет — долгий срок. Человек может сильно измениться за это время.

С интересом разглядывая незнакомца, Бриана ждала, когда же он заговорит. Он и впрямь был великолепен — рослый, мускулистый, со смуглым, как у ковбоя, лицом. Черные как вороново крыло волосы на солнце отливали синевой, и на их фоне еще ярче казались серо-стальные глаза, обрамленные черными густыми ресницами. И Бриана вдруг поняла, что готова всю жизнь смотреть на это красивое мужественное лицо.

Колт оторвался от двери и шагнул к ней:

— Я твой брат.

У Брианы затряслись руки. Боже милостивый, Гевин предупреждал ее, что когда-нибудь им предстоит встретиться, ведь настанет такой день, когда Джон Тревис возвратится домой.

Видя, что она молча смотрит на него, Колт непринужденно пододвинул кресло и устроился напротив.

— Итак, — начал он, — ты все-таки решила вернуться.

— Так же, как и ты, — пробормотала она.

Колт попытался выдавить улыбку.

— Прошло уже немало лет, Дани, четырнадцать, если не ошибаюсь? И вот теперь мне кажется, что передо мной — совершенно незнакомая девушка.

Так оно и есть, подумала Бриана в отчаянии. Она постаралась кое-как успокоиться и вспомнить, что тысячу раз повторял ей Гевин.

— Четырнадцать лет — долгий срок. Я тебя тоже не узнала поначалу, Джон Тревис.

— Все близкие зовут меня Колтом.

— Пусть будет Колт, — согласилась она. — Мой приезд — большая неожиданность для тебя. Ты ведь не думал увидеть меня, правда?

Он отрицательно покачал головой и вдруг почувствовал, что неведомое дотоле теплое чувство к этой девушке неожиданно куда-то исчезло.

— Я надеялся, что рано или поздно ты вернешься. Деньги многое могут изменить.

Гевин предупреждал Бриану, что она может столкнуться с неприязнью брата, и девушка была готова к этому, но почему-то его слова больно ранили ее. Это просто глупо, мысленно сказала себе Бриана, совсем ни к чему эти детские обиды, тем более что она ведь не Дани.

— Я всегда мечтала о том, чтобы мы с тобой были близки, — приветливо возразила она.

— Близки? Мы? — усмехнулся Колт. — А как же отец? Ведь это его деньги заставили тебя приехать, разве нет? Но мне казалось, что ты хотя бы из вежливости должна была бы повидаться с ним. Думаю, он очень обидится на тебя.

Это Гевин тоже предусмотрел.

— Есть вещи, которые трудно объяснить, а еще труднее изменить! Поверь, я не хотела, чтобы наши отношения сложились именно так.

— Тогда почему же это произошло?

Бриана упрямо вздернула подбородок. Она вовсе не обязана, тысячу раз повторял Гевин, оправдываться и извиняться за долгое молчание Дани или за ее нынешний приезд.

— Еще раз повторяю: я не рассчитываю на то, чтобы ты понял, что мной движет, поэтому нет смысла продолжать этот разговор. Лучше не ворошить прошлое. Достаточно того, что я здесь. Это мой дом, Колт. Мне очень жаль, но ты не имеешь права выгнать меня.

Откинувшись на спинку кресла, Колт с изумлением воззрился на эту красивую незнакомку, которая оказалась его единокровной сестрой. Пылкая, самоуверенная, отважная. Она была вежлива, пока был вежлив он, но при первой же его грубости немедленно ощетинится. Колт готов был поклясться в этом. Испорченная девчонка, то и дело по любому поводу приходившая в ярость, исчезла, как по волшебству. Перед ним была взрослая, зрелая женщина с сильным характером.

— Хорошо, — сдался он, — значит, ты приехала, чтобы забрать свою долю. Я не возражаю. — Помолчав, он вдруг резко сказал: — Но я бы хотел поговорить о Мейсоне и его манере совать нос в мои дела.

Не зная, что ответить на это, Бриана пожала плечами.

— Я вернулся вчера вечером, — сухо продолжал Колт, — когда ваш прием был в разгаре. Мне не хотелось портить вам настроение, поэтому я предпочел переночевать в конюшне.

Кстати, — не удержался он, — я тут побеседовал с утра с твоим Холлистером. По-моему, он возомнил себя чуть ли не управляющим?!

Колт не мог не заметить, как мучительная гримаса на секунду исказила ее лицо.

— Не смей называть его моим Холлистером! Уверяю тебя, я еще вчера говорила ему, что у меня нет ни малейшего намерения прогонять мистера Поупа.

От такого нахальства Колт даже онемел.

— Ну что ж, очень рад услышать это, Дани. Счастлив, что ты не собираешься рассчитать моего управляющего. Ведь он проработал у нас всего-навсего каких-то жалких десять лет. Как это мило с твоей стороны не дать ему пинка под зад.

Его желчный тон ничуть не смутил Бриану. И, испытующе оглядев сестру, Колт не мог не признать, что она совсем не выглядит испуганной. Да, мужества ей не занимать.

— Так что насчет Мейсона? — нетерпеливо спросил он. — Кто он такой, черт возьми, и какого дьявола приехал сюда?

Ответ она выучила наизусть.

— Гевин — мой сводный брат. Его давным-давно усыновила тетя Элейн. Мы с ним очень близки. Когда я заявила, что собираюсь в Штаты, он вызвался поехать со мной. Его присутствие — большая поддержка для меня, особенно когда я оказалась здесь и узнала о недавнем несчастье...

— Моя личная жизнь совершенно не касается ни тебя, ни его, — резко перебил ее Колт, — так же, впрочем, как и то, что происходит здесь, на ранчо. Мне не нравится, как Мейсон ведет себя с моими ковбоями и с прислугой в доме. Этому пора положить конец. С этого дня он не появится в доме, пока я не приглашу его. Если ты не согласна, можешь перебраться в Силвер-Бьют, чтобы быть поближе к нему. Но это только половина дела... — Он в который раз напомнил себе, что нужно быть сдержанным. — Вот еще что — почему ты не забрала свою долю и не вернулась домой? Что ты собираешься делать?

Она покачала головой.

— Все не так просто.

— Да, ты права. Действительно, чтобы получить эти деньги, нужно время. Отец перед отъездом мне все объяснил. Ты получишь на руки определенную сумму вместе с подписанным документом, что ты продаешь мне твою долю рудника и ранчо. Черт возьми, да ведь это куча денег! Чего тебе еще надо?!

То, что она должна была ответить на это, было самым трудным.

— Я... я хотела бы остаться здесь, Колт. Я соскучилась по родным местам. — Бриана отвела взгляд в сторону — ей было трудно смотреть в глаза Колта.

Колт опешил. Ничего подобного он не ожидал. С неимоверным трудом он выдавил:

— Но я-то совсем этого не хочу!

Повисла гнетущая тишина, и затем очень мягко Бриана спросила:

— Ты хочешь выгнать меня из моего родного дома?

В отчаянии Колт покачал головой. Черт побери, она права!

— Если ты действительно решила остаться, отлично, я не возражаю, но... — И он решительно посмотрел ей прямо в глаза. — Ты должна запомнить: здесь я хозяин. Ты можешь устраивать свои приемы, если хочешь, но в доме распоряжаюсь я. Я — а не Гевин Мейсон! Можешь отослать его обратно во Францию, но если он по-прежнему будет нужен тебе, то жить он будет не в моем доме! Надеюсь, мы с тобой друг друга поняли?

Бриана с каждой минутой все больше ненавидела роль, которую была вынуждена играть, но что было делать?!

— Гевин может жить на моей половине.

— Нет, так не пойдет, — процедил сквозь зубы Колт.

— У тебя нет выбора.

— Посмотрим.

— Ну что ж, прекрасно.

Как два врага, они с ненавистью смотрели друг на друга. Чтобы не взорваться, Колт изо всех сил стиснул подлокотники кресла, так что даже побелели костяшки пальцев, а Бриана с трудом удерживалась от слез. Она полюбила его с первого взгляда, а теперь вынуждена смотреть, какое презрение написано на этом мужественном, привлекательном лице.

Колт встал:

— Похоже, нам не удастся договориться, Дани, так что, думаю, будет лучше, если я сам разберусь с

Мейсоном. Я уже позаботился об этом негодяе Холлистере.

Бриана чуть было не запрыгала от радости при мысли, что больше не увидит Холлистера, и едва сдержалась, чтобы не дать ему заметить своего ликования.

Колт повернулся, чтобы уйти, но вдруг передумал.

— Да, вот еще что. Если собираешься жить здесь, постарайся избавиться от своих аристократических привычек. Ты будешь выполнять свою часть работы так же, как и я, а начать можешь с того, что переоденешься. Я, конечно, не силен по части нарядов и не знаю, как во Франции принято одеваться по утрам, но здесь женщины встают с первым лучом солнца и потом весь день хлопочут по дому. Можешь, кстати, спуститься вниз и помочь служанкам убрать весь тот мусор, что оставили после себя твои вчерашние гости.

Бриана подавила веселый смешок. Это было как раз то, о чем она мечтала — работать, приносить какую-то пользу, стать частью этого дома.

Колт направился к выходу, но у дверей обернулся, чтобы холодно бросить через плечо:

— Добро пожаловать домой, Дани.

Бриана стиснула руки вне себя от волнения. Ну что ж, похоже, Гевину попался достойный противник, она была почти уверена в этом. Убедившись, что Колт ему не по зубам, Гевин скорее всего будет вынужден забрать деньги Дани и вернуться во Францию. Закончится наконец этот кошмар, и она будет свободна.

Она отвернулась и долго с тоской и сожалением смотрела в окно, чувствуя, как будет скучать по этим зеленым бескрайним просторам, ослепительно яркому солнцу, этому ставшему почти родным дикому краю.

И не было никакого смысла лукавить, призналась она себе, теперь у нее появилась еще одна причина стыдиться своей неприглядной роли. Если бы они встретились с Колтом при других обстоятельствах, он мог бы стать ей хорошим, верным другом. Едва Бриана подумала о нем, как почувствовала, что ее охватывает неведомое дотоле возбуждение. Ее тянуло к Колту. Это казалось невероятным, и Бриана вдруг подумала: а если и он испытывает нечто подобное?

Отпрянув от окна, Бриана сердито передернула плечами. Что за глупость мечтать об этом! Колт не сомневается, что она его сестра, и теперь уже поздно что-то менять.

Ну что ж, еще одним горьким воспоминанием больше, только и всего.

Колт вышел из дома. Неплохо было бы, конечно, запереться в кабинете и разобраться наконец с финансовыми проблемами, но это может и подождать. Слишком многое произошло за последние дни, и сейчас ему необходимо было подумать.

Дьявол, ну и крепкий же орешек эта его новоявленная сестрица! Никогда раньше он не встречал девушки, которая с таким достоинством держала бы себя в подобной ситуации. И как она ясно дала ему понять, что не намерена оправдываться или просить прощения за свое долгое молчание! И если сейчас он и злился, так только потому, что не заметил в ней и следа раскаяния или угрызений совести.

Незаурядная личность. И характер у нее, похоже, есть, знает, что делает. Только вот это ее непонятное желание остаться на ранчо — чем оно, интересно, вызвано? Почему она отказалась взять свои деньги и вернуться к людям, с которыми прожила четырнадцать лет? Неужели же такой девушке действительно может понравиться жизнь на самом обычном ранчо в Неваде? Почему-то он сомневался в этом.

Направляясь к конюшне, он вдруг подумал: а не рассчитывает ли Дани просто-напросто найти себе мужа? С теми деньгами, которые она получила от отца, вряд ли это займет много времени. Да найдется сотня мужчин, которые будут счастливы сделать ей предложение только по этой причине. Колт тяжело вздохнул, подумав, сколько таких охотников за приданым начнут кружить теперь возле ранчо, особенно после ее дурацкого бала.

Колт нерешительно топтался на месте. Дани, конечно, очаровательная девушка. Интересно, похожа ли она на мать? Он почти ничего не знал об этом периоде жизни своего отца и никогда не задавал ему вопросов, догадываясь, что для обоих родителей это время было нелегким. Единственное, что было известно Колту, это то, что отец, поверив в смерть матери, по поручению федеральных властей уехал в Кентукки, где в те годы правил ку-клукс-клан. Да, неплохо они там поработали, и отец, и его закадычный друг Сэм Бачер, подумал с гордостью Колт.

Сэм Бачер.

Теплое чувство охватило Колта. Сэма он помнил с незапамятных времен. Он был в буквальном смысле членом их семьи, маленький Колт даже звал его «дядя Сэм».

Когда четыре года назад тот внезапно умер во сне, Колт долго не мог оправиться. Он впервые увидел тогда слезы на глазах отца.

Колт хорошо помнил рассказы отца о том, как они спасли жизнь Уайли Оудому. Если бы не отец, тот был бы убит шайкой бандитов, которые охотились за его серебряной жилой. Когда через несколько лет Оудом умер, оказалось, что он завещал свой серебряный рудник отцу и Сэму. Сэм отказался от своей доли, заявив, что ни черта не смыслит в старательстве и не хочет этим заниматься. Но он так и остался членом их семьи, поскольку своей у него не было, а Тревис следил, чтобы его друг ни в чем не нуждался.

Колт попытался отогнать прочь грустные воспоминания. Что толку сейчас думать о прошлом, когда и в настоящем хватает забот.

— Колт!

Навстречу ему торопился Бранч.

— Холлистер поскакал за Мейсоном. Один из ковбоев видел, как он взял лошадь и понесся в город. На скуле у него был огромный кровоподтек. Что произошло, черт побери?!

Колт коротко объяснил ему, напоследок добавив:

— Я рад, что он отправился за Мейсоном. Чем раньше мы отучим его совать нос в наши дела, тем лучше.

— А что Дани? — поинтересовался Бранч.

Колт вкратце передал ему свой разговор с сестрой, смущенно признавшись, что не совсем понимает, для чего ей оставаться на ранчо.

Бранч рассказал, как девушка поначалу наслаждалась этой жизнью:

— Ей действительно нравилось здесь, Колт, и она была счастлива, пока Мейсон не положил конец нашим прогулкам верхом. Поверь мне: он держит сестру в ежовых рукавицах. Когда он рядом, она выглядит как испуганный кролик.

— Ты думаешь, она его боится?! — спросил пораженный Колт, не веря своим ушам.

Бранч задумчиво покачал головой:

— Да нет, я бы так не сказал. Но я обратил внимание, что она смотрит на него с ненавистью. Мне даже как-то пришло в голову: а не послала ли его та женщина, ее тетка, чтобы он глаз с нее не спускал, ну, вот Дани и злится. Но зато слепому видно, что тут он командует!

Они вошли в конюшню, и Колт вывел своего жеребца из стойла. Бранч молча наблюдал за ним, оба они чувствовали неловкость. Наконец Колт поднял на него глаза:

— Почему же ты не сказал мне правду о Бекки?

Бранч поежился:

— Мне казалось, так будет лучше. Ведь тебе не очень-то нравится, когда кто-то сует нос в твои дела, Колт.

Колт мрачно кивнул:

— Теперь я немного поумнел, скажем так.

— Ну и слава Богу, — улыбнулся Бранч. — Надеюсь, ты больше не будешь таким скрытным.

Колт промолчал, и Бранч расценил это как согласие.

Глава 14

Колт собирался первым делом съездить на рудник, проверить, как идут дела. Конечно, это вполне могло подождать. Появились более срочные дела, но ему хотелось проехаться верхом, а земля, которая принадлежала Колтрейнам, занимала многие тысячи акров. Давно уже он не чувствовал себя таким бесконечно одиноким.

Разговор с Бранчем о Бекки всколыхнул притупившееся было чувство горечи, и Колт пристыдил себя. Не стоило говорить об этом, в конце концов, сделанного не воротишь.

Он с улыбкой вспомнил разговор с отцом, когда был еще семилетним мальчишкой. Они тогда направились к соседу-фермеру, чтобы отогнать корову на случку, и Колт наивно удивился, как это два животных смогут без всякой подготовки делать нечто сложное и, похоже, неудобное. Заметив странное выражение на лице отца, Колт смущенно замолчал.

Тревис попытался объяснить, что животные спариваются для продолжения рода и этот процесс доставляет им огромное удовольствие. Сама природа помогает в этом случае, сказал тогда отец, сначала возникает желание, а потом на свет появляется малыш.

— Люди, — осторожно продолжал отец, — тоже делают нечто подобное, потому что им это приятно, и еще потому, что именно так они выражают свою любовь друг к другу.

Несколько минут Колт переваривал услышанное, а потом неожиданно напрямик спросил:

— А вам с мамой тоже это нравится?

Глаза отца вспыхнули, а губы задергались от смеха, который он изо всех сил старался сдержать.

— Да, сынок, и ты, когда женишься, тоже будешь проделывать это со своей женой. Ведь когда сливаются тела, сливаются и души влюбленных.

Колт не стал спорить, потому что для семилетнего мальчика все это было слишком сложно. Внезапно он ткнул пальцем в корову и быка:

— Но ведь они не женаты!

Отец не стал спорить:

— Ты прав, сынок. — И добавил: — Помни, сын: ты мужчина, человек, а не животное. Наши инстинкты очень схожи, но человек только тогда человек, если кроме инстинкта им движут чувства. Никогда женщина в твоих объятиях не должна испытывать разочарования или подозревать, что ее просто используют.

Колт вспомнил слова отца, когда впервые испытал близость с женщиной. Ему только что исполнилось одиннадцать, а девочка была старше его лет на пять. Мальчишки из его класса постоянно говорили о ней. Он и сам не раз слышал, что она «не отказывает». Ее звали Минди

Хагли, и однажды после обеда Колт пригласил ее прогуляться с ним по берегу залива, чтобы проверить, правду ли болтают ребята. Он был очень неловок, смущен и неуклюж, так что пришлось положиться на нее. Девочка оказалась опытной, а Колт — способным учеником. Ему понравилось, понравилось так, как ничто и никогда раньше. В конце концов он влюбился в Минди. Но она познакомилась с другим мальчиком, Беном Уилшоу, который был гораздо старше, и, как сплетничали в классе, он и Минди стали неразлучны. Ее перестали встречать с другими ребятами в бухточке за школой, так как она все время была с Беном. Не прошло и двух месяцев, как они вдруг неожиданно для всех обвенчались, и очень скоро Минди родила дочь.

Шли годы, у Колта всегда было много знакомых девушек, они сменяли одна другую. Он замечал, что из-за этого переживает мать. Китти видела, что с возрастом Колт становится таким же привлекательным, как и его отец, она умоляла сына быть осторожнее, чтобы кто-нибудь не окрутил его. Она не упоминала о том, что ему «придется» жениться, но Колт отлично понимал, что имеется в виду.

Погруженный в воспоминания, Колт молча ехал шагом. Только теперь он понял, как же ему не хватает родителей.

Добравшись до рудника, он разыскал Сида Джиллиса, управляющего, и они вместе отправились осматривать шахту. Колт прекрасно понимал, что никакой необходимости в этом не было, Сид стал управляющим задолго до рождения Колта. Тревис ему всегда доверял, и одного этого было уже достаточно для Колта.

Насколько он знал, рудник не давал уже такого количества серебра, как в прежние годы, хотя все еще был доходным, даже в последнее время, когда цены на серебро упали. Когда-нибудь придет время и шахта истощится, а рудник будет закрыт, как уже случилось со многими другими разработками. А до тех пор Сид будет управлять рудником, а Колт время от времени просматривать документы.

Пообедав с Сидом тушеными бобами со свининой и выпив чашечку кофе, Колт отправился домой. То тут, то там он видел пастухов, объезжавших ранчо, они так и жили в палатках, посреди прерии, лишь раз в месяц приезжая на ранчо, чтобы забрать жалованье да пару ночей повеселиться в городе, прежде чем вернуться к прежнему образу жизни. Тревис Колтрейн был хорошим хозяином и справедливым человеком, он неплохо им платил, и редко кто из его людей искал другую работу. Колт старался следовать примеру отца.

Солнце уже садилось, освещая западные отроги гор, и небо окрасилось в яркие сиреневые и розовые тона, когда усталый Колт спешился у порога дома. Отведя лошадь в конюшню, он наткнулся на поджидавшего его Бранча, лицо которого выражало беспокойство.

— Только что приехал Мейсон. Он велел одному из конюхов поставить лошадь в конюшню, собираясь остаться на ужин.

Бросив поводья Бранчу, Колт молча направился к дому. Глядя ему вслед, Поуп подумал, что Мейсону лучше не рассчитывать на ужин.

Увидев входящего в кабинет Колта, Гевин вскочил и бросился к нему, сердечно протянув руку.

— Добро пожаловать! — приветствовал он Колта. — Рад познакомиться, хотя у меня такое чувство, что мы знакомы много лет.

Колт ответил на рукопожатие, пристально оглядев стоявшего перед ним Мейсона. Тот был одет в щегольскую коричневую кожаную куртку, из-под которой виднелась белоснежная накрахмаленная рубашка, алый бархатный галстук. Экзотический наряд дополняли золотистые замшевые панталоны и доходившие почти до колен коричневые кожаные ботинки. Колт не мог не признать, что выглядел Гевин весьма элегантно, но его подозрительный взгляд исподлобья показался ему омерзительным.

Усевшись за стол, Колт налил себе бренди, сделав вид, что не заметил пустого бокала в руке Гевина. Сделав небольшой глоток, он, повернувшись к опешившему Мейсону, сухо поинтересовался:

— Что вам здесь нужно?

Гевин попытался сгладить неловкость.

— Э-э, ничего особенного, во всяком случае, для себя лично. — Он глубоко вздохнул. — Позвольте представиться, я — сводный брат Дани. Она, несомненно, упоминала обо мне.

Колт насмешливо улыбнулся:

— Сводный брат? Насколько мне известно, Элейн Барбоу никогда не делала попыток удочерить мою сестру, так что...

Гевин издал нервный смешок.

— Естественно! Кстати, меня она тоже не усыновляла. Мои родители умерли, когда я был еще ребенком, и Элейн, которая была с ними очень близка, взяла меня к себе.

— Тогда вы не можете официально считаться родственником Дани, — холодно отрезал Колт. Удобно развалившись в кресле, он вытянул ноги и скрестил руки на груди. — Итак, мне хотелось бы знать, что вам здесь нужно?

Гевин вспыхнул:

— Вы не слишком-то гостеприимны, сэр!

— Для чего вам понадобилось приезжать с Дани? — как будто не слыша, повторил Колт. — Что вам тут нужно?

В груди Гевина бушевала ярость, он уже с трудом сдерживался.

— Ну не могла же она ехать одна?! Молодой леди не годится путешествовать без спутника, да еще так далеко. — Улыбнувшись как можно добродушнее, он попытался сделать вид, что понимает беспокойство Колта и ничуть не сердится.

Резкий голос Колта прозвучал как щелканье хлыста:

— Одно дело — сопровождать Дани в поездке. Но вмешиваться в то, что вас совершенно не касается, — это совсем другое.

На лице Гевина отразилось легкое замешательство.

— Это нечестно, сэр. Я не понимаю, о чем вы говорите.

Колт выпрямился, и шпоры на сапогах чиркнули по полу. Он холодно взглянул на Гевина:

— Разве вы не пытались изображать тут хозяина, пока я был в отъезде?! Я слышал, что вы даже хотели уволить моего управляющего и поставить вместо него какого-то бродягу и все это на моем ранчо! Кто вы такой, черт бы вас побрал?!

Гевин пожал плечами, в груди его бушевала ярость, она требовала выхода, но сейчас это было невозможно — пока еще невозможно. Его время еще настанет. Улыбнувшись угодливой улыбкой, Гевин виновато промямлил:

— Мне очень жаль, вы не совсем правильно все поняли. Дани плохо разбирается в хозяйстве, поэтому я и старался помочь, как мог.

— Ваша так называемая «помощь» совершенно не требуется, — отрезал Колт. — Когда меня нет на ранчо, за все отвечает Бранч Поуп, и никто другой. И уж тем более не вы.

Сцепив руки, так чтобы не было заметно, как они дрожат, Гевин опустил глаза:

— Прошу прощения за свою оплошность, если вы настаиваете, я могу принести извинения и мистеру Поупу.

Колт небрежно отмахнулся:

— Кому нужны ваши извинения?! Послушайте, Мейсон, я требую, чтобы вы уехали. Здесь — родной дом Дани, но не ваш. Конечно, может быть, я груб, но вы можете не рассчитывать на мое гостеприимство, поскольку не заслуживаете его.

— Погодите минуту, — запротестовал Гевин. — Пока Дани здесь, я не могу уехать. Конечно, я вижу, что вам это неприятно, но по-другому быть не может.

— Дани может оставаться здесь, сколько пожелает, но если вы не намерены убраться из наших мест, можете отправляться в Силвер-Бьют. И чтобы духу вашего не было на моем ранчо!

— Давайте не будем ссориться, — взмолился Гевин. — К чему нам быть врагами? Мне ничего от вас не нужно. Но я очень привязан к Дани и не могу уехать, не убедившись, что с ней все в порядке. Подумайте, ваша нелепая неприязнь ко мне, без сомнения, огорчит и ее. Ну неужели нельзя что-нибудь придумать?! Я ведь уже сказал, что готов принести извинения за каждую оплошность, которую допустил.

Пару минут Колт молча разглядывал его. Да, он лжет, в этом нет никаких сомнений. Пытается изобразить искреннее раскаяние, а у самого камень за пазухой. И почему он так хочет остаться? Интересно, что у него на уме?

Вскочив на ноги, Гевин с протянутой для рукопожатия рукой кинулся к нему через всю комнату:

— Забудем все и станем друзьями! Больше мне ничего не надо — просто время от времени приезжать, чтобы посмотреть на Дани и убедиться, что она счастлива.

Колт не принял протянутой руки и, подождав немного, ничуть не смутившийся Гевин, пожав плечами, спрятал ее за спину.

— А что, если Дани вдруг понравится здесь и она решит остаться навсегда? — поинтересовался Колт. — Что тогда?

— Ах, ну тогда, конечно, я вернусь домой, — усмехнулся Гевин, — но, думаю, этого не случится. Дани всегда была упряма, как мул, спасибо тетушке Элейн, та безумно ее избаловала. Сейчас Дани вбила себе в голову, что ей по душе жизнь на ранчо. Конечно, ведь здесь для нее все так ново и непривычно, так не похоже на Францию. Уверяю вас, это ненадолго. Но, — с ударением произнес он, — пока она здесь, я не уеду.

— Силвер-Бьют как раз неподалеку отсюда, — поднимаясь на ноги, произнес Колт. — Дани может навещать вас, как только соскучится без вашего общества. Может быть, когда-нибудь я и приглашу вас к обеду. Когда-нибудь, я сказал, а сейчас я вас не задерживаю.

Колт широко распахнул перед своим неприятным гостем дверь и кивком указал на нее Гевину:

— Доброй ночи, Мейсон!

— Вы грубы и плохо воспитаны! — вскричал Гевин, и Колт кивнул в знак того, что вполне с ним согласен.

Тот направился было к выходу, но остановился и вызывающе бросил через плечо:

— Я собираюсь попрощаться с Дани, или, может быть, вы мне и это запретите?!

— Если это не затянется надолго! — отрезал Колт, и Гевин выскользнул из кабинета.

Прыгая через две ступеньки, он влетел по лестнице на второй этаж и ворвался к Бриане. Она испуганно подняла на него глаза и побледнела, когда Гевин, бросившись с размаху в кресло, злобно прошипел:

— Ну, этот сукин сын еще вспомнит меня!

Сейчас Гевин думал о том, в чем он никогда не признавался Бриане, о чем не знал ни один человек. Заветной его мечтой было уничтожить Колта, а заодно и всех Колтрейнов. Он должен был увидеть крах этого проклятого семейства.

Гевин мерил шагами комнату.

— Когда-нибудь я увижу, как ты будешь подыхать, — бормотал он, — и буду наслаждаться каждой минутой этого зрелища!

Бриана ничего не понимала. Зачем все это? Финансовые дела улажены, документы, по которым к ней переходили все деньги Дани, ждут только подписи, чего же еще надо Гевину? Из-за чего он так сходит с ума?

— Давай уедем, Гевин, — взмолилась она, — я больше не вынесу!

Он круто повернулся:

— Послушай, помнишь, когда-то давно я обещал рассказать тебе, что я задумал?

Зажав ладонями уши, Бриана отчаянно замотала головой. Она ничего не желала знать. Ей хотелось только одного — поскорее вернуться домой.

Схватив девушку за руки, Гевин крепко прижал ее к себе.

— Твоему брату стало хуже, — процедил он. — Я не говорил тебе об этом, потому что знал: скоро мне понадобится от тебя абсолютная покорность. — Гевин замолчал, дожидаясь, пока смысл его слов дойдет до Брианы. — Я на днях получил письмо из больницы. Если операцию не сделать в самое ближайшее время, Шарль умрет.

Бриана онемела от ужаса. Перед тем как покинуть Париж, они вместе пришли навестить Шарля, и она убедилась, что Гевин сдержал слово. Мальчика перевезли в прекрасную больницу, за ним заботливо ухаживали лучшие врачи, и было решено сделать операцию, как только Шарль немного окрепнет.

— Как же так, — в голосе девушки звучало отчаяние, — ведь ты просил их не торопиться, ты обещал, что заплатишь им, и сказал, что мне не о чем волноваться.

На его лице появилась дьявольская гримаса.

— Я не заплатил ни су, поскольку не был уверен, что ты выполнишь свою часть сделки.

Бриана вырвалась из его рук.

— Говори, что тебе от меня надо, негодяй!

В комнате раздался злобный, торжествующий смех.

— Письмо в больницу уже написано, и письмо в банк тоже, там лежат деньги, предназначенные для операции. Я отправлю их немедленно, как только ты...

— Ну, что же ты тянешь?! — закричала Бриана.

— Как только ты соблазнишь Колтрейна.

Бриане показалось, что она ослышалась. Оцепенев от ужаса, она смотрела на своего мучителя широко распахнутыми глазами.

— Ты разве забыл, что он считает меня своей сестрой?! — воскликнула она. — Неужели ты думаешь, что ему придет в голову затащить меня в постель?!

Гевин тяжело опустился в кресло и насмешливо посмотрел на стоявшую перед ним Бриану:

— Твоему так называемому «брату» сейчас не позавидуешь. Смерть дочки Боудена здорово повредила ему в глазах здешних жителей. Всем в Силвер-Бьют прекрасно известно, что именно его старик Боуден винит в гибели дочери. И не важно, действительно ли он виноват в этом, все равно на душе у него скверно. Наверняка ему приходит в голову, что он в какой-то степени виновен, да и честь его семьи оказалась запятнанной. Ты только подумай, — вскричал Гевин, восхищенный собственной изобретательностью, — что будет, если в городе станет известно, что этот ублюдок совратил собственную сестру? Кровосмешение! — Гевин закатил глаза, словно смакуя это слово. — Да он тогда на все пойдет, заплатит любые деньги, только чтобы никто не узнал об этом!

Бриана резко покачала головой:

— Ни за что!

Злобная улыбка зазмеилась по тонким губам Гевина.

— Ну тогда твой несчастный брат обречен!

Их взгляды скрестились, как клинки, один — пылающий бессильной яростью, другой — полный ядовитой злобы.

Лениво направившись к дверям, Гевин в последний раз взглянул на раздавленную отчаянием девушку и самодовольно ухмыльнулся:

— Вернусь-ка я, пожалуй, в Силвер-Бьют, тем более меня там ждут. Насколько я понимаю, стоит мне уехать, и ты сейчас же побежишь к Колту рассказать о моем коварном замысле. — Он издевательски хмыкнул. — Думаю, при этом разговоре я буду лишним. Ради твоего же благополучия надеюсь, что он не выкинет тебя на улицу посреди ночи, — впрочем, уверен: Холлистер был бы в восторге!

Гевин загнал ее в ловушку, и Бриана понимала это.

— Да, у меня нет другого выхода, но неужели ты думаешь, что Колту, благородному, порядочному человеку, придет в голову затащить в постель собственную сестру?! Неужели ты надеешься...

— Для этого есть несколько способов, дорогая, — Гевин бросил похотливый взгляд на пышную грудь девушки. — Думаю, ты понимаешь меня.

Он ушел. Бриана долго стояла, как в тумане, не видя ничего сквозь пелену слез.

Как она сейчас ненавидела себя и как мечтала о том, чтобы когда-нибудь Колту стало известно, как ей страшно и стыдно в эту минуту.

Глава 15

Оторвав глаза от книги, которую читала, Бриана незаметно бросила взгляд на Колта. Тот склонился над письменным столом, внимательно изучая финансовые отчеты, и при взгляде на него у нее перехватило дыхание. Сегодня, одетый в простую бледно-голубую рубашку и жилет из мягкой коричневой кожи, он показался ей особенно привлекательным.

День был просто чудесный, и, к удивлению Брианы, Колт неожиданно предложил ей присоединиться к нему в кабинете после обеда. Ей на минуту даже показалось, что он немного смягчился. Да, конечно, и раньше бывало, что он оттаивал, но только сегодня она получила приглашение, которое заставило сердце девушки затрепетать.

Бриана не могла отвести от него глаз и вынуждена была признать, что Колт не только хорош собой, но и чрезвычайно приятен в обращении. Он был неизменно вежлив и предупредителен с ней, часто шутил, но порой обращенный на нее холодный, неприязненный взгляд ставил Бриану в тупик.

Взяв себя в руки, девушка с трудом оторвала глаза от Колта и, откинувшись на спинку кресла, одобрительным взглядом окинула кабинет. Ей в этом доме нравилась каждая комната, и Бриана ловила себя на мысли, что не прочь познакомиться с родителями Колта. Все в этом доме дышало теплотой и любовью и было пропитано атмосферой добрых отношений и семейного счастья.

Поначалу дом показался ей великолепным дворцом. Ей, привыкшей с детских лет к нищете, приходилось все время быть начеку, чтобы какое-нибудь случайно вырвавшееся неосторожное слово не выдало ее. Бриана чувствовала себя неловко, постоянно повторяя, что должна вести себя так, как будто выросла здесь и все ей с детства знакомо и привычно. Больше всего она боялась, что ее выдадут манеры простой служанки.

И с Колтом следовало быть поосторожнее. Бриана помнила о навязанной ей роли и знала, что ей предстоит сделать, но, Боже милосердный, она с каждым днем все сильнее привязывалась к нему. Приходилось контролировать каждое слово, каждый взгляд, напоминать себе, что все это ради Шарля.

У Брианы было тяжело на душе. Колт всегда был добр к ней, даже когда хмурился. Пару дней назад она отправилась верхом, надеясь встретить его на ранчо, где клеймили скот. Бриана знала, что ковбои отогнали небольшое стадо бычков, голов пятьдесят, и Колт отправился туда, поэтому, выждав четверть часа, поскакала за ним, надеясь в душе, что у него не хватит духу отослать ее домой.

Бриана подъехала как раз в тот момент, когда Колт отдавал последние распоряжения Бранчу Поупу. Увидев, что он обернулся и недовольно разглядывает ее, Бриана попыталась обратить все в шутку:

— Ты даже не заметил, что я еду по твоим следам. Будь я индейцем, моя стрела уже давно торчала бы у тебя между лопаток!

Колт, все так же мрачно глядя на нее, ничего не ответил, и она робко спросила:

— Ты сердишься, потому что я приехала? Я... я просто хотела посмотреть, как клеймят скот.

— Твое место в доме, — буркнул он, — нечего тебе делать на ранчо. Что тебе тут понадобилось?

— И кто же может мне запретить приехать сюда, — с вызовом бросила Бриана, — особенно если половина этого ранчо — моя?

— Ты собираешься спорить со мной? — сухо поинтересовался Колт. — Ну что ж, если так...

— Это мой дом, Колт, и мне просто необходимо как можно больше знать о том, что здесь происходит, — горячо произнесла Бриана.

— И ты только сейчас вспомнила о нем! — резко проговорил Колт, и Бриана заметила, как презрительно сузились его глаза. — Ответь мне, Дани, неужели тебя не мучает совесть, что на целых четырнадцать лет ты всех нас из своей жизни?

сообразить, как ответить на это, девушка с мотала:

может ошибиться.

— Но странно, что ты осознала свою ошибку, как только отец решил разделить между нами свое состояние! Забавное совпадение, правда, Дани?

Краска стыда залила ей лицо и жаркой волной прокатилась по всему телу. Не будь дурой, одернула она себя. Ведь на самом деле она не Дани. Так чего же ей стыдиться? Но Бриана чувствовала, что вся ее нынешняя жизнь сплошной позор, и не могла не мучиться из-за этого.

Переведя взгляд на ковбоев, Бриана постаралась сделать равнодушное лицо, и Колт, вздохнув, сказал:

— Прости, если я обидел тебя, но я не умею лукавить...

Пару минут они смотрели в глаза друг другу, и затем Колт, решив, что зашел слишком далеко, или просто потому, что ему было безразлично, пригласил Бриану остаться и посмотреть, как будут клеймить скот. Когда пришло время обедать, он предложить ей присесть у костра вместе с ним и остальными пастухами. И Бриана была рада, несмотря на неприятный осадок от недавнего разговора.

После обеда, не желая еще больше раздражать его, Бриана тронула его за плечо и улыбнулась:

— Пожалуйста, не думай, что я теперь все время буду путаться у тебя под ногами.

Колт предпочел промолчать. Он подумал, почему ее прикосновение так странно взволновало его, он сам себя не узнавал все то время, что она была рядом с ним. Ему это совсем не понравилось, и в то же время давно у него не было так хорошо на душе.

Колт только коротко кивнул Бриане на прощание. Но невольно провожая взглядом девушку, он все еще чувствовал какую-то непонятную теплоту в том месте, где его коснулась ее рука, и постарался как можно скорее избавиться от этого непонятного наваждения. У него полно работы, напомнил себе Колт, и, если Дани будет мешать ему, что ж, он сумеет с этим справиться.

Бриана тоже заметила, что в ее присутствии Колт как-то странно ведет себя. Он то шутил, то вдруг неожиданно грубил или замыкался в себе. Ей иногда казалось, что она просто-напросто действует ему на нервы, и поэтому сама нервничала в его присутствии.

...Бриана очнулась от своих мыслей и, чуть заметно вздохнув, снова взглянула на Колта. Он поднял голову:

— Что-то не так?

Бриана покачала головой:

— Просто немного устала. Скоро пойду спать, поэтому хотела поблагодарить тебя за прекрасный день. Все было просто замечательно.

Колт ласково усмехнулся:

— Тебе сегодня пришлось нелегко. Как твои руки, кстати?

Бриана с беспокойством оглядела свои ладони. Хотя Колт выдал ей кожаные перчатки, ей не удалось уберечь свои руки. Несмотря на то что Бриана была служанкой, ее руки по-прежнему оставались на удивление чувствительными.

— Наверное, завтра появятся волдыри. Думаю, я от этого не умру, — улыбнулась она.

— По-моему, это была твоя идея отправиться посмотреть, как сгоняют в стадо скот? — Его глаза весело заблестели, похоже, он просто забавлялся.

Бриана покачала головой, и пышные каштановые волосы почти закрыли ей лицо.

— Все было так замечательно, у меня просто нет слов, чтобы поблагодарить тебя. Гораздо веселее, чем оставаться здесь, в доме. Мне хотелось бы почаще бывать с тобой, иначе я так и не буду знать, что происходит на ранчо.

Колт задумчиво разглядывал ее взволнованное лицо. Она пыталась приспособиться к этой жизни. Что бы он там ни думал о ней, она не забрала свои деньги и не вернулась в Париж, а осталась здесь и старалась быть такой же, как и все.

Колт почувствовал, как постепенно в его душе просыпается симпатия к ней, и почему-то это тревожило его. А ведь были минуты, мрачно признался он, когда в глубине его сердца просыпались странные желания и он почти мечтал, чтобы она не была его сестрой и между ними не было никакого родства.

Колт снова с угрюмым видом уставился в кипу документов перед ним.

Бриана забеспокоилась. Что она натворила? Может быть, он что-то заподозрил?

— В чем дело, Колт? Ты чем-то недоволен?

— Почему ты не хочешь повидаться с отцом? — вдруг с вызовом спросил Колт. — Ты бы могла приехать к нему в Париж, прежде чем отправиться в Штаты, но ведь ты почему-то не захотела. Почему?

Бриана потупилась:

— Но ведь я тебе уже объясняла. Мне надо было все как следует обдумать, разобраться в себе. А теперь я привыкла к жизни на ранчо, даже полюбила ее. Может быть, позже я и съезжу в Париж повидаться с отцом и Китти.

— Сколько еще Мейсон намерен крутиться здесь? — Ему опять удалось застать ее врасплох.

Бриана глубоко вздохнула и как можно равнодушнее пожала плечами:

— Видно, придется объяснить тебе все начистоту, Колт. Дело в том, что именно Гевин настоял, чтобы тетя Элейн позволила ему ехать со мной. Он опасался, что я передумаю возвращаться во Францию. Видишь ли, он намерен жениться на мне.

Колт коротко кивнул. Нечто подобное он и ожидал услышать.

— А ты что думаешь по этому поводу?

Бриана вздохнула, моля Бога, чтобы на ее лице отразилось не отвращение, которое она испытывала на самом деле, а лишь досада.

— Я давно ему нравлюсь, но мне это безразлично, я не собираюсь выходить за него. Я тысячу раз ему говорила об этом, но все бесполезно. — Бросив искоса взгляд на Колта, она вдохновенно продолжала: — Гевин только повторяет, что рано или поздно я полюблю его. Не хочется обижать его, поэтому я просто перестала спорить, надеясь, что со временем он и сам это поймет. Понимаешь, я совершенно уверена, что не люблю его.

Ее голос подозрительно дрогнул, и Колт сразу насторожился. В чем дело? Почему она так взволнована?

— Гевин рассказал мне, что ты велел ему убираться и не показываться на глаза без приглашения, — продолжала Бриана, и Колт опять удивился, на этот раз тому, что в ее голосе не было ни малейшего недовольства, ни обиды. — Мне хотелось, чтобы ты знал: я понимаю твои чувства. Уж мне-то хорошо известно, как он порой может вывести из себя. Это тетя Элейн его испортила.

Колт понимающе кивнул:

— Да уж, это она умеет. Я помню, в какую ведьму она превратила тебя когда-то. Как же я был счастлив, когда вы обе уехали! Ты помнишь? — И он коснулся пальцем маленького шрама под левым глазом.

Бриана понятия не имела, о чем он говорит. Она подошла ближе и нагнулась к нему, чтобы получше разглядеть старый шрам. Протянув руку, она провела пальцем по едва заметной отметине.

— Шрам, — удивилась она. — Ты хочешь сказать, что это я сделала?

Колта взволновал вид ее обнаженной груди, благо низкое декольте позволяло заглянуть довольно далеко. Сводная сестра или нет, она была чертовски соблазнительна.

От Брианы не ускользнул обжигающий взгляд, которым окинул ее Колт, и она поняла, что будит в нем желание. Девушка вспыхнула от смущения, проклиная проклятую застенчивость и привычку краснеть по любому поводу.

— Ну, говори же, — попросила она, — неужели именно я оставила тебе на память этот шрам? Наверное, поэтому ты и не хотел, чтобы я вернулась?

Колт стряхнул с себя оцепенение и постарался отодвинуться.

— Не говори глупостей, Дани. Просто я никогда не мог понять, как ты могла забыть о семье и жить без нас все эти годы. И ведь сейчас ты вернулась только из-за денег, верно?

Бриана в отчаянии отвернулась. Как ей привести в исполнение план Гевина, если Колт думает о ней такое?

— Просто пришло время изменить свою жизнь, — пробормотала она, снова усаживаясь в кресло. — Я бы во всех случаях приехала. А впрочем, не знаю. — И снова пожала плечами.

— Да, — тихо произнес Колт. — Похоже, так оно и есть.

Бриана в недоумении подняла на него глаза, не зная, что и подумать. Он снова уткнулся в свои бумаги и словно забыл о ней. Через некоторое время она окликнула его:

— Скажи, а что ты собираешься делать завтра, Колт?

По-прежнему не глядя на девушку, он коротко объяснил, что несколько его коров, отбившись от стада, поднялись в горы неподалеку от Дестри-Бьют. Завтра он и несколько его людей отправятся за ними, чтобы вернуть беглянок. Некоторые из них вот-вот должны отелиться, и поэтому опасно позволять им уходить далеко.

— До того места, куда они ушли, почти полдня езды, а в горах довольно опасно. Полным-полно койотов и ядовитых змей. Тебе лучше остаться.

— О, Колт, пожалуйста, — взмолилась Бриана, — разреши мне поехать с тобой! Это же целое приключение для меня. Обещаю, что не буду мешать. Ты же видел, я хорошо езжу верхом.

Колт выругался про себя. У нее стало навязчивой идеей увязываться за ним повсюду. Впрочем, так она быстрее поймет, что жизнь на ранчо не для нее. Ладно, пусть попробует, он не станет возражать.

Ему внезапно пришло в голову, что есть еще одна причина, по которой он хотел бы, чтобы она уехала как можно скорее. Его уже стало беспокоить то странное чувство, которое будила в нем ее близость. Еще минуту назад она стояла почти прижавшись к нему, и он видел, как при каждом вздохе вздымается ее соблазнительная грудь...

Колт потряс головой, чтобы отогнать это видение. Только этого ему сейчас недоставало — плениться собственной, хоть и сводной, но сестрой, и именно тогда, когда обстоятельства складываются не в его пользу.

— Хорошо, — устало согласился Колт, — можешь ехать с нами. Но предупреждаю тебя, Дани, это не увеселительная прогулка и там с тобой некому будет нянчиться. Будь уверена, что я не потерплю нытья и жалоб.

Бриана радостно улыбнулась:

— А разве ты когда-нибудь слышал, чтобы я жаловалась?

Колт предпочел промолчать.

— Вот увидишь, Колт, я прекрасно могу о себе позаботиться, — с вызовом сказала Бриана.

Колт по-прежнему упорно молчал.

Бриана встала и, тяжело вздохнув, подошла к нему. Легко коснувшись поцелуем его щеки, она тихо шепнула:

— Я действительно стараюсь, Колт. Я так хочу, чтобы мы стали ближе...

Отстранив ее, он встал:

— Отправляйся спать, Дани. Завтра мы выедем еще до рассвета.

Бриана понимала, что ей следовало бы обидеться, но, как ни странно, почувствовала какое-то облегчение, когда он грубо оттолкнул ее. Может быть, хотя бы теперь Гевин поймет, что его план обречен на провал, и оставит ее в покое. Ей действительно не хотелось причинять Колту вред.

Отвернувшись от него, Бриана направилась к выходу, бросив через плечо:

— Увидимся утром.

Она уже была на пороге, когда в дверь внезапно постучали. Отрываясь от бумаг, Колт раздраженно крикнул:

— Кого это черт несет? Все слуги знают, что я терпеть не могу, когда меня отрывают от дел!

— Есть очень простой способ выяснить это. — Бриана весело улыбнулась, направляясь к двери.

Молоденькая мексиканка стояла у порога, держа поднос с тарелкой пирожных и парой стаканов сока. Ее темные глаза остановились на Бриане, и она почтительно пробормотала:

— Вот все, что вы просили, сеньорита.

Бриана уже готова была сказать, что она ничего подобного не приказывала, но в этот момент девушка прошептала:

— Мне приказал сеньор Мейсон.

Бриана вздрогнула. Значит, ее прислал Гевин, а это неспроста. Что он задумал?

— Дани? Что происходит, черт возьми? — крикнул Колт, и мексиканка вошла в комнату. Поставив поднос на письменный стол перед Колтом, она почтительно улыбнулась и протянула ему стакан с соком:

— Выпейте, сеньор. Он такой вкусный и холодный, как лед. Кувшин простоял в ручье весь день.

— Хорошо, Ладида, — буркнул он. — Большое спасибо, а теперь иди. Вы обе только отвлекаете меня.

Ладида убежала, а за ней выскользнула и Бриана. Мексиканка быстро скрылась из виду, и Бриана подумала, что нет смысла разыскивать ее, решив, что чем меньше она будет знать, тем лучше.

Она медленно поднялась по лестнице в свою комнату и, открыв дверь, оцепенела от ужаса: на ее постели раскинулся Дирк Холлистер.

— Ты?! — еле выдавила она, и голос ее сорвался. — Что тебе нужно в моей комнате?

— Колтрейн выгнал меня, но ведь я работаю не на него, а на Мейсона, вот он и попросил кое-что передать тебе.

Бриана окаменела.

— Говори и убирайся. И больше чтобы ноги твоей здесь не было.

— Ах, да замолчи, Бриана! — Дирк встал. — Конечно, я приду еще, если захочу. — Он нагло ухмыльнулся. — Ладида уже обо всем позаботилась. Мы наняли ее, поняла? Она подлила кое-что ему в бокал. Когда-то она работала в салуне в Мехико, и они то и дело добавляли это «кое-что» в стаканы клиентам, чтобы те особенно не придирались к счету. Он теперь проснется только утром со страшной головной болью, не будет помнить ничего о сегодняшнем вечере и подумает, что здорово напился накануне. Дело в том, что сегодня ночью Колт не должен нам мешать...

Она бросила на него гневный взгляд.

— Скажи Гевину, что он не имеет права так поступать с Колтом. Мне это не нравится и...

— Наплевать нам на то, что тебе нравится, а что нет! — Он стремительно метнулся к ней, и словно стальные обручи стиснули ее руки. — Мейсон устал ждать, очень устал. Поняла? Он хочет, чтобы ты заманила Колта к себе в постель, и как можно быстрее!

— Это не так просто, — оправдывалась Бриана, безуспешно стараясь освободить руки. — Пожалуйста, отпусти меня, мне больно.

— Тебе будет еще больнее, если не выслушаешь, что я собираюсь сказать. — И он еще сильнее стиснул ее запястья. — Ты ведь и не пробовала по-настоящему, не так ли? Не давала ему возможности как следует разглядеть твои прелести, так ведь? Ты совсем не стараешься помочь нам, Бриана!

Он так неожиданно отпустил ее, что она чуть не упала, и шагнул в сторону.

— А теперь слушай внимательно, — холодно процедил он. — Гевин получил письмо из больницы от Шарля. Но ты даже не надейся получить его, пока Колтрейн не побывает в твоей постели.

Дирк отступил назад, упиваясь выражением отчаяния и смертельной тоски на лице Брианы. Мерзкая шлюха. Так ей и надо.

— И еще Гевин велел передать, что, если не будешь слушаться, он сделает вид, что забыл о твоем брате.

Бриана побледнела, как смерть. Ее била крупная дрожь. Он способен на это... Она не сомневалась, что Гевин на все пойдет. Так, значит, у нее нет выбора. Ослушаться Гевина значило обречь Шарля на смерть. Да, этот негодяй вполне способен выполнить свою угрозу.

— Передай, что я все сделаю, как он хочет, — прошептала она чуть слышно.

— Замечательно. И еще одно, — он уже стоял в дверях, — Мейсон хочет увидеться с тобой. Ладида снова подольет свое зелье Колтрейну, и Мейсон незаметно войдет в дом.

Бриана покачала головой:

— Нет, это невозможно, пожалуйста, я боюсь. Это очень опасно. Я не хочу, чтобы Колту причинили вред.

— Ладида знает, что делает, — ухмыльнулся Холлистер. — Тебе не о чем беспокоиться.

Он открыл дверь и выглянул в коридор.

— Когда-нибудь мы с тобой славно проведем время. Только ты и я. Я обещаю! — Дверь за ним бесшумно закрылась.

Но Бриана тоже поклялась, поклялась себе, что никогда больше не будет унижаться перед Дирком Холлистером.

Подойдя к распахнутому окну, девушка задумалась. Ночь была прекрасна, темно-фиолетовые и черные тени окутывали землю. Волшебная, таинственная пора. Бриана машинально провела ладонью по обнаженной руке. Казалось, пальцы Дирка оставили на ней грязные следы. А вот коснись ее нежные руки Колта, внезапно подумала Бриана, она бы растаяла от наслаждения.

Колт.

Она чувствовала, как могучая сила желания тянет его к ней. Даже несмотря на то что он яростно сопротивлялся, по-прежнему считая ее своей сестрой, Бриана чувствовала бушующий в нем огонь, который в любую минуту мог вырваться на поверхность и опалить ее.

А с ее стороны, да простит ее Бог, это было осознание неизбежности происходящего. И сожаление — горькое сожаление. Бриана надеялась только на то, что все закончится очень быстро и она сможет наконец вернуться домой.

И пока Бриана стояла у окна, у нее появилась мысль, что есть другой, менее мучительный путь. Если Колта чем-то опоят, и он ничего не сможет вспомнить, то она постарается его убедить, что он сделал нечто такое, чего на самом деле не совершал.

Впервые за много дней Бриана почувствовала, как перед ней блеснул луч надежды, и немного повеселела. Может быть, ей повезет и она обманет Гевина!

Глава 16

Колт был взбешен. Он проспал, что вообще было ему несвойственно, и сейчас злился сам на себя.

Когда он, одевшись и приведя себя в порядок, вышел из дома, то обнаружил, что его люди, подождав немного, решили, что он передумал искать скот, и все разъехались по своим делам. Это известие привело его еще в худшее расположение духа, так как отбившихся от стада коров нужно было вернуть как можно скорее, пока они не успели отелиться. Это означало, мрачно подумал Колт, что теперь ему придется самому заняться поисками коров, на ранчо не было никого, кто мог бы помочь ему.

Карлотта уже сварила крепкий кофе и подала Колту на завтрак вместе с яйцами и бифштексом. Но он, недовольно отпихнув от себя тарелки, только жадно выпил кофе.

— Я не вернусь к обеду, — сказал он, — может быть, вообще вернусь только через день-два. Уложи мне в мешок сухарей и немного бекона. В конце концов, я всегда смогу подстрелить себе кролика, — задумчиво добавил он.

Вдруг какая-то мысль мелькнула у него в голове, и он повернулся к экономке:

— Карлотта, а Ладида случайно не твоя родственница?

Та не на шутку встревожилась.

— Она моя племянница, сеньор Колтрейн. А почему вы спрашиваете? Она в чем-то провинилась?

Колт покачал головой, недоумевая, что это вдруг ему вспомнилась молодая мексиканка.

Зайдя в конюшню, он с удивлением обнаружил там Дани, с трудом заставил себя приветливо поздороваться и поискал взглядом своего коня.

— Я не сомневалась, что рано или поздно ты появишься и захочешь уехать как можно быстрее, поэтому решила ждать тебя здесь, — объяснила Бриана.

Колт молча кивнул, все еще не совсем придя в себя.

— Спасибо. Извини, я проспал.

Привязав мешок с припасами к луке седла, он вывел своего громадного жеребца из конюшни.

Бриана подошла к Белль. Ей было лучше, чем кому бы то ни было, известно, почему он проспал. Сегодня утром ей удалось отыскать Ладиду, которая была только счастлива похвастаться своим умением составлять сонное питье. Она объяснила, что готовит его из сухих грибов, и заметила, как важно при этом не ошибиться в пропорциях.

— Если влить его больше, чем нужно, человека будут мучить кошмары или видения. А когда проснется, то будет чувствовать себя просто ужасно и может забеспокоиться, с чего бы это. Но вчера я сделала все очень аккуратно, и когда молодой сеньор проснется, он будет просто немного усталым, что ли.

— А это не опасно? — забеспокоилась Бриана.

Ладида покачала головой:

— Нет, если вы только знаете, зачем вы это делаете. То количество, что я дала ему вчера, совершенно безопасно. — Она горделиво вздернула подбородок.

Бриане очень не хотелось иметь дело с этой девушкой, но ведь она служила Гевину, так что выбора у Брианы не было.

Она со страхом взглянула на маленький пакетик, который Ладида вытащила из кармана.

— Все, что от вас требуется, это всыпать его содержимое в стакан. Жидкость обязательно станет чуть слаще, так что помните об этом и добавьте только к чему-то сладкому, иначе сеньор заметит. Сначала это поможет ему расслабиться, потом он почувствует сильную усталость, глаза закроются сами собой, и вы сможете делать все, что захотите.

Пробормотав неразборчиво пару благодарственных слов, Бриана поспешила в конюшню, чтобы успеть оседлать свою лошадь.

Выводя Белль, она окликнула Колта:

— Подожди! Ты разве не понял, я еду с тобой.

Колт перекинул поводья через шею коня и повернулся к ней:

— Нет, Дани, только не сегодня. Сегодня мне придется ехать одному, а если я буду искать коров, то у меня не будет ни времени, ни сил следить за тобой.

— А зачем за мной следить? — вспыхнула Бриана. — Я вполне способна сама о себе позаботиться. Да и тебе может понадобиться чья-то помощь.

— Помощь — да! — сказал он раздраженно. — Но не общество светской барышни, которая будет ныть и жаловаться, что солнце напекло ей голову. Дани, послушай, у меня нет времени возиться с тобой. Сегодня оставайся дома.

— И не мечтай. Я имею право ездить туда, куда пожелаю. И хочу напомнить, что половина этих заблудившихся коров — моя, хочешь ты этого или нет.

Эта перепалка вряд ли поднимет ему настроение, мрачно подумала Бриана, но у нее не было времени ждать, пока он сменит гнев на милость. Письмо от Шарля не выходило у нее из головы. Приходилось повиноваться приказам Гевина — и быстро.

Колт был не в том состоянии, чтобы спорить. Время летело, а ведь он хотел выехать еще на рассвете.

— Нет, черт возьми, ты будешь только мешать!

Бриана тронула шпорами лошадь и очутилась рядом с Колтом. Упрямо вздернув подбородок, она бросила ему в лицо:

— Не смей указывать, что мне делать! Я здесь такая же хозяйка, как и ты, так что давай прекратим этот бессмысленный спор и поедем.

Нетерпеливым жестом отбросив за спину растрепавшуюся гриву рыжевато-каштановых волос, она дала шпоры лошади, и Белль рванулась с места галопом. Ей не было нужды оглядываться, чтобы понять, что Колт мчится за ней по пятам, — грохот копыт Педро, скакавшего за ней, эхом разносился вокруг.

Они молча ехали на северо-запад. День был прекрасен, над ними куполом раскинулось бескрайнее небо, такое же ослепительно голубое, как и нежно любимое Брианой Средиземное море, по которому она тосковала. Лишь изредка белые барашки облаков оживляли сияющую синеву над головой, чтобы сразу же исчезнуть за горизонтом.

Бриана повернулась в седле и бросила на Колта умоляющий взгляд:

— Не сердись, Колт! Я на самом деле не хочу ссориться с тобой.

Она жалобно смотрела на него, ожидая ответа, но он молчал. Тяжело вздохнув, Бриана отвернулась, решив оставить его в покое.

А Колт в это время недовольным взглядом уставился на спину ехавшей впереди девушки, наблюдая, как ее упругие, женственно округлые бедра мягко раскачиваются в такт движениям кобылы. Внезапно возникло острое чувство вины, и Колт отвел глаза. Проклятие, ведь это же его сестра, и все же один вид этих стройных бедер, вызывающе обтянутых мужскими брюками, заставлял его содрогаться от жгучего желания. Наверное, дело вовсе не в Дани, подумал он, невольно стараясь оправдать себя. Просто он давно не спал с женщиной. Вот съездит на пару дней в город — и все сразу изменится.

В Силвер-Стар есть одна красотка с огненными волосами, которая сможет на пару часов заставить его забыть обо всем. К тому же она вовсе не была продажна. Просто Дерита не могла отказать мужчине, который мог утолить ее страсть, ну а если к тому же он не забывал оставить ей несколько долларов на ночном столике — что ж, тем лучше. А если нет — Дерита не сердилась.

Она дарила мужчинам свою любовь легко, даже не задумываясь о том, чтобы загнать их в ловушку брака.

Колт мрачно напомнил себе, что очень часто он ошибался в женщинах, особенно в последнее время, и, стиснув зубы, угрюмо поклялся, что больше ни одной из них не удастся одурачить его.

Они долго еще скакали молча, каждый погрузившись в собственные невеселые мысли, до тех пор пока не оказались почти у самых отрогов скал у подножия Дестри-Бьют. Подняв голову, Бриана окинула изумленным взором узенькую тропу, круто уходившую вверх, прямо к пламенеющей вершине.

— Это невозможно, — выдохнула она, — коровам никогда туда не взобраться. Почему ты решил, что они именно там?

— Я этого не говорил, — недовольно огрызнулся Колт и указал на небольшую расщелину вдалеке, которая вела, казалось, в самое сердце горы. — Вон они где. Это одна из самых больших гор в этих местах, расщелина перейдет в ущелье, а за ним лежит большой каньон. В самом широком месте он достигает четверти мили, но потом резко сужается и упирается в глухую скалу, выхода из него нет. Коровы вполне могли забрести в него, когда искали место, где спокойно отелиться. Туда же забредают рыси и койоты, когда охотятся, — мстительно добавил он.

— Я не боюсь, — с вызовом бросила Бриана.

— Ну если так, — кивнул Колт, — тогда оставайся здесь, а я поднимусь в каньон и, если коровы там, погоню их к тебе.

— Нет, нет, я еду с тобой! — немедленно передумала Бриана.

Колт усмехнулся:

— Тогда поехали, но только, черт возьми, не путайся у меня под ногами!

Она послушно поскакала за ним, опасливо озираясь вокруг, пока они пробирались по узкой расщелине. Подняв глаза, Бриана увидела сужающиеся над головой мрачные отроги скал, почти закрывшие небо, и с содроганием подумала, какие ужасные создания могли подкарауливать их там.

У входа в каньон они спешились, и Бриана не смогла сдержать восторженного возгласа при виде открывшейся перед ней прелестной картины. Казалось, она вдруг очутилась в тропическом лесу, где буйная зелень деревьев сливалась с поднимавшейся выше колен сочной травой.

— О Боже, какая красота! — прошептала девушка, вдыхая полной грудью чистый ароматный воздух.

Колт стянул с плеча винчестер и молча протянул ей. Бриана испуганно отшатнулась:

— Для чего он мне?

— Возьми, — коротко велел он.

Бриана замотала головой:

— Не хочу!

Колт в отчаянии закрыл глаза и тихо застонал. Женщины, черт бы их побрал! Сплошная морока с ними.

— Возьми, Дани. Мне придется уехать, и ты на какое-то время останешься одна. Я боюсь оставлять тебя безоружной, ведь в таком месте можно столкнуться с кем угодно.

Бриана никогда в жизни не держала в руках оружия и, уж конечно, никогда не стреляла. Поэтому она боялась даже прикоснуться к винчестеру.

— И не подумаю. Пусть он лучше побудет у тебя. Если меня кто-то напугает, я закричу так, что ты услышишь и вернешься.

Ее страх перед огнестрельным оружием показался Колту забавным, и ему стоило большого труда сдержать усмешку.

— Напрасно отказываешься, он тебе может пригодиться.

— Не пригодится, — строптиво буркнула Бриана.

Колт бесшумно направился к густым зарослям. Не успел он сделать и нескольких шагов, как что-то привлекло его внимание. Нагнувшись, Колт заметил высовывающееся из-за куста копыто. Опустившись на колени, он раздвинул ветки — ему в нос ударил омерзительный запах смерти и разложения. Это была одна из его коров, и она погибла, еще не успев отелиться. Но что же произошло? Укус змеи или голод?

— Колт, я чувствую какой-то очень неприятный запах.

— Это мертвая корова, Дани. — Голос его прозвучал безжизненно, и Колт направился дальше.

Примерно ярдов через двадцать он обнаружил еще одну мертвую корову. Предчувствие чего-то ужасного пробежало холодком по спине. Как он сейчас жалел, что не подождал до следующего дня, чтобы взять с собой кого-то из ковбоев. Что-то ведь убило этих животных, трупы их уже начали разлагаться, причем было заметно, что к ним никто не притронулся. Не было никаких следов того, что их убили ради пропитания, но если так, тогда кому это понадобилось?

Колт осторожно осмотрелся кругом, опасаясь, что попал в змеиное гнездо. Он боялся услышать легкий шорох и слабое посвистывание, какое бывает возле гнезда випер — чрезвычайно ядовитых небольших змей, но вокруг все было тихо, он слышал лишь собственное дыхание и легкий шум ветра.

Колт снова пустился в путь и через несколько секунд замер как вкопанный: в двух шагах от него лежало тело койота, сведенное ужасной судорогой боли и казавшееся скрученной и брошенной тряпкой. Пасть была широко открыта, как будто из нее только что вырвался предсмертный вой ужаса.

В зловещей тишине Колт явственно ощутил холодное дыхание смерти, витавшее над Дестри-Бьют. Инстинкт, уже не раз прежде выручавший Колта, подсказывал ему взять Дани и как можно скорее убираться из проклятого места.

Что-то заставило его обернуться. Он смотрел прямо в неподвижные, как стекляшки, глаза еще одного койота, возможно, родного брата того, что лежал мертвый невдалеке. «Как это я его раньше не заметил», — мелькнуло у Колта в голове при виде открытой пасти и бегущей из нее тоненькой струйки слюны. Желтоватые огромные клыки были оскалены и густо покрыты пеной.

Нетвердой походкой, чуть покачиваясь на подгибающихся ногах, койот направился к Колту, и тот, моментально сообразив, в чем дело, потянулся за оружием.

Зверь прыгнул вперед, и Колт едва успел отскочить в сторону, но, больно ударившись локтем о выступ скалы, он выпустил из рук револьвер. Койот тем временем приближался к Колту со всей быстротой, на какую только было способно его слабеющее тело. А Колт в это время почувствовал, как земля с противным чавканьем уходит у него из-под ног и он падает куда-то вниз с высоты не менее шести футов. Понимая, что подняться не хватит сил, он крикнул изо всех сил:

— Стреляй, Дани, хватай винчестер и стреляй!

Колт судорожно пытался нащупать рукоятку второго револьвера, но тот, похоже, во время падения выпал из кобуры. Беспомощно взглянув вверх, он заметил над собой припавшего к земле койота, готового вцепиться ему в горло.

Колт знал, что тот может прыгнуть в любой момент. Конечно, он сбросит его, может быть, даже убьет камнем, так как зверь, похоже, едва держится на ногах от слабости, не это было самое страшное. Колт боялся другого. Теперь он знал, как погибли его коровы и другой койот, понимал, что за безумный убийца подстерегал его в зарослях.

Бешенство.

Нет никаких сомнений, это было бешенство. Больное животное бродило по каньону и, наткнувшись на его скот, перекусало коров.

Сколько же их еще там, в густых зарослях, и кто поджидает его — койоты, дикие кошки? Или летучие мыши? А что будет, если больные животные вырвутся из этого укромного уголка и, чего доброго, разбегутся по прерии, уничтожая все на своем пути? Что будет тогда?! Начнется целая эпидемия — волки, скунсы, может быть, еноты. Многие, не помня себя, начнут нападать на людей, и те будут умирать в страшных муках, ведь от бешенства нет спасения.

Койот уставился на Колта странно неподвижным взглядом, от слабости и боли его шатало. Жалобный звук, напоминавший стон, вырвался у животного.

— Дани, Бога ради, стреляй!

Бриана в это время с трудом вытащила винчестер из приторóченного к седлу чехла и что было сил кинулась через кусты к тому месту, откуда до нее донесся отчаянный крик Колта. Увидев готового в любую минуту прыгнуть койота, она одним рывком вскинула винчестер. Койот не шевельнулся — казалось, он вообще не подозревал о ее существовании.

Чуть повернув голову в ее сторону, Колт прошептал едва слышно:

— Подойди ближе, Дани. Только старайся не напугать его. Целься в туловище. Туда ты попадешь наверняка, а в голову вряд ли. У тебя есть только один выстрел. Если промахнешься, он может броситься.

У Брианы судорогой страха сдавило горло. Еще никогда в жизни ей не приходилось не только стрелять, но даже держать в руках оружие. Что, если она действительно промахнется?!

Губы у нее жалобно задрожали, и из груди вырвалось рыдание:

— Я не могу...

Краем глаза Колт заметил, как койот неловко шагнул вперед, спина его напряглась, и, выгнувшись дугой, зверь припал к земле.

— Стреляй, черт тебя побери! — завопил что было мочи Колт. — Дани! Подними винчестер и спусти курок! Сейчас же!

Казалось, прошла целая вечность, пока она нащупала холодный спусковой крючок и потянула за него. Грянул оглушительный выстрел, и несколько раз эхом прокатился под сводами ущелья.

Приклад с силой ударил ей в плечо и отбросил назад. Через секунду до нее донесся ликующий вопль Колта:

— Ты попала, Дани! Черт побери, ты пристрелила его!

Отбросив в сторону проклятый винчестер, Бриана кинулась к тому месту, где лежал Колт, прыгая с камня на камень, пока не спустилась по склону.

Колт ринулся ей навстречу. Подхватив испуганную девушку, он крепко прижал ее к груди.

— Бешенство, — прошептал он, совершенно не замечая, что его бьет крупная дрожь. Никогда прежде он не сталкивался со смертью так близко. — Любой, кого укусит бешеное животное, обречен умереть в страшных муках, как эти несчастные коровы.

Она ничего не поняла, но решила, что позже еще будет время расспросить его. А теперь ей вполне хватало того, что он с такой страстью прижимал ее к себе.

Крепко обхватив ее руками, он заглянул Бриане в глаза:

— Большинство женщин на твоем месте просто упали бы в обморок. Боже мой, ведь ты даже оружия в руках никогда не держала, и тем не менее спасла мне жизнь. Я никогда этого не забуду! — Нежно поцеловав ее в щеку, он широко улыбнулся: — Сегодня мы обязательно это отпразднуем. А сейчас, — Колт нахмурился, — придется устроить пожар и непременно сжечь все трупы, иначе зараза может распространиться. А потом вернемся на ранчо, поднимем ковбоев и пошлем оповестить соседей, что в наших местах появилось бешеное животное.

Выпустив ее, он повернулся и стал собирать сучья и сухие ветки, собираясь поджечь их. Бриана, поколебавшись немного, принялась помогать ему. Когда первые огненные языки вырвались из огромной кучи сухостоя и сноп искр взметнулся к небу, Бриана, словно очнувшись от сна, вдруг поняла, что хочет этого человека с неведомой ей дотоле силой. Если бы только она могла принадлежать ему, а он ей — если бы между ними не стояло предательство!

Глава 17

Было уже довольно поздно, когда усталые Колт и Бриана вернулись на ранчо. Слуги разошлись, поэтому Колт объявил, что праздничный ужин придется отложить до следующего вечера.

Бриана, страстно мечтая о том, чтобы между ними как можно дольше сохранилась так внезапно возникшая атмосфера дружеской теплоты и доверия, задержала его.

— Послушай, я умею неплохо готовить, так что если ты не против, я могу что-нибудь сделать на скорую руку, пока ты будешь разговаривать с Бранчем.

— Ты умеешь готовить? — удивился Колт. — А мне-то казалось, ты привыкла, что за тебя все делают слуги. — Он с любопытством взглянул на нее.

Бриана поспешно отвернулась, чтобы он случайно не заметил виноватого выражения на ее лице. Еще бы она не умела готовить — простая служанка!

— Я научилась готовить от скуки, — нервно поведя плечами, произнесла она. — Ты же понимаешь, не так уж много дел у меня было. Тетя Элейн до сих пор об этом не знает. Она бы мне никогда не позволила, потому что...

Господи, почему ее голос так дрожит?!

«Потому что ты не та, за кого себя выдаешь! — крикнула она про себя. — Тебе не дает покоя мысль о том, что ты предаешь его!»

Бриана почти бегом кинулась к дому, присутствие Колта вдруг отозвалось в ней нестерпимой болью. У заднего крыльца всегда висел фонарь, и она, нащупав коробок спичек, зажгла его и осторожно направилась через темный двор к погребу, где на льду хранились припасы.

Ледник был сложен из расколотых пополам громадных бревен и казался довольно просторным. Подперев колышком дверь, чтобы не дать ей захлопнуться, Бриана спустилась вниз по ступенькам, сморщившись от затхлого запаха гниющей древесины.

Девушка выбрала все, что ей могло понадобиться, и торопливо направилась к дому. Поспешно приготовив ужин, Бриана отнесла его в кабинет, решив про себя, что так получится гораздо интимнее, чем если бы она накрыла как обычно, в столовой.

Поставив на стол пару зажженных свечей, она сбегала на кухню, где в большой нише было нечто вроде винного погреба. Выбрав бутылку легкого белого вина, Бриана заколебалась и, подумав немного, поставила ее на прежнее место. Ладида сказала, что сонное питье надо добавлять к чему-то сладкому.

Бриана опрометью кинулась опять в погреб, где она заметила бутылку сладкого ликера. Он был сделан из белого вина с добавкой черносмородинного сиропа, и его разрешалось использовать только в особых случаях. Ну что же, усмехнулась она про себя, нынешнюю ночь, если все пойдет, как она задумала, трудно будет назвать обычной.

Возвращаясь домой, чтобы подготовиться к интимному ужину с сыном преуспевающего владельца ранчо, Бриана впервые подумала, уж не снится ли ей все это.

Ей было всего двенадцать, а Шарлю не больше трех, когда семья переехала из Ниццы в Монако, где отцу удалось получить место управляющего в поместье де Бонне. Первое время Бриана ужасно тосковала, она скучала по своей подружке Элизе, ей гораздо больше нравилось поместье Андрэ, где отец тоже был управляющим. Оно не было так велико, как поместье де Бонне, но месье и мадам Андрэ были в тысячу раз приятнее, а домик, который занимала семья управляющего, — милым и уютным. Правда, он не принадлежал им целиком, но зато там было много других детей, с которыми дружили Бриана и Шарль, да и их родители были тогда намного счастливее. Бриана скучала по Ницце, после нее Монако казался ей чопорным и холодным.

Она тяжело вздохнула, вспомнив, как ужасно прошел день рождения Шарля, которому исполнилось пять лет. Тогда они уже жили в поместье де Бонне. Граф велел отцу подыскать нескольких садовников для работы в поместье, троих или даже четырех, у него появилась идея разбить возле дома новый цветник. Весь день отец искал подходящих людей, а когда вернулся домой и увидел красиво накрытый стол и праздничный пирог, то по его растерянному лицу Бриана поняла, что, захлопотавшись, он совсем забыл о сыне. Бедный отец! С тех пор как они уехали из Ниццы, у него не было ни минуты покоя. Так он и умер — как загнанная лошадь.

Конечно, с калекой-братом на руках ей придется нелегко, но она не позволит загнать себя до смерти, как это случилось с отцом...

Стол был красиво накрыт, бутылка вина, завернутая в холодную мокрую салфетку, остывала в серебряном ведерке, и Бриана поспешила в свою комнату, чтобы успеть к приходу Колта принять ванну и переодеться.

Ей пришло в голову надеть платье, которое особенно нравилось Дани, из нежно-розового атласа, изящно отделанное бельгийскими кружевами. Худенькую фигурку Дани задрапированный свободными складками корсаж только чуть обрисовывал. Но на Бриане платье, как обычно, туго натянулось, вызывающе подчеркивая круто изогнутые женственные бедра и пышную упругую грудь. Будь это обычный обед, Бриана ни за что не решилась бы надеть его, тем более что вырез казался ей гораздо более смелым, чем допускали правила приличия. Подойдя к большому зеркалу, она смущенно вспыхнула, заметив, как при каждом шаге мягко колышется грудь.

Бриана нетерпеливо откинула с лица пышные рыжевато-каштановые волосы и, пригладив их щеткой, перевязала на затылке широкой белой лентой. У порога девушка помедлила. Господи, неужели она решится на такую подлость по отношению к Колту?!

Вдруг кое-что пришло ей в голову, и, спустившись в кабинет, Бриана открыла дверцу небольшого бара. Вытащив початую бутылку виски и налив немного в стакан, она залпом выпила обжигающую жидкость и раскашлялась до слез. Господи, ну кому под силу пить такую гадость?! Вино было гораздо приятнее, но сейчас Бриане требовалось что-нибудь покрепче.

Вошедший через несколько минут Колт нашел Бриану, замершую от восхищения перед большим портретом Китти.

— По-моему, трудно представить себе более прекрасную женщину, — тихо, с благоговением произнес он за спиной девушки.

Бриана вздрогнула.

— Да, я очень жалею, что никогда не... — И испуганно осеклась. Господи, о чем она только думает?! Чуть было не проговорилась, что никогда в жизни не видела Китти Колтрейн! Слава Богу, что хоть виски еще не успело ударить в голову и она вовремя остановилась. — ...не была с ней близка в детстве, — чуть смущенно добавила Бриана.

Она повернулась к нему и мягко коснулась руки — родственный и в то же время чрезвычайно интимный жест. Подойдя поближе, так что нежные полушария великолепной груди оказались у него перед глазами, она подняла глаза:

— Я сама виновата. Если бы не мое упрямство и дурной нрав, я могла бы дольше прожить с твоей матерью. Похоже, мне не повезло. Правда, — помолчав, добавила Бриана, — я навсегда запомнила, какой красавицей она тогда была, да и сейчас осталась, насколько я могу судить.

Колт радостно рассмеялся, ему польстило ее искреннее восхищение. Да нет, похоже, он все-таки ошибался, и она вовсе не такая эгоистичная, бесчувственная девица, какой показалась ему вначале. Если бы его еще так не возбуждало прикосновение этих тонких пальцев!

Аромат ее духов, свежее дыхание на его щеке, дурманящая близость роскошного тела — нет, ему нужно срочно выпить, и чего-нибудь покрепче.

Отперев бар, он вытащил ту же бутылку виски и задумчиво взвесил ее в руке — ему показалось, что накануне вечером, когда он видел ее в последний раз, она была гораздо полнее.

Бриана лукаво улыбнулась ему, и Колт с удивлением заметил необычно яркий блеск ее глаз.

Он расхохотался. Несомненно, она уже успела выпить перед его приходом!

— Ну конечно, сегодня ты у нас героиня дня, — на лице Колта вспыхнула восхищенная улыбка, — даже никто из моих людей не поверил мне, когда я рассказал, как ты спасла мне жизнь.

— Случайная удача! — пошутила она и обратилась к Колту: — Будь так любезен, принеси жаркое из печи. Если бы у меня было побольше времени, я бы приготовила что-нибудь получше, но сегодня придется довольствоваться этим.

Колт кивнул и через минуту появился на пороге с огромным блюдом, от которого аппетитно пахло.

— Дани, да это же просто замечательно!

Они сели за стол, и Бриана потянулась за ликером. Колт удивленно поднял бровь:

— Что это тебе пришло в голову принести именно его? Он ведь жутко сладкий. Мне кажется, отец открывал его только на Рождество или День Благодарения.

Бриана равнодушно пожала плечами, стараясь не выдать своего волнения.

— Но, Колт, сегодня же у нас праздник, а ликер такой вкусный! Я его просто обожаю!

На самом деле она терпеть не могла сладкие вина, но ведь она и выбрала его только потому, что его приторный вкус делал незаметным присутствие снотворного.

Колт сдался и протянул ей свой бокал:

— Только, пожалуйста, немного. Я все-таки предпочитаю виски.

Бриана нерешительно замялась. Что будет с Колтом, не опасна ли будет подобная смесь? Она произнесла про себя молитву, ведь изменить что-то было уже не в ее власти.

Они с аппетитом принялись за еду, и Колт объявил, что утром первым делом пошлет своих людей к соседям сообщить о бешеных койотах в Дестри-Бьют. Возможно, одно из зараженных животных успело-таки выбраться из каньона и перенести ужасную болезнь достаточно далеко.

У Брианы мурашки поползли по спине, когда она вспомнила оскаленную пасть с желтыми клыками и стекающей пеной, и она со страхом спросила:

— А ты видел когда-нибудь человека, укушенного бешеным зверем?

— Да, это ужасное зрелище! — мрачно кивнул Колт, и лицо его потемнело. — И от бешенства нет спасения, только смерть.

Бриана, желая отвлечь его от тяжелых воспоминаний, потянулась за бутылкой виски.

— Давай поговорим о чем-нибудь более приятном, хорошо? — предложила она, налив себе немного.

— А мне показалось, тебе понравился ликер, — удивился Колт.

— Ну конечно, — небрежно кивнула она, — но ведь его можно пить только понемногу. Да и потом уж очень он все-таки сладкий.

Колт не возражал и охотно наполнил свой бокал.

Бриана почувствовала, как комната постепенно начинает кружиться у нее перед глазами, виски с непривычки ударило ей в голову. Взглянув на Колта, она заметила, что он тоже как будто бы немного расслабился.

Покончив с ужином и захватив с собой бокалы, они перебрались на диван возле камина. Ночь была теплой, но Колт предпочел развести огонь, оставив открытыми двери во внутренний дворик, и легкий ночной ветерок освежал их разгоряченные лица.

Бриана бросила через плечо встревоженный взгляд на бутылку со сладким ликером, оставшуюся на столе. Во что бы то ни стало надо заставить Колта выпить этот проклятый ликер. Она видела, что он лишь пригубил свой бокал, но этого явно было недостаточно. Ведь необходимо, чтобы он полностью отключился, иначе ее затея не сработает.

А в это время Колт, сидя рядом с ней, наслаждался ощущением покоя и радовался, что может просто находиться рядом с женщиной, не испытывая при этом мучительного желания. Сам не зная как, он рассказал ей горестную историю Шарлин, признавшись, что до сих пор винит себя в ее гибели, и Бриана возмущенно запротестовала:

— Господи, да при чем же здесь ты, Колт?! Даже и не думай об этом!

Протянув руку, она ласково разгладила кончиком пальца нахмуренную бровь, отбросила со лба прядь непослушных иссиня-черных густых волос. Придвинувшись почти вплотную, она почувствовала, как он с трудом перевел дыхание. Его глаза сузились и потемнели, загоревшись желанием. Бриана поняла, что подходящий момент настал.

Колт неловко отодвинулся.

— Послушай, наверное, я не должен был рассказывать, все-таки это касается только меня. — Он глубоко вздохнул. — И потом все уже позади. У меня сейчас такое чувство, словно я наконец вырвался на свободу.

Бриана сжала его ладонь. Она больше не колебалась, понимая, что это неизбежно должно случиться — сейчас или никогда. Обвив руками его шею, девушка подарила ему жгучий поцелуй.

Слишком ошеломленный, чтобы воспротивиться, Колт жадно впился в ее рот, и горячая волна желания захлестнула обоих. Пламя страсти полыхнуло и замкнуло их огненным кольцом.

Прижавшись к его горячему мускулистому телу, Бриана застонала, почувствовав руки Колта на своей груди, чуть прикрытой тонкой шелковистой тканью. Губы их раскрылись, языки жарко сплелись, и поцелуй, жгучий и страстный, соединил их.

В следующую минуту Бриана упала на диван, не разжимая кольца рук и увлекая за собой Колта. Она чувствовала, как его ладони осторожно стянули вниз тесный корсаж и стиснули обнажившиеся белоснежные груди. Никогда ни один мужчина не касался их, и у Брианы внезапно сладостной судорогой перехватило горло, когда она представила, как он сожмет в губах похожий на спелую вишню сосок.

Ее бедра ритмично задвигались под ним, и Бриана поразилась мощи охватившего ее желания, которое терзало ее тело, требуя удовлетворения. Никогда в жизни не испытывала она ничего подобного.

Колт с трудом оторвался от ее губ, и в пламени камина она увидела, как он пожирает ее безумным, пылающим страстью взглядом.

Внезапно Бриана похолодела, сообразив, какой оборот принимает дело. Если сейчас он пожелает овладеть ею, она не сможет отказать ему, у нее просто не хватит сил. Да и потом, от этого зависит жизнь Шарля и, возможно, ее собственная. Все, на что она рассчитывала по своей наивности, это возбудить в нем желание, а потом, положившись на силу снотворного, поскорее исчезнуть.

— О Боже, нет!

Колт издал сдавленный стон и отскочил от нее, стиснув голову дрожащими руками.

— Господи, нет! Моя сестра, будь я проклят, моя собственная сестра!

Бриана бросилась к нему:

— Колт, умоляю, не отворачивайся от меня!

Она взяла со стола бутылку с ликером и наполнила его бокал до краев. Сможет ли она уговорить его выпить? Обернувшись, она с раскаянием встретила взгляд его широко распахнутых, растерянных глаз.

— Ты сошла с ума, Дани? Что ты говоришь? Мы не можем...

Никогда в жизни ей не приходилось еще видеть такого страдания на лице человека. И она возненавидела себя. Колт ничем не заслужил таких испытаний.

Жгучая мысль, словно отравленная стрела, пронзила ее измученную душу.

Она полюбила его.

Отчаяние потрясло Бриану. Она никогда не испытывала ничего подобного. Как же она сможет довести до конца свой подлый, мерзкий замысел и разбить сердце человека, которого любит?

Сделав над собой сверхчеловеческое усилие, она постаралась подойти к нему как ни в чем не бывало. Протянув полный бокал, Бриана улыбнулась:

— Все позади, Колт. Будем считать, что никто не виноват. Это никогда не повторится, а теперь давай выпьем и пожелаем друг другу доброй ночи!

Его лицо немного посветлело. Действительно, подумал Колт, все уже позади. Теперь нет смысла ужасаться тому, что могло произойти, он вовремя остановился.

— Ты права, — с облегчением согласился он, — давай попрощаемся и постараемся поскорее забыть об этом.

Залпом выпив до дна свой бокал, он забрал у нее из рук бутылку и, снова наполнив его доверху, выпил, как будто его мучила жажда.

Глава 18

Пожелав Колту доброй ночи, Бриана тихонько выскользнула из кабинета. Через какое-то время она услышала на лестнице шаги и поняла, что он поднялся к себе в комнату. Прождав почти час, она осторожно прокралась в его спальню и обнаружила Колта лежащим поперек кровати. Он рухнул, как и был, одетым, и сейчас спал мертвым сном, тяжело дыша. Снотворное подействовало сильнее, чем она рассчитывала. Вытащив из-под тяжелого беспомощного тела покрывало и кое-как разобрав постель, Бриана принялась осторожно раздевать его, лихорадочно расстегивая пуговицы на рубашке и стягивая жилет. Колт что-то пробормотал.

Покончив с жилетом, Бриана протянула было руку, чтобы расстегнуть пояс на брюках, но вдруг, отдернув ее, вспыхнула и заколебалась. Сердце бешено застучало в груди. Боже милостивый, ведь сейчас ей придется увидеть его полностью обнаженным!

Но времени на колебания уже не оставалось. Она должна покончить с этим. Стараясь глядеть в сторону,

Бриана стянула с него брюки вместе с бельем. Теперь Колт остался лежать перед ней совершенно обнаженный.

И только тогда Бриана осмелилась взглянуть на него — ее робкий взгляд скользнул по его великолепно вылепленному телу. Она, конечно же, по своей неопытности не могла сравнить его с другими мужчинами, но и без этого поняла, что видит перед собой образец мужской красоты.

Бриана хотела было отвернуться, но румянец заиграл на ее щеках, когда она призналась себе, что ей приятно смотреть на него, обнаженного, приятно видеть его мужское достоинство, и при этой мысли жаркая волна охватила ее тело и растаяла внизу живота. Бриана протянула руку и осторожно коснулась мускулистого тела.

Колт пошевелился и слегка застонал, и Бриана испуганно отскочила. Ее снова затрясло при мысли, что придется сейчас раздеться самой и обнаженной забраться в постель к Колту, да еще пролежать рядом с ним до утра.

Постаравшись взять себя в руки, Бриана подумала, что лучше было бы, если бы он заснул в ее постели, ведь вряд ли он утром так легко поверит, что она охотно пришла к нему сама. А проснувшись в ее комнате, Колт не усомнится, что ночью сам ввалился к ней в спальню и насильно овладел ею. Она поколебалась, но потом махнула рукой — вряд ли у нее хватило бы сил, чтобы перетащить его.

Сбросив с себя одежду, она, дрожа, осторожно вытянулась возле него. Стараясь не касаться горячего мужского тела, Бриана с бешено колотящимся сердцем тихо лежала рядом, с нетерпением ожидая, когда настанет утро.

Девушка погасила стоящую возле постели лампу, и комната погрузилась в темноту. Нестерпимо медленно тянулась ночь. Бриана изо всех сил старалась не думать о том, что ей пришлось сделать и через что еще придется пройти.

Она заставила себя вспомнить о Шарле. Как прекрасно будет вернуться наконец к нему. Они будут жить вдвоем, и когда-нибудь он, возможно, начнет ходить.

Думай о будущем, глупая, приказала она себе.

С теми деньгами, которые обещал ей Гевин, она сможет снять комнату, и они поселятся там вместе с Шарлем. Ей бы хотелось остаться в Париже навсегда. Шарль все время будет под присмотром врачей, и она сможет найти работу.

Бриана устало опустилась на подушки и закрыла глаза, ожидая рассвета.

Колт проснулся оттого, что у него зверски разболелась голова. Еще не открыв глаза, он уже знал, каким испытанием будет просто встать с постели. Опять он напился, уже во второй раз. В голове стучали тысячи крохотных молоточков, а горло саднило, будто посыпанное солью.

Он попытался было потянуться, чуть размять затекшее за ночь тело. Подняв левую руку, он с удивлением почувствовал, что правую что-то удерживает.

Кое-как открыв глаза, Колт с трудом сел и, вздрогнув, рывком вытащил руку, на которой покоилась головка Дани.

— Боже, только не это! — в отчаянии застонал он. Бриана зарылась лицом в подушки.

Колт одним прыжком соскочил с постели и, заметив свою наготу, диким взглядом обвел комнату, разыскивая брюки. Кое-как натянув их, он оглядывался в поисках остальной одежды, испуганно бормоча:

— Нет, нет, это невозможно — мы не могли...

Колт не мог прийти в себя от ужаса перед тем, что произошло, и не осмеливался поднять на Дани глаза.

— Скажи мне, — умоляюще произнес он дрогнувшим голосом, — скажи мне, что этого не случилось.

— Это случилось! — Отчаянный крик Брианы словно ножом полоснул Колта.

— Ты попросил меня подняться к тебе в комнату, — шепотом произнесла она, пряча лицо в подушки и стараясь не встречаться с ним взглядом. — А потом ты принялся целовать меня и так... так все и произошло... — И искренние слезы хлынули из ее глаз.

Из груди Колта вырвался мучительный стон, и он снова отвернулся. Он чувствовал себя как зверь, попавший в западню, из которой не было выхода. Как это могло произойти?! Как он только мог допустить такое?! О Господи, он ведь даже ничего не помнил, кроме того, как поднялся по лестнице к себе в комнату. Не смог он припомнить и Дани у себя в постели.

Колт повернулся и искоса взглянул на сестру. Она горько всхлипывала, и он не смог осудить ее. Нет, вина целиком лежала на нем.

— Прости меня, Дани, — пробормотал он хрипло. — Мне кажется, я бы предпочел умереть, чем допустить такое. Прости меня. Клянусь, больше этого никогда не будет. — Нетвердыми шагами он направился к двери, но помедлил, не в силах взглянуть на нее. — Пожалуйста, уезжай. Вернись во Францию. Я не могу смотреть тебе в глаза.

Колт выбежал из комнаты, кубарем скатился по лестнице и выскочил из дома.

По-прежнему заливаясь слезами, Бриана без сил свернулась калачиком в его постели. Прошло немного времени, до нее донеслись шаги и голоса слуг, и это вернуло ее к действительности. Выбравшись из смятой постели, Бриана набросила на себя платье и на цыпочках прокралась по коридору в свою спальню.

Она решила направиться в Силвер-Бьют, чтобы сообщить Гевину об успехе его плана. Она выполнила все, что он требовал от нее, и сегодня она получит письмо от Шарля. Может быть, они скоро уедут! И мысль о том, что она уже никогда не вернется на ранчо, заставила сильнее забиться сердце Брианы.

Приехав в Силвер-Бьют, Бриана прямиком направилась к гостинице, где остановился Гевин. Это был свежепобеленный белоснежный четырехэтажный дом, украшенный изящным портиком, — один из самых красивых в городе. Кое-кто из старожилов с удивлением наблюдал за Брианой, когда она спешилась и обмотала поводья у столба. Она смущенно оглядела свои измятые брюки, но что было делать? Не могла же она надеть платье, ведь дамского седла у нее не было, да и ездить боком она не умела.

Бриана поспешно вошла в полутемный прохладный холл. Узнав у молоденького клерка номер комнаты Гевина, она бегом взбежала по лестнице наверх.

Оказавшись перед дверью номера, Бриана в недоумении остановилась, внезапно расслышав доносившийся до нее незнакомый женский голос. Убедившись, что ничего не перепутала, девушка нетерпеливо постучала.

Дверь широко распахнулась, и Бриана шагнула в комнату. Посреди номера, с недовольным видом разглядывая ее, стояла незнакомая ей женщина. Она была одета в вызывающее атласное платье ядовито-зеленого цвета, а кроваво-красные губы и глаза, обведенные жирной голубой чертой, делали ее до невозможности вульгарной.

Бриана растерянно оглянулась и заметила за ее спиной Гевина, небрежно раскинувшегося на диване, обитом желтым бархатом. Увидев ее, он сорвался с места и захлопнул за девушкой дверь.

Женщина в зеленом удивленно заморгала.

Обхватив Бриану за плечи с видом собственника, Гевин провел ее в комнату.

— Дани, это Делия. Вы, девочки, непременно подружитесь, я уверен. — Он подтолкнул Бриану к дивану, и его глаза весело блеснули. — Ну, я слушаю тебя, — нетерпеливо сказал он. — Дело сделано?

Бриана смущенно опустила голову.

— Да... — прошептала она чуть слышно.

Гевин, словно в экстазе, молитвенно стиснул руки:

— Чудесно! Просто замечательно! Вот теперь можно подумать и о том, чтобы вернуться домой!

Его прервал мягкий, с чувственной хрипотцой голос Делии:

— Не забудь и обо мне, мой сладкий. — Метнув в сторону растерявшейся девушки угрожающий взгляд, она добавила: — Он теперь мой, нравится тебе это или нет.

— Мне это безразлично! — презрительно ответила Бриана.

Слишком довольный чтобы вмешиваться, Гевин предпочел пропустить их диалог мимо ушей.

— Ну и как он это воспринял? Переживал? Сходил с ума от ярости?

Бриана молча отвернулась, не в силах вынести выражения злобной радости на лице Гевина. Она неохотно подтвердила, что Колт был вне себя от горя, и ей удалось достаточно убедительно описать Гевину якобы состоявшееся «совращение» ее молодым Колтрейном. Во время этой беседы Делия беззастенчиво кружила вокруг них, изо всех сил стараясь разобрать, о чем они говорят. В конце концов выведенный из терпения Гевин вытолкал нахальную красотку в спальню, строго-настрого запретив покидать ее без разрешения.

Бриане хватило всего несколько секунд, чтобы понять, что связывало Гевина с этой женщиной. Знала ли она, что Бриана выдает себя за Дани? Ведь если Гевин рассказал Делии обо всем, он должен быть совершенно уверен, что та будет держать язык за зубами.

Но Бриана была так измучена, так страдала, вспоминая искаженное горем лицо Колта, что ее абсолютно не волновало возможное предательство Делии или Дирка Холлистера. Пусть об этом заботится Гевин!

Единственное, что ее порадовало, — это мысль о том, что уж теперь Гевин наверняка оставит ее в покое, ведь у него появилась женщина. При этой мысли девушка почувствовала по отношению к вульгарной Делии что-то вроде признательности. Гевин принадлежал к тому сорту мужчин, для которых полное счастье без женщины невозможно, а уж в том, что Делия способна была осчастливить любого, Бриана ни минуты не сомневалась.

Когда Гевин немного успокоился, Бриана подняла на него умоляющие глаза:

— Знаешь, после всего, что произошло, Колт был настолько раздавлен горем, что не мог даже смотреть мне в глаза. Вот я и подумала, что будет лучше, если я не вернусь сегодня на ранчо. Я могу снять комнату в гостинице и до отъезда пожить здесь.

— Что?! — воскликнул изумленный Гевин. — Об этом не может быть и речи! Возвращайся на ранчо и постарайся сегодня же ночью снова забраться к нему в постель. Нам надо поторопиться, чего доброго он еще сбежит в город, чтобы избавиться от тебя.

Не помня себя от возмущения, Бриана вскочила на ноги, но прежде чем она открыла рот, чтобы запротестовать, Гевин схватил ее и грубо встряхнул несколько раз. С силой усадив ошеломленную девушку, он сел рядом с ней, продолжая больно сжимать ее руку.

— Ну что ж, выходит, я не ошибся, назвав тебя шлюхой. — На его лице появилась знакомая злобная, отвратительная ухмылка, которую так ненавидела Бриана. — Послушай, ну какая разница в конце концов, переспать с ним один раз или десять?! Поезжай назад, Бриана. Ты должна во что бы то ни стало сделать Колта своим рабом и как можно скорее!

Встретив его неподвижный, завораживающий, как у змеи, взгляд, Бриана содрогнулась и вдруг поняла, что не может оторвать от него глаз. Она всегда подозревала, что Гевин просто сумасшедший. Он не беспощадный, не беспринципный, не жестокий, а ненормальный. И этот маньяк заставит ее повиноваться и дальше, как раньше заставил выдать себя за Дани, приехать в Штаты, предать Колта...

— Хорошо, Гевин, — равнодушно сказала она, — пусть будет по-твоему. А теперь отдай мне письмо Шарля.

Бриана не поднимала глаз, от волнения она едва могла дышать. Испытующе взглянув на ее взволнованное лицо, Гевин молча исчез в спальне и, вернувшись через минуту, сунул ей в руку смятый листок. Она нетерпеливо развернула его и быстро пробежала глазами — Шарль скучает, чувствует себя гораздо лучше, немножко волнуется перед операцией, умоляет Бриану поскорее вернуться. Больше всего на свете он хочет быть рядом с ней.

Не желая, чтобы Гевин заметил блеснувшие на ресницах слезы, Бриана свернула дрожащими пальцами листочек и сунула в карман. Она прочитает его позже, когда останется одна.

Гевин проводил ее до дверей номера. Уже у самого выхода он прошептал на ухо Бриане:

— Я собираюсь взять Делию во Францию. Но ты при ней не распускай язык. Она должна думать, что ты Дани, помни это. Нельзя, чтобы кто-нибудь в Силвер-

Бьют докопался до правды. Плохо, что пришлось довериться Холлистеру, но у меня не было другого выхода.

— Тогда зачем брать ее во Францию?

— Объясню позже, — хмыкнул Гевин. — Всему свое время.

Коротко попрощавшись, Бриана отправилась в обратный путь на ранчо. Назад к Колту.

Господи, содрогнулась Бриана и чуть было не натянула поводья, да ведь она ничуть не расстроилась, что Гевин не позволил ей остаться в городе! Теперь, когда ее предательство стало фактом, когда Колт, вне всякого сомнения, ненавидит и презирает ее, нет смысла обманывать себя. Она любит молодого Колтрейна.

И ничего теперь не изменишь. Постаравшись разбить его сердце, она нечаянно разбила и свое.

— Гевин, — призывно промурлыкала Делия, услышав, как Гевин запер дверь за Брианой.

Он обернулся, встревоженный страстной хрипотцой в ее голосе, и удивленно приподнял брови, заметив остекленевший взгляд, появлявшийся у нее только в момент чувственных игр. Неужели она опять хочет его и прямо сейчас?!

— Да? — прошептал он.

Делия бесстыдно посмотрела на него.

— Я хочу, чтобы Дани была с нами, — твердо произнесла она, и эта мысль неожиданно чрезвычайно ему понравилась. Дьявол, а не женщина! Правда, ее ненасытность иногда утомляет. Гевин всегда гордился своей мужской силой, но в постели с Делией ему приходилось порой просить пощады. Может быть, присутствие Брианы внесет некоторое разнообразие, подумал он и искоса взглянул на Делию. Один ее вид отозвался болью в его чреслах. Забавно, должно быть, покувыркаться втроем. Кроме того, так будет легче присмотреть за Брианой, когда они вернутся в Париж. Ее нельзя выпускать из виду, слишком многое известно этой девушке.

Гевин опять взглянул на Делию, и их взгляды встретились.

— Хорошо, будь по-твоему, — хрипло пробормотал он.

Он раскрыл объятия, и Делия, вскрикнув от радости, кинулась ему на шею. Через минуту, сорвав с себя одежду, они оказались в постели, тела их сплелись в жаркой судороге желания. Но даже слившись воедино, каждый из них видел перед собой лицо Брианы.

Глава 19

Вернувшись на ранчо, Бриана узнала, что Колт забрал свои вещи и перебрался в дом, где обычно жили пастухи.

На следующее утро она подкараулила у конюшни возвращавшегося домой Бранча и поинтересовалась, не слышно ли в округе о новых случаях бешенства. Бриана не могла прямо спросить о Колте, а так у нее был хоть и небольшой, но шанс что-то услышать о нем.

Бранч радостно сообщил, что, похоже, все закончилось в Дестри-Бьют.

— Теперь, — важно заявил он, — когда мы выжгли этот проклятый каньон дотла, есть надежда, что эта зараза дальше не пойдет. Похоже, все началось именно там, ведь мы потом обнаружили чуть ли не пятьдесят скелетов после пожара. Пришлось, правда, застрелить двух койотов, рысь и... — Он внезапно замолчал и удивленно посмотрел на нее: — А что, Колт разве не рассказывал вам? Нам пришлось взять с собой чуть ли не сотню наших людей, чтобы проделать эту работу.

— Я не видела Колта с того дня, как он перебрался к ковбоям, — криво улыбнулась Бриана.

Скрестив могучие руки на груди, Бранч пристально воззрился на смущенную девушку.

— Поругались? Я так и подумал, — задумчиво проговорил он. — То-то он хвастался в тот день, когда вы так ловко подстрелили койота. А на следующее утро выглядел как побитая собака.

Не подумайте только, что я сую нос не в свое дело, — смущенно добавил Бранч, — но поверьте мне, мисс Дани, жизнь и без того слишком коротка, чтобы еще тратить ее на глупые ссоры.

Бриана уже повернулась, чтобы уйти, но он окликнул ее.

Она неохотно обернулась.

— Может, я могу как-то помочь? Конечно, я ни слова не сказал Колту, но, по правде говоря, выглядит он неважно. Даже после смерти мисс Боуден он так не убивался.

От отвращения к самой себе Бриана содрогнулась. Боже мой, как он, наверное, страдает!

— Нет, — торопливо пробормотала она, — вряд ли вы что-нибудь сможете изменить. С этим нам придется разбираться самим.

— Почему бы вам не вернуться во Францию? — внезапно грубовато спросил он, и Бриана опешила от удивления — раньше Бранч никогда бы не позволил себе такой бестактности. — Прошу прощения, мисс Дани, но ведь кому-то же следовало спросить об этом! Вы здесь несчастны, он переживает, и, может быть, для всех было бы лучше, если бы вы расстались!

Бриана молчала. Что могла она ответить на это?!

***

Прошла почти неделя, а Бриане так и не удалось провести в постели Колта еще одну ночь. Он вообще не появлялся в доме, да и на ранчо бывал редко, а как-то раз, когда она издалека заметила его высокую фигуру и направилась к нему, резко повернулся спиной и поспешил прочь.

Конечно, это не осталось незамеченным. Ковбои, слуги в доме — все обсуждали их размолвку, ломая голову, какая кошка пробежала между молодым хозяином и мисс Дани. Чем же это закончится, переживали все, ведь ранчо принадлежит им поровну?

В субботу вечером, почувствовав усталость, Бриана рано отправилась к себе. Она была уверена, что Колт вряд ли когда-нибудь в будущем вообще заговорит с ней. Сегодня, как раз перед закатом, она попыталась еще раз увидеть Колта и даже попросила одного из ковбоев позвать его. И как же ей было стыдно, когда тот быстро вернулся и, смущенно глядя в сторону, промямлил, что хозяин страшно занят и вряд ли скоро освободится. Чувствуя, как от унижения вот-вот из глаз брызнут слезы, Бриана круто повернулась и побежала к дому.

Она потушила лампу и, выглянув в окно, заметила Колта и с ним еще шестерых всадников, которые галопом выехали за ворота и поскакали по направлению к городу, как обычно, отдохнуть и повеселиться в конце недели. И тогда в ярости и отчаянии Бриана принялась срывать с себя одежду, глотая слезы и надеясь только на то, что скоро заснет и хотя бы на время ее отпустит страшная боль, которая терзала ее сердце.

Погруженная в свое горе, Бриана даже не заметила, как мягко приоткрылась дверь ее спальни и так же бесшумно закрылась. Жесткая тяжелая ладонь закрыла ей рот.

— Успокойся, малышка, это я.

Дирк Холлистер! Страх Брианы немедленно растворился в приступе бешеного гнева, и, как только Дирк отпустил ее, она тут же бросилась на него, как разъяренная фурия.

— Что тебе здесь надо?! Как ты посмел пробраться в мою комнату?!

— Наш хозяин немного недоволен тем, что ты не торопишься выполнить его приказ. Поэтому он и послал меня за тобой. Он хочет, чтобы ты поехала со мной в город. Сейчас.

— Это еще зачем? — смутилась Бриана.

— Перестань задавать глупые вопросы! — грубо оборвал ее Дирк. — Послушай лучше, что я скажу. Мы обо всем позаботимся. Тебе снимут номер в гостинице. И хочешь узнать, что будет дальше? Ты случайно столкнешься со своим братцем, когда он, совершенно пьяный, будет возвращаться из салуна и ввалится в твою комнату.

Видишь ли, красавица, — с усмешкой продолжал ковбой, — Ладида пригласила в город кое-кого из своих бывших подружек, чтобы было кому позаботиться о ребятах Колта. Он останется один. Все бармены — ее прежние знакомые, и уж они постараются, чтобы ему сегодня дали что покрепче! Как тебе нравится наш план? — Он мерзко ухмыльнулся.

Бриана молча смотрела на него, презирая себя в эту минуту не меньше, чем его. Как низко она пала!

Отвратительная ухмылка на его лице сменилась злобной гримасой. Дирк терпеть не мог, когда женщина смотрела на него так, будто он по крайней мере год не мылся. А эта маленькая шлюха даже сморщилась, словно от него воняло. Он шагнул вперед, чтобы увидеть в лунном свете ее лицо. Эх, преподать бы ей хороший урок, но Мейсон строго-настрого запретил даже пальцем прикасаться к ней! Сейчас она спит с Колтрейном, потом достанется Мейсону, а потом придет и его черед. Во всяком случае, так пообещал сам Мейсон.

Дирк только удивлялся, на черта она сдалась Мейсону, особенно теперь, когда он обзавелся этой дикой кошкой, Делией. Интересно, чем она так приворожила его, ломал голову Дирк, ведь последние дни Гевин выглядит так, словно ему все мало. Самому Дирку пока что приходилось довольствоваться Ладидой — правда, временами ему бывало как-то не по себе. Она была какая-то странная — а уж темперамент! Дирк даже поежился. Ее даже хорошенькой трудно было назвать, а уж о теле ее и говорить нечего, особенно в сравнении с тем, что он видел сейчас перед своими глазами. Да, признаться, со стороны Мейсона это свинство, запретить даже подержаться за девочку!

Дирк не выдержал и, запустив корявые пальцы в шелковистые волосы Брианы, с силой потянул ее голову вниз. Повалив беспомощную девушку на кровать, он уселся поверх, почти оседлав ее.

— Мейсон убьет тебя, — с трудом прохрипела Бриана.

Он нагло ухмыльнулся:

— А я скажу, что пришлось тебя немного успокоить. Теперь слушай меня, и если вздумаешь пожаловаться...

В этот момент в комнату, завизжав от ярости, ворвалась Ладида.

Как бешеная дикая кошка, набросилась она на Дирка, кусаясь и царапая ему лицо острыми ногтями. Отбросив в сторону почти бесчувственную Бриану, тот попытался оторвать женщину от себя.

— Ты с ума сошла, дура?! Успокойся немедленно, или я тебе кости переломаю! — Он сгреб в охапку девушку и скрутил ей руки за спиной.

— Я люблю тебя, — всхлипнула Ладида, и слезы градом хлынули у нее из глаз. — Я не хочу делить тебя с ней!

Низкий чувственный смех вырвался из горла Дирка, и он крепко обнял Ладиду:

— Послушай, девочка, да разве я смогу променять тебя на эту ледышку?! Ну-ка, пойдем, покажешь, как ты хочешь меня! У нас еще есть время.

Холлистер повернулся к Бриане и бросил:

— Одевайся и жди меня во дворе. Как только я ублажу эту маленькую злючку, отвезу тебя в город.

Ладида пылко поцеловала Дирка, и он сжал ее в объятиях.

Дрожа от только что пережитого унижения, Бриана надела первое попавшееся платье и выбежала из комнаты. Она бросилась вниз по лестнице, стараясь не слышать летевших ей вслед сладострастных стонов.

Одна мысль жгла ей мозг — когда же закончится этот кошмар?

***

Было уже около полуночи, когда они с Холлистером въехали в Силвер-Бьют. Через несколько кварталов Ладида соскочила с лошади и поспешила в салун, Бриана догадалась, что там, должно быть, ее приятельницы развлекают сейчас Колта и его людей. Дирк привез ее в гостиницу, и они вместе поднялись в номер, где Гевин нетерпеливо метался из угла в угол.

— Где вас носит, черт побери?! Вы давным-давно должны были приехать! — в бешенстве закричал он.

Кое-как объяснив Бриане свой замысел, Мейсон отвел девушку в комнату, которую снял для нее накануне. А через несколько минут пришел Холлистер, чтобы отвести ее в салун, где уже несколько часов подряд пил Колт.

Остановившись неподалеку от салуна, Бриана, вся дрожа, ждала Холлистера, который пошел разузнать, как обстоят дела. Он скоро вернулся и похвастался, что Колта удалось напоить так, что он даже не узнал подсевшего к нему Дирка.

— Бармен собирается выкинуть Колтрейна вон, чтобы он протрезвел на свежем воздухе. А его ребята забыли обо всем и развлекаются со шлюхами Ладиды. Ты знаешь, а Колт совсем плох. Бармен говорит, никогда его таким не видел.

Крепко схватив Бриану за руку, он поволок ее по темной улочке к бару. Остановившись напротив двери, девушка расширившимися от ужаса глазами уставилась на неясную темную фигуру, неподвижно лежавшую возле столба. Бриана узнала Колта.

— Давай, — прошептал Дирк, — попытайся поднять его и отвести в гостиницу. Я буду рядом, чтобы в случае чего помочь тебе. Впрочем, надеюсь, это не понадобится. Ты и сама справишься.

Ноги не слушались Бриану. Она с трудом подошла к неподвижному Колту и склонилась над ним:

— Колт! Это я. Тебе нельзя оставаться тут. Пойдем, я отведу тебя.

Услышав ее голос, он попытался было приподнять голову, но она опять упала на грудь.

— Уходи, — невнятно пробормотал он, — убирайся прочь, ты мне не нужна.

— Пойдем же, — с трудом пытаясь оторвать от земли тяжелое тело, проговорила Бриана. — Мы должны уйти отсюда как можно скорее.

Замотав головой, он попытался было приподняться, но тут же рухнул на колени. Наконец с ее помощью Колту кое-как удалось встать на ноги. Он ничего не соображал и не противился, когда Бриана повела его к гостинице. Медленно, думая только о том, как бы не споткнуться и не упасть под тяжестью почти бесчувственного Колта, она с трудом довела его до дверей и потом почти пронесла на себе через коридор до своей комнаты. Он не пытался протестовать да и вряд ли вообще понимал, что с ним происходит.

Добравшись наконец до кровати, Бриана как можно осторожнее уложила Колта в постель. То и дело смахивая с ресниц слезы, застилающие глаза, она принялась освобождать от одежды беспомощное тело.

И вот он снова лежит перед ней в своей великолепной наготе, как неделю назад.

Бриана легла рядом с Колтом, положив голову ему на плечо и чувствуя под рукой рельефно выступающие мышцы груди. Она пролежала так до утра, прислушиваясь к его дыханию и ударам сердца.

Чуть забрезжил рассвет, когда кто-то осторожно постучал в дверь. Бриана приподнялась и широко распахнутыми глазами уставилась на дверь, стараясь кое-как прикрыться одеялом.

На пороге стоял Гевин. Глаза его сузились и потемнели, когда он увидел на постели два обнаженных тела. Бриана еще успела заметить, как подлая ухмылка искривила его губы, и в ужасе зажмурилась.

— О Боже, не могу поверить!

Бриана изумленно вздернула брови при звуках истошного вопля, который вырвался из горла Гевина.

— Дани, — хрипло выдавил он, — скажи мне, что это не так! О, Дани, как ты могла!

И Бриана не поверила своим ушам, услышав искренние, горестные рыдания Гевина. Он замолотил кулаками по воздуху, не прекращая душераздирающих стонов:

— Нет! Этого не может быть!

Колт пошевелился и, проснувшись, растерянно заморгал глазами. Он слышал, как кто-то кричит совсем рядом, но не мог понять, в чем дело.

Внезапно Гевин, будто потеряв рассудок, набросился на него и вцепился в горло:

— Животное! Это же твоя сестра!

Крик оборвался, когда Колт, придя в себя, отшвырнул Мейсона к двери, будто тряпку. Попытавшись встать, он помотал головой и обвел мутным взглядом комнату. Перед глазами стоял туман.

Вдруг взгляд Колта, полный мучительного недоумения, остановился на обнаженной Бриане. Колтрейн обхватил руками голову и глухо застонал.

— Я убью тебя! — Гевин вскочил на ноги, потрясая кулаками. Посмотрев на Бриану, он сурово приказал: — Уходи отсюда, Дани! Отправляйся в мою комнату и жди меня там. Немедленно!

Ей ничего не оставалось делать, как послушаться. Бриана быстро натянула платье, втайне надеясь, что Гевин не разглядывает ее, и побежала к двери.

Ее поразило, как тихо вдруг стало в комнате. Мужчины молчали. Колт был раздавлен, а Гевин грозно возвышался над ним с видом палача. Уже стоя у дверей, Бриана замешкалась. Страшно было оставить Колта в таком отчаянии. Казалось, перед ней сломленный, тяжелобольной человек.

Гевин сразу же догадался, что творится в ее душе.

— Нет, Дани. — И он твердо указал ей на дверь. — Немедленно уходи!

Несчастная девушка бросила на Колта последний взгляд. «Он действительно последний, — подумала она, — вряд ли мы еще встретимся». Ее сердце плакало кровавыми слезами. «Ты никогда не сможешь простить меня, я знаю, но молю Бога, чтобы ты когда-нибудь узнал, что у меня не было выхода. Не было выхода... А я так любила тебя!» — пронеслось у Брианы в голове, и она стремглав выбежала из комнаты.

— Когда в городе узнают, что за мерзость ты сотворил, Колтрейн, — заговорил Гевин, — тебя забросают грязью и проклянут навеки. Сначала ты погубил дочь Боудена, а теперь искалечил жизнь собственной сестры. А может, они решат вздернуть тебя? А, Колтрейн? Да и кто осудит их?!

«Твой отец убил моего, — мстительно подумал он про себя. — Ты заслужил это».

Колт молчал. Он ничего не пытался объяснить.

— Видеть тебя не могу! — крикнул Гевин и бросился вон из комнаты, с грохотом захлопнув за собой дверь.

Колт остался один. Теперь его удел — одиночество. Теперь он изгой, вынужденный до конца своих дней терпеть самого себя.

Глава 20

Колт чувствовал, как голова раскалывается от боли, несмотря на владевшее им странное оцепенение. Как это могло случиться? Он помнил, что напился как свинья в салуне, потому что за этим и пришел туда. Только виски, затуманив мозги, могло хоть на время заставить его забыть Дани.

Но вместо того чтобы забыться, он оказался с ней во второй раз. Как, черт возьми?!

Колт никак не мог отчетливо вспомнить, что же произошло накануне вечером. В салуне появилась стайка щебечущих девушек, которые подсели к его людям. Те, похоже, были в восторге. Ему же хотелось побыть одному, и очень скоро он перебрался в дальний конец зала, где царил полумрак. Кто-то все время приносил ему выпивку, и Колт опрокидывал рюмку за рюмкой.

А потом все было как во сне. Он оказался на улице. Рядом появилась Дани, и Колт помнил, как просил ее уйти. Все было как в ночных кошмарах, преследовавших его с той самой страшной ночи в его жизни, о которой он не забудет до последнего вздоха.

Но в этих снах Дани всегда оставляла его одного, стоило лишь попросить об этом. В этот раз она не ушла. Сон перестал быть сном.

Забрав из конюшни лошадь, Колт с трудом сел верхом и выехал из города. Заметив вдалеке небольшой скалистый выступ, он направился к нему, надеясь, что сверху сможет отыскать знакомый ручеек. Там он наконец сможет собраться с мыслями.

Колт ни минуты не сомневался, что Гевин не замедлит предать гласности случившееся этой ночью. Таков уж этот негодяй. Ему нет дела до того, что репутация Дани погибнет, а жизнь будет разбита. Его не остановит и то, что будет опозорена вся семья Колтрейнов. Слава Богу, подумал Колт, хоть родителей сейчас нет дома. Конечно, рано или поздно, они все узнают, но по крайней мере будут хотя бы избавлены от первой, самой страшной, волны сплетен.

Как он сможет посмотреть им в глаза? Да и не только им, кому угодно. Порой Колту казалось, что гораздо проще вытащить револьвер из кобуры и навсегда покончить с этим кошмаром.

Трус!

Волна отвращения и презрения к самому себе захлестнула Колта, заглушив на мгновение стон измученного сердца. Нет, он не трус. Он не уйдет из жизни из-за собственного малодушия.

Он просто уедет как можно дальше, возможно, это будет самый лучший выход.

Солнце уже горячо припекало голову, а легкий ветерок доносил до него нежное благоухание цветущих трав.

Покинув уголок, где он пытался забыть свое горе, Колт вернулся в город и прямиком направился в банк Боудена. Спешившись возле крыльца и привязав поводья к столбу, он огляделся. Проходившие мимо люди знали его и с улыбкой обменивались приветствиями. Ну что же, похоже, ему повезло и сплетни еще не распространились, подумал Колт. Значит, у него есть время сделать все, что он решил, а затем уехать из города, избежав всеобщего презрения.

Он бросил исподлобья мрачный взгляд на гостиницу. По-видимому, Дани в конце концов тоже решила уехать, раз оказалась вчера в городе. Да, так оно и было. И она была бы сейчас далеко, не столкнись вечером с ним, мертвецки пьяным, не захоти она по своей доброте помочь ему — и вот к чему это привело.

Но почему? Почему она позволила ему?!

Ее тоже тянуло к нему, и Колт знал это. Он видел огонь в ее глазах, чувствовал ее желание, даже когда она просто касалась его. Ах, если бы в их жилах не текла одна и та же кровь!

Он медленно поднялся по ступенькам и открыл дверь в банк Боудена.

При его появлении наступила полная тишина, лишь испуганный шепот клерков прошелестел по залу словно осенний листопад.

Боудену немедленно доложили, что его хочет видеть молодой Колтрейн, и он не заставил себя долго ждать.

Банкир принял его в кабинете, сидя за огромным столом. Ничего лишнего, строгая, тщательно продуманная обстановка. Колт обратил внимание на руки старика, лежавшие на полированной поверхности стола, — они дрожали.

Боуден, похоже, почувствовал, что руки выдают его. Стиснув их изо всех сил, он поднял голову, и в глазах его Колт увидел неприкрытую злобу.

— У меня очень мало свободного времени, Колтрейн! — холодно проговорил он.

Колт посмотрел ему прямо в глаза:

— Я бы многое отдал, чтобы несчастье не случилось, поверьте, мистер Боуден!

В лице банкира не дрогнул ни один мускул.

— Ты ведь пришел **не** только затем, чтобы сказать это?

— Нет, — неохотно признался Колт, — не только. Но послушайте, если бы вы могли беспристрастно взглянуть на все случившееся...

Очень медленно фигура банкира поднялась из-за стола и нависла над ним.

— Думаешь, раз пристрелил тех ублюдков и вернул назад деньги, так тебе все с рук сойдет?! Ты так считаешь?

Колт молча покачал головой, и Боуден продолжил:

— Моя единственная дочь лежит в могиле, а ты предлагаешь мне быть беспристрастным?!

Глубоко вздохнув, Колт пожал плечами и решил перейти к делу:

— Насколько мне известно, все дела нашей семьи ведет именно ваш банк, мистер Боуден. Не могли бы мы поговорить об этом?

Похоже, Боуден, сменив тему, испытал не меньшее облегчение.

— Если у тебя ко мне дело, говори. А потом убирайся подальше и от меня, и от моего банка.

Колт до боли сжал кулаки.

— Я хочу отказаться от всего моего состояния: половины рудника, ранчо и прочего в пользу моей сестры, Дани, и как можно скорее.

Боуден откинулся назад, он был ошеломлен.

— Я не ослышался? — переспросил он.

— Не ослышались. Когда вы сможете оформить все документы?

— Ну, ну, не так быстро, молодой человек, — буркнул он, — все будет подготовлено в течение часа. А вы уверены, что не передумаете?

Колту потребовалось некоторое время, чтобы убедить Боудена в серьезности своих намерений, и наконец банкир кивнул:

— Ну что ж, все бумаги будут оформлены через час. Возьмете их и отнесете Тому Кирку в офис, пусть проверит, чтобы все было в порядке.

Все еще не спуская с Колта прищуренных глаз, Боуден, наконец, решился:

— Значит ли это, что ты решил уехать из города, Колтрейн?

Колт молча кивнул, как всегда, ничего не объясняя, и Боуден хищно улыбнулся:

— Слава всевышнему! Один твой вид сводит меня с ума.

Не прошло и двух часов, как Колт навсегда покинул Силвер-Бьют. Все, что у него осталось, — это его винчестер, конь, револьвер в кобуре да та одежда, что была на нем. К седлу был приторочен небольшой мешочек, в нем позвякивали деньги — две сотни долларов. Это было все, чем он отныне владел.

Он ехал на запад. Не обращая внимания на все еще жгучие лучи солнца и легкий ветерок, который ласково касался его разгоряченного лица, Колт попытался в который уже раз разобраться в том, что же произошло в тот вечер.

Как он мог позволить случиться этому ужасу?!

«Все это проклятое виски, оно затуманило мне мозги», — угрюмо подумал Колт, в глубине души понимая, что это не оправдание.

Он безумно хотел Дани, вот в чем дело. Да, он хотел ее так, как ни одну женщину до нее. Странным и даже пугающим было то, что он никак не мог вспомнить, что испытывал, когда занимался с ней любовью. Сколько Колт ни мучился, ни одной, даже самой крошечной детали не всплыло в его памяти. К своему ужасу, он не мог даже вспомнить, когда это случилось.

Устало сгорбившись и повесив голову, Колт медленным шагом ехал навстречу своей судьбе.

Не веря своим глазам, Гевин четырежды перечитал письмо Боудена, адресованное Даниэлле Колтрейн. Неужели сработало?! Он выиграл! Все огромное состояние Колтрейнов — в его руках!

Итак, все позади, осталось только обратить все ценности в золото. Он продаст все, что раньше было собственностью Колтрейнов, — рудник, ранчо, превратит деньги в слитки и перевезет во Францию. Тут-то и пригодятся Дирк Холлистер и пятеро головорезов, которых тот нанял по просьбе Гевина. Такое количество золота будет опасно вести без охраны. Конечно, заплатить им придется немало, но отныне Гевин богат, он может позволить себе это.

Он пожалел, что не увидит лица Колта, когда тот узнает, что «Дани» продала все, что принадлежало им обоим, все достояние семьи. Да, парень, пожалуй, рехнется! И Гевин даже облизнулся, представив, как будет убит горем Тревис Колтрейн. Ведь все, что он нажил после убийства Мейсона, уйдет к родному сыну убитого!

Гевин задумчиво покосился на вошедшую Делию. Хорошенькой ее, конечно, не назовешь да и юной тоже — бедняжка растолстела и выглядела неважно. Но она была единственной, кто в постели охотно шел навстречу всем его фантазиям и желаниям, а это он ценил. Чтобы получить удовлетворение, которого так жаждала его душа, ему все эти годы приходилось унижаться, ведь даже Элейн, такая горячая когда-то, теперь редко удовлетворяла его. Так что пока он подержит Делию у себя.

Гевин улыбнулся:

— Вот и все, милая. Колтрейн передал все, что имел, своей сестре. Пора собираться домой.

Глаза Делии сверкнули.

— Ты действительно берешь меня с собой, Гевин, дорогой?! Я еду во Францию?!

Сделав небольшую паузу, чтобы помучить ее немного, Гевин кивнул. Делия вскрикнула от радости и повисла у него на шее:

— Ах, я так счастлива, Гевин, так счастлива! — Хорошо знакомое томное выражение появилось в ее глазах, и она потянула его за собой. — Позволь, я докажу тебе, как я рада, милый!

Чувственная хрипотца в голосе женщины возбуждала его, как всегда, но Гевин, отстранив Делию, покачал головой:

— Не сейчас, моя сладкая. Дани и мне надо еще наведаться в банк.

Делия недовольно скривилась.

— А Бриана, то есть Дани, тоже едет? — поинтересовалась она.

Гевин кивнул, ожидая, что будет дальше.

— Она всегда будет с нами? — настойчиво продолжала Делия.

Гевин снова кивнул:

— Ты же знаешь, я просто не могу позволить ей уехать. Бриана может проболтаться, а мне неприятности ни к чему. — Делия сочувственно вздохнула, и Гевин сурово взглянул ей в глаза. — Смотри не проговорись. Иначе с ней хлопот не оберешься. — Накинув пальто, Гевин направился к выходу. — Мне пора, моя девочка. Обещаю, мы славно позабавимся, когда я вернусь, хорошо?

Поймав кокетливую, сияющую улыбку Делии, он закрыл за собой дверь.

Убедившись, что Гевин ушел, она сделала непочтительную гримасу и показала вслед ему язык. Мерзкий слизняк, подумала она. Ей до безумия были противны его прикосновения. Делию сводила с ума необходимость терпеть в постели его отвратительные фантазии да еще и делать вид, что она тает от наслаждения. Но настанет день, когда ей больше не придется мириться с этой гадостью, — день, когда и ей перепадет кое-что из тех денег, которые он так легко выманил у Колтрейна.

Заперев за Гевином дверь, она вернулась в гостиную, где на столике возле дивана лежала открытая коробка шоколадных конфет. Усевшись на диван с ногами, Делия принялась жевать одну конфету за другой. Все-таки Гевин Мейсон — свинья, каких поискать. С жадностью поглощая конфеты, Делия погрузилась в воспоминания. Она снова увидела салун в Силвер-Бьют, где впервые встретила его. Делия мигом почувствовала, что он не похож на тех мужчин, с которыми она привыкла иметь дело, тем не менее ей и в голову не пришло отказать ему. Еще давно, в Сан-Франциско, она поняла, что за особые причуды — и плата особая, а ради денег можно и потерпеть.

Делия слезла с дивана и вытащила из углового бара початую бутылку вина. Наполнив стакан, она стала не спеша потягивать ароматный напиток, предаваясь воспоминаниям о той первой встрече с Гевином. Как только она оказалась с ним в постели, Делия уже не сомневалась, что этот парень — самый странный из всех, кого она знала. Поначалу ей было даже страшновато. Но он вскользь упомянул, что приехал из Франции и скоро собирается обратно, небрежно бросив, что мог бы захватить с собой такую хорошенькую девчонку, тем более что в постели ей равных нет. Делия навострила уши. С тех пор она ни на минуту не покидала его. Он посвятил ее в свои планы относительно Колтрейна, благоразумно промолчав, что она становится сообщницей. Ей самой это и в голову не пришло.

Глоток за глотком Делия прикончила вино, мысленно поздравив себя с тем, как хитро она обвела вокруг пальца такую бестию, как Гевин. Доев конфеты, она свернулась клубочком на диване и сладко задремала.

Делия проснулась от того, что кто-то нетерпеливо тряс ее за плечо. Приоткрыв еще мутные со сна глаза, она увидела Дани — Делия знала, что пока должна называть ее так. Девушка изо всех сил пыталась ее разбудить.

— Ты не видела Гевина? Мне нужно...

В этот момент до них донесся звук отпираемой двери. Гевин махнул Делии рукой, та недовольно скривилась, но вышла в другую комнату. Не сводя внимательных глаз с Брианы, он ослепительно ей улыбнулся, прежде чем объявить, что его замысел увенчался успехом.

Гевин прекрасно знал, что, лишь играя на ее любви к брату и страхе за его жизнь, он сможет держать девушку в руках. Только грубый шантаж заставил ее сыграть роль Дани. Теперь, когда они возвращаются во Францию, ему будет с ней нелегко. Но ничего не поделаешь, придется, как угодно, ублажать мерзкую девчонку, не то еще, чего доброго, закатит истерику и во всем сознается властям. Он знал, что она чувствует страшную вину перед Колтом.

С сияющим лицом Гевин объявил:

— Ну, моя дорогая, пора домой! Доберемся до Калифорнии, там обернем все деньги в золото и на первом же судне отправимся в Англию. А уже оттуда поплывем во Францию.

Она удивленно смотрела на него широко раскрытыми, ничего не понимающими глазами.

— Колтрейн передал тебе все, что имел, — гордо объявил Гевин. — Видишь, это самое малое, чем он мог загладить такой страшный грех, как кровосмешение.

Бриана онемела от ужаса. Он лжет, этого просто не может быть. Ее слабый голос прозвучал, как шепот умирающего:

— Нет! Скажи мне, что ты пошутил. Колт не мог так поступить...

Гевин сунул руку в карман и вытащил письмо Боудена, адресованное, конечно, не ему, а Дани, опекуном которой на самом деле он не являлся. И Бриана в тысячный раз подумала, что, будь она Дани, подобная бесцеремонность привела бы ее в ярость. Но сейчас ей не было дела до того, что Гевин не имел никакого права распечатать предназначенное ей письмо. Все было кончено.

Она внимательно прочитала его, чтобы убедиться, что Гевин не издевается над ней, потом швырнула ему бумажку и, без сил опустившись на диван, закрыла лицо руками.

— Он сделал это, — в отчаянии прошептала она. — Он отдал все, что имел, и кому — мне!

Гевин не скрывал злобного торжества.

— Так и есть. Глупышка, я с самого начала рассчитывал на это. Но это еще не все. Мистер Боуден уже нашел покупателя на ранчо. Итак, наша крошка Дани не позже завтрашнего утра подпишет все необходимые документы, и мы уедем, увозя с собой столько золота, сколько найдется в банке Боудена. — Глубокий вздох вырвался у него из груди. — Надень свое самое лучшее платье, чтобы было в чем отпраздновать это событие. Мы отправляемся домой — и мы сказочно богаты!

Бриана закрыла глаза. Если бы она могла выбросить из головы мысли о том горе, которое принесла Колту!

Глава 21

Сложив руки на груди, Сет Пэрриш молча сидел за массивным дубовым столом, гадая про себя, с чем пожаловал к нему Джон Тревис Колтрейн. На его лице не было даже подобия улыбки. С того самого момента, когда Боуден обратился к нему с предложением приобрести ранчо Колтрейнов, у Сета возникло неприятное предчувствие, что добром это не кончится. Да, конечно, он был не прочь купить его, но при этом он ломал себе голову, почему оно вдруг продается.

Сет был знаком с Тревисом Колтрейном с тех самых пор, как тот впервые появился в Неваде. Он питал к нему искреннее уважение и любил его сына. О дочери он ничего не знал и никогда ее не видел. Сет слышал, что брак Тревиса с ее матерью был очень недолгим и завершился смертью Мэрили, что девочка много лет назад уехала к тетке и с тех пор жила с ней. Больше он ничего не слышал о Дани. Сет относился к той категории людей, которые не суют нос в чужие дела и рады, когда другие поступают так же.

Напротив него в кожаном кресле с высокой спинкой устроился Колт. Он смотрел в окно, из которого открывался чудесный вид. Расстилавшаяся перед ним равнина тянулась до самых границ его родного ранчо. О нем-то и собирался говорить Колт.

— Вы знаете, почему я приехал, — коротко сказал он, отодвинув стакан с виски, который поставил перед ним радушный хозяин. Он не меньше Сета хотел побыстрее закончить этот разговор, а виски, видит Бог, не раз уже сыграло с ним злую шутку.

Сет медленно кивнул, откидываясь на спинку кресла. Он бросил на Колта пристальный взгляд, но лицо того было непроницаемо.

— Может быть, ты все-таки расскажешь, что у тебя на уме?

Колт заметил его испытующий взгляд. Сет Пэрриш был богат, пользовался большим уважением, но сейчас Колт не мог позволить себе идти на попятную.

— Я хочу вернуть свои земли, — коротко объяснил он.

Ни малейшего удивления не отразилось на лице Сета. Похоже, это было как раз то, чего он ожидал.

— Тогда зачем было их продавать?

Колт устало покачал головой:

— Я и не делал этого. И поверь мне, Сет, никогда не отдал бы ранчо сестре, знай я, как она собирается поступить с землей.

Уехав из города в самом подавленном настроении, Колт попытался воскресить в памяти события последних дней, как в мозаике, собирая по кусочкам обрывки воспоминаний. Он немало поломал себе голову над тем, что могло толкнуть на это Дани, додумался даже до того, что она, потрясенная всем, что случилось с ними, ужаснувшись тому, что он бросил все и уехал, сейчас может поступить так же, как и он, — махнуть рукой на ранчо и сбежать, куда глаза глядят. Да нет, этого не может быть. Даже если что-то подобное и придет ей в голову, потребуется какое-то время. Только в одном случае могла Дани уехать сразу после того, как он подписал необходимые документы, — если она с самого начала вела с ним какую-то игру.

Дьявольщина, с беспокойством подумал Колт, что же она будет делать на ранчо?! Она ведь не была одной из Колтрейнов в полном смысле этого слова, и вряд ли будет беспокоиться об этой неожиданно свалившейся на нее земле больше, чем в свое время об отце. Возможно, они с Мейсоном заранее задумали завладеть ранчо. Но об этом Колт решил пока помалкивать, не зная, как в дальнейшем будут разворачиваться события.

— Я не знаю, почему Дани решила продать землю, — резко сказал он. — Сейчас я хочу выяснить, сколько вы заплатили ей за мое ранчо и сколько будет стоить вернуть его назад. — Он, не дрогнув, выдержал взгляд Сета.

Тот глубоко вздохнул, не сводя задумчивых глаз с молодого человека. Вряд ли парню понравится то, что он услышит, подумал Сет и как можно мягче произнес:

— Послушай, сынок, я не меньше твоего хочу, чтобы эта земля снова стала твоей. Я не жадный человек и, уж конечно, не грабитель с большой дороги. У меня и в мыслях никогда не было стать самым крупным землевладельцем в здешних краях. Единственная причина, по которой я решил приобрести ваше семейное ранчо, — это то, что оно напрямую примыкает к моему. Да и цена подошла. Ты ведь знаешь, у меня три сына, вот я и подумал, прикуплю еще земли, чтобы им было, где хозяйничать. — Он замолчал и вдруг грустно покачал головой. — Никогда не думал, что до этого дойдет. Конечно, лучше всего было бы связаться с Тревисом и узнать у него, что происходит. Но ведь на это ушло бы чертовски много времени, а мне страшно не хотелось, чтобы земля попала в другие руки.

— Сколько вы заплатили? — сквозь зубы процедил Колт.

— Чарлтон Боуден сказал мне, что твоя сестра хотела бы получить всю сумму в золоте, поскольку уезжает из страны. Столько золота у меня не нашлось.

Колт наклонился вперед, в его голосе послышалось еле сдерживаемое нетерпение.

— Скажите, сколько вы возьмете с меня, чтобы вернуть обратно эту землю. Пожалуйста, Сет!

— Ровно столько, сколько сам заплатил за нее. — Сет посмотрел ему прямо в глаза. — Мне пришлось залезть в долги, и я не хочу вылететь в трубу и потерять собственное ранчо. Так что ты должен вернуть мне этот миллион до последнего пенни.

Джон Тревис Колтрейн вскочил на ноги, и Сет перепугался не на шутку, увидев, как страшно исказилось от ярости его лицо. В наступившей гробовой тишине было слышно только его тяжелое дыхание, с трудом вырывавшееся из груди.

— Миллион долларов?!

Сет вышел из-за стола и подошел к Колту вплотную:

— Речь ведь идет о серебряном руднике, который по-прежнему приносит немалый доход. Не забудь и прекрасный дом, служебные постройки, конюшни, лошадей, породистый скот. Сейчас все на этой земле принадлежит мне. Если хочешь вернуть это, заплати мне все до последнего гроша. Я честный человек, Колт. И твой отец всегда был моим другом.

Любой другой на моем месте просто послал бы тебя к дьяволу, — продолжал Сет. — В конце концов, сделка есть сделка. Но ты для меня не чужой, к тому же я прекрасно знаю, как ты привязан к своему ранчо, поэтому я продам его тебе. — Сет искоса взглянул на Колта. — Похоже, Тревису пока еще ничего не известно.

Колт покачал головой. Лгать не имело смысла. Подойдя к окну, чтобы немного успокоиться, он посмотрел в ту сторону, где когда-то был его дом. Измученное сердце отозвалось острой болью, и он поспешил отойти от окна. Умоляюще взглянув на Сета, Колт прошептал:

— Я верну тебе деньги. До последнего пенни. Обещаю, Сет. Просто дай мне немного времени.

Сет кивнул.

— Пообещай, что не продашь ранчо никому, кроме меня, — попросил Колт.

— Об этом можешь не волноваться, я не стану тебя торопить. И не думай о процентах, — успокоил его старик. Конечно, он был деловым человеком и гордился этим, но при этом всегда считал, что и в делах существует некий кодекс чести, и неизменно его придерживался. И даже не потому, что был очень верующим, просто слово «честь» не было для него пустым звуком.

Колт сдернул с вешалки шляпу и повернулся к Сету:

— Постараюсь все уладить и как можно скорее вернуться с деньгами. И спасибо тебе, Сет, — с глубокой признательностью в голосе добавил он.

Старик протянул ему руку на прощание. Потом, поднявшись из-за стола, проводил Колта к выходу. Сета терзало любопытство. Стоя на верхней ступеньке лестницы, ведущей к террасе, которая окружала огромный дом, он нетерпеливо наблюдал, как Колт седлает своего Педро. И только когда тот обернулся, чтобы попрощаться, Сет задал ему вопрос, уже давным-давно висевший на кончике языка:

— Послушай, парень, и где же ты надеешься добыть такую сумму?

Колт недобро усмехнулся, и Сет невольно поежился, таким ледяным холодом повеяло от этой усмешки. Глаза его потемнели и стали похожи на колючие льдинки.

— Верну свои деньги, сэр, — произнес он буничным тоном. — Я еду во Францию.

Колт вонзил шпоры в бока Педро, с места послав коня в галоп.

Уже осела поднятая копытами коня пыль, а Сет Пэрриш все стоял на крыльце и задумчиво смотрел ему вслед, пока Джон Тревис Колтрейн не скрылся за горизонтом. Тогда старик повернулся и, лукаво усмехнувшись, вошел в дом. Ну что ж, он получит назад миллион долларов и вдобавок сделает доброе дело. Так тому и быть, тем более что парень — сын Тревиса.

**

Скупив, казалось, все золото, которое только можно было найти в Неваде, Гевин и его люди двинулись в направлении Сан-Франциско.

Всю дорогу Мейсон не уставал напоминать, что во Франции они должны быть очень осторожны. Нельзя даже намеком дать кому-то понять о том богатстве, которое они везут, тем более что тогда не избежать ненужных вопросов. По железной дороге они поедут вторым классом, решил Гевин, а где возможно, будут нанимать обычные фургоны. Самое важное — не привлечь к себе излишнего внимания в Монако, где его хорошо знают.

Поэтому Гевину очень хотелось насладиться обретенным богатством, пока они еще в Штатах. Кому какое дело, если они, скажем, появятся в Сан-Франциско в шикарном экипаже?!

Не помня себя от радости после стольких лет унизительного безденежья, Гевин нанял великолепную, белую, как снег, коляску для себя, Брианы и Делии и несколько экипажей попроще для охраны и следовавшего за ним каравана повозок с вещами и золотом. Добравшись до Сан-Франциско, он пополнит свой запас золотых слитков, тогда нанятые им головорезы будут на ночь оставаться в повозках.

Великолепный экипаж, в котором ехал Гевин, наполнил счастьем его тщеславную душу. Он ликовал, как ребенок, и болтал не переставая. Снизошел даже до того, что поведал Делии и Бриане душераздирающую историю о своем нищем детстве в Кентукки. Лицо его потемнело от горестных воспоминаний, когда он дошел до трагической смерти отца и той зловещей роли, которую сыграл в этом Тревис Колтрейн. Теперь Бриане стала понятна и жгучая ненависть, с которой он преследовал и мучил молодого Колтрейна, и почти животная радость, охватившая его при известии, что ей наконец удалось совратить Колта. Выходит, им двигала не просто алчность. Гевин люто ненавидел всю семью с тех пор, как Тревис убил его отца. Бриана ужаснулась, заметив безумный блеск в его глазах, когда он рассказывал об убийстве отца. Ей впервые пришло в голову, что душевная болезнь и распад личности начались у Гевина еще в детстве. А его детство, похоже, действительно было не из легких, призналась она себе. Правда, ее жизнь тоже не баловала, но Бриана не могла даже представить себе, что когда-нибудь озлобится подобно Гевину. Что-то превратило его в настоящего маньяка, но что?! Неужели Элейн приложила к этому свою руку?!

Гевин все говорил и говорил, его даже не заботило, слушают ли его обе женщины. Он наслаждался ролью богатого американца, недавно вернувшегося из Европы, где у него в Монако собственный замок, и не за горами тот день, когда он купит себе что-то более роскошное, чем маленькое шато.

Пока он болтал без умолку, восхищался Америкой и радостно хохотал при мысли о том, как удивились бы знавшие его еще в Кентукки, если бы он вдруг сейчас почтил визитом свои родные места. Бриана тем временем целиком погрузилась в собственные мысли и почти перестала слышать его голос. Подняв голову, она обвела восхищенным взглядом роскошную отделку экипажа. Стены его были обиты мягкой темно-коричневой кожей, а пол устлан бархатным ковром. Везде, и внутри, и снаружи, блестела позолота, а сам экипаж легко тянула шестерка черных, как вороново крыло, коней.

Бриана жалко улыбнулась: как высоко она залетела с тех пор, как предала Дани, своего единственного настоящего друга, и разбила сердце человека, которого искренне полюбила. Как высоко она поднялась и одновременно как низко пала! Ее приятельница Мариса хохотала бы до упаду! Ведь всего пару месяцев назад Бриана ужасалась при мысли о том, что Мариса приняла платье и браслет в уплату за услуги. Но то, что совершила она сама, гораздо больше достойно презрения. Ах, Шарль, мысленно взмолилась она, пообещай, что будешь жить! Одна мысль о том, что все пережитые унижения и горе последних дней на самом деле были напрасной жертвой и Шарлю, может быть, уже не помочь, полоснула острой болью по сердцу, и Бриана похолодела. Лучше даже не думать об этом, или она сойдет с ума!

Однажды они остановились пообедать в гостинице неподалеку от Сакраменто — Мейсон старался сделать их путешествие как можно более комфортным, — и Бриана нечаянно стала невольной свидетельницей, как Гевин кокетливо охорашивался перед большим зеркалом, стоявшим в холле. Старательно взбив свои золотистые кудри, он провел расческой по усам, затем одернул темно-синий бархатный сюртук, с обожанием глядя на собственное отражение.

Может быть, с первого взгляда он кажется просто глупым и тщеславным человеком, подумала Бриана, но на самом деле, когда в нем вспыхнет ярость, он способен на самую отвратительную жестокость.

Они заказали роскошный обед со свежей форелью, которую, впрочем, Гевин с недовольным видом вернул на кухню, заявив, что она недостаточно изысканно приготовлена. Вина в гостинице не было, только пиво, и Гевин с презрительной миной глянул на своих спутниц, словно говоря: «Ну и провинция!» С каждым днем они все больше удалялись от Силвер-Бьют, штат Невада. И Бриана заметила, что, приближаясь к Сан-Франциско, Гевин становился все высокомернее.

В Сан-Франциско они узнали, что с отплытием в Англию проблем не будет, и Гевин, напыщенный и высокомерный, как павлин, заказал для них каюты первого класса на «Пасифике», самом роскошном и самом быстроходном американском пароходе.

Он был оснащен по последнему слову техники, здесь было все, вплоть до электричества. Внутренняя отделка радовала глаз: огромные гостиные, обставленные итальянской и французской мебелью в стиле ренессанс, элегантные каюты с уютными креслами чиппендейл и шератон.

Гевин оставил лучший номер для себя и Делии, а Бриане заказал каюту напротив, так, чтобы ни на минуту не выпускать ее из виду. Дирк и пятеро наемников разместились в недорогих каютах второго класса на нижней палубе.

Всю дорогу от Силвер-Бьют с Брианы не спускали глаз ни днем, ни ночью. Она уже привыкла к этому, так что меры предосторожности, предпринятые Гевином даже посреди океана, не произвели на нее никакого впечатления. Когда бы она ни открыла дверь своей каюты, за ней всегда дежурил один из головорезов Холлистера. Еду ей приносили прямо в каюту, и только однажды, да и то в сопровождении охранника, выпустили прогуляться на палубу, подышать свежим воздухом. Кроме того, Гевин строго предупредил, чтобы она не смела ни с кем разговаривать.

Положение пленницы ее в какой-то мере даже устраивало, никто не мешал ей потихоньку оплакивать свою разбитую любовь и навеки потерянное счастье. Бриана была счастлива, что избавилась от общества глупой и бесцеремонной Делии.

Она с тоской вспоминала Колта и пыталась утешить сама себя, строя картины счастливой будущей жизни в Париже вдвоем с Шарлем. Бриана истосковалась по нему, ее тревожило, как прошла операция. Она надеялась, что все уже позади, раз Гевин перевел деньги в больницу.

Днем девушка часами простаивала возле маленького иллюминатора в своей каюте, задумчиво глядя на белые барашки волн. Бриане казалось, что она по-прежнему в ловушке.

Хуже всего было ночью. Даже во сне ее мучило чувство вины, и, просыпаясь в слезах, Бриана снова видела перед собой мужественное, ставшее родным лицо Колта. У нее сердце кровью обливалось при мысли, что никогда больше не придется увидеть эти смеющиеся серые глаза, ласковую улыбку, от которой в углах рта появляются две лукавые ямочки. Иногда ей представлялось, что он сжимает ее в железных объятиях и она прижимается к нему, ощущая мощь и тепло его мускулистой груди. Рыдания душили Бриану, и по утрам подушка была мокрой от слез.

Она безумно хотела его. Яростно, неистово, безнадежно. Наверное, это и есть любовь.

Она знала, что эти сны всю жизнь будут преследовать ее, ведь пока бьется сердце, любовь к Колту будет жить в нем.

Наконец пароход доставил их в Англию, и очень скоро они уже мчались в поезде в сторону Дувра. Переплыв через Ла-Манш, Гевин и его спутницы оказались во Франции и прямиком направились в Париж.

Подъезжая к городу поздно ночью, Бриана жадно вглядывалась в море огней над Парижем, не помня себя от радости и нетерпения. Все позади.

Все в прошлом.

Она выполнила требования Гевина, и теперь ее ждет другая, новая жизнь — в Париже, вдвоем с Шарлем.

Сильные пальцы, словно железным обручем, сдавили ее запястье, и Бриана испуганно оглянулась. Это был Том, один из охранников.

— Мейсон велел отвезти тебя в гостиницу, — заявил он, не в силах оторвать масленый взгляд от ее груди. — Поехали.

Бриана задрожала, в душе называя себя трусихой. Ну конечно, сейчас ночь, она сможет поехать в больницу только утром. Хорошо, она потерпит несколько часов, отдохнет, примет горячую ароматную ванну — блаженная улыбка осветила ее лицо. Том принял это на свой счет и заговорщически ухмыльнулся в ответ, как обычно делал, поймав лукавую усмешку Делии, которая чертовски возбуждала всех без исключения охранников Дирка.

Приехав в гостиницу и проводив в номер смертельно уставшую Бриану, Том занял привычную позицию возле ее дверей. Приняв после утомительной дороги ванну, девушка легла в постель и погрузилась в глубокий сон. Прошло, казалось, всего несколько мгновений, и вот уже кто-то окликнул ее.

Бриана открыла глаза и испуганно отпрянула, увидев Гевина.

— Быстро одевайся! Через час мы должны быть на вокзале. Твой брат будет ждать нас там.

— На вокзале?! — изумилась девушка, ничего не понимая. — Почему? Как? Разве его уже выписали из больницы? Почему же ты ничего не сказал мне? — испуганно бормотала она, хватаясь за одежду.

— Хватит болтать, одевайся, — грубо оборвал он. — У меня нет времени отвечать на глупые вопросы.

Через полчаса Бриана негромко стукнула в дверь, давая знак охраннику, что готова к отъезду. На ней было одно из самых нарядных платьев, которое особенно нравилось Дани, — роскошного желтого бархата, с высоким воротничком. Поверх был наброшен жакет из той же ткани с длинными рукавами. В середине ноября в Париже бывает довольно прохладно.

За дверью ее ждал Дирк Холлистер, заступивший место Тома. Подойдя к ней вплотную, он похотливо улыбнулся и, окинув девушку восхищенным взглядом, пробормотал что-то одобрительное. Впрочем, как это бывало всегда, Бриана скользнула мимо, притворившись, что ничего не заметила. «Ну это тебе так не пройдет, — мрачно чертыхнулся оскорбленный Дирк. — Как только

Гевин устанет от тебя, я уж своего не упущу, попомнишь меня, высокомерная дрянь!»

Утро было раннее, и они ехали в молчании по пока еще тихим и безлюдным улицам Парижа. Приехав на вокзал, снедаемая нетерпением Бриана даже не стала дожидаться, чтобы Дирк подал ей руку. Изящно подобрав юбку, она распахнула дверцу и выскочила из экипажа.

Девушка испуганно оглядывалась кругом и вот наконец увидела брата, по пояс завернутого в теплое шерстяное одеяло и по-прежнему сидящего в знакомом ей кресле с большими колесами. Рядом с ним застыла высокая чопорная женщина с суховатым выражением лица профессиональной сиделки, одетая в туго накрахмаленный белый халат. Бриана оцепенела, но тут Шарль заметил ее, и худенькое личико засветилось любовью. Он протянул к сестре руки, и Бриана, едва успев пролепетать «Шарль!», стремглав бросилась к нему. Высоко подобрав пышный подол юбки и не слыша летевшую ей вслед брань Дирка, она бежала по перрону к горячо любимому брату, по которому так отчаянно тосковала все эти долгие месяцы.

Упав перед ним на колени, Бриана что было сил прижала Шарля к груди, и слезы их смешались. Прошло несколько минут, но ни один не мог вымолвить ни слова, наконец Бриана выпустила брата из рук, и они оба заговорили одновременно, смеясь и перебивая друг друга.

Они даже не заметили, как бесшумно появился Гевин и отстранил сиделку, объяснив Бриане, что с этой минуты она сама должна ухаживать за братом.

Сиделка повернулась, чтобы уйти, и девушка взволнованно спросила ее, что сказали врачи, может быть, Шарлю нужен какой-то особый режим.

Бросив на Гевина быстрый взгляд исподлобья, та покачала головой и скрылась в толпе.

Бриана недоуменно оглянулась на Гевина, ожидая объяснений, но тот коротко кивнул Холлистеру:

— Отнеси мальчишку в вагон да не забудь его кресло.

Дирк направился к Шарлю, но у него на пути встала Бриана.

— Для чего ты привез нас на вокзал? — воскликнула она, обращаясь к Гевину. — Я же предупредила: мы остаемся в Париже. Мне здесь будет легче найти работу, да и Шарль будет рядом...

— Вы едете с нами, — оборвал ее Гевин, — и будь добра, Бриана, не устраивай сцен.

Снова обернувшись к застывшему Холлистеру, он рявкнул:

— А ты что стоишь? Живо в поезд!

— Нет!

Бриана, как разъяренная пантера, ринулась к Гевину. Он получил то, о чем мечтал: состояние Колтрейна. А ей вернули единственного брата. Теперь наконец они пойдут каждый своей дорогой. И чем скорее это произойдет, тем лучше — Бриана чувствовала, что сыта по горло обществом Гевина. Если он нарушит свое обещание и не даст ей ни су, что ж, так тому и быть. Она найдет способ заработать на жизнь себе и брату, но ни одного лишнего дня не останется в компании мерзкого Мейсона и его приятелей.

Услышав эту пламенную речь, Гевин обменялся с Дирком взглядом и подошел к Бриане так близко, что та отшатнулась. Он тихо шепнул, что либо она послушается его, либо тут же, на перроне, Холлистер по первому его знаку прикончит Шарля.

— И не думай, что я шучу, милочка. — Усмешка искривила тонкие губы. — Ты не поверишь, до чего это легко. Холлистер закатит коляску в кусты и свернет ему шею, будто цыпленку, он даже пикнуть не успеет.

Бриана подумала, что кто-то из них двоих сошел с ума. Все поплыло у нее перед глазами.

— Но почему? — пролепетала она побелевшими губами. — Я же сделала все, как ты хотел! Почему ты не даешь мне уйти? Что тебе еще от меня нужно?

— Мне нужно, чтобы ты вернулась домой вместе с нами. Домой, в Монако. Не волнуйся, это ненадолго. Просто я немного нервничаю, ведь Тревис Колтрейн все еще в Париже. Вдруг ему придет в голову кинуться на поиски дочери, когда до него дойдут слухи о том, что произошло в Силвер-Бьют. Не могу же я допустить, чтобы все выплыло наружу из-за твоих глупых терзаний. Поэтому пока что ты побудешь со мной. Когда шум утихнет, получишь свободу да еще и кругленькую сумму в придачу. Думаю, и Шарлю деньги не помешают, а?

Бриана не сводила с него жесткого взгляда, не веря ни единому слову Гевина.

— Обещаю, что ни слова никому не скажу, — твердо произнесла она. — Только оставь нас в покое.

Он издевательски ухмыльнулся:

— Ничего не выйдет, дорогая! Слишком многое поставлено на карту. Пошли, хватит ломаться. Судя по тому, что сказали врачи, Шарль сейчас неплохо себя чувствует, а о дальнейшем лечении можно поговорить и позже. Вот увидишь, несколько дней на берегу моря ему не повредят.

Она бросила настороженный взгляд на Холлистера, потом на Гевина. Они опять загнали ее в угол. Делать нечего, оставалось только одно — повиноваться. Бриана не могла рисковать. Ведь жизнь Шарля — не игрушка. Может быть, позже ей представится шанс ускользнуть от них и увезти Шарля, но пока она беспомощна.

Выдавив дрожащую улыбку, Бриана повернулась к Шарлю и попыталась успокоить встревоженного мальчика:

— Все в порядке. Мы ненадолго поедем в Монако. Ведь ты же соскучился по дому, не так ли?

Шарль не успел даже открыть рот, как Дирк Холлистер, подхватив на руки его тщедушное тельце, направился к поезду. Бриана кинулась за ним. Дирк с Шарлем на руках легко шагнул внутрь вагона, а кондуктор в черной униформе вежливо подхватил под локоть Бриану, чтобы помочь ей войти. Помедлив немного, она повернулась и, не дрогнув, встретила яростный взгляд Гевина.

— Ты немного перегнул палку. С этой минуты можешь считать, что больше я тебе ничего не должна.

Бриана шагнула в поезд.

Гевин молча проводил ее бешеным взглядом. Ну что ж, если девчонка вообразила, что может вертеть им как хочет, придется преподать ей хороший урок.

Но было что-то такое в ее голосе и в выражении лица, что Гевин, несмотря на свою обычную наглость и презрение к девушке, почувствовал, как по спине у него пробежал неприятный холодок.

Глава 22

Бриану и Шарля провели в маленькое купе, которое запиралось изнутри. Почти все пространство занимали две деревянные скамейки, сбоку было большое, почти квадратное окно. Шарля посадили около него, так чтобы мальчик мог любоваться быстро сменяющими друг друга пейзажами. Поезд направлялся на юг, и вскоре перед глазами путешественников уже появились величественные вершины Альп. Бриана, укутав поплотнее ноги мальчика, устроилась напротив. Сжав в ладонях худенькие ручонки брата, она ласково погладила их. Поезд набирал скорость.

— Ну, расскажи же мне, — попросила Бриана, — расскажи, как прошла операция, что сказали врачи, ну, словом, все.

Шарль поднял на нее глаза, и Бриана со страхом заметила, как задрожали его губы.

— Где ты была, Бриана? Почему ты не приехала, ведь мне было так плохо без тебя?! Уехать так надолго! — В его голосе были горечь и обида, Шарль не выдержал и зарыдал. — А кто все эти люди с мсье

Мейсоном? Те, что грузили большие ящики? У них такие неприятные лица. О Боже, Бриана, я ничего не понимаю!

Мальчик смотрел на нее растерянными, полными слез глазами, и девушке пришлось сделать над собой неимоверное усилие, чтобы не выдать собственного страха. Нельзя пугать Шарля. Сделав веселое лицо и помолившись про себя, чтобы ее ложь прозвучала достаточно убедительно, Бриана решила рассказать ему давным-давно придуманную историю.

Бриана заранее сочинила рассказ о том, как ей пришлось отправиться в деловую поездку в Штаты вместе с Гевином, ей нужно было заработать достаточно денег, чтобы оплатить операцию. А Гевину пришлось ехать, чтобы получить деньги, которые оставил ему в наследство один из родственников Элейн, умерший год назад.

— Так что видишь, теперь все проблемы мадам де Бонне позади, — весело закончила она, надеясь от всей души, что голос ее не выдаст, — да и наши тоже.

— Ну а эти люди?

— Ничего не бойся, — уверенно сказала она. — Это просто охрана, их нанял мсье Мейсон. А теперь расскажи о себе.

Шарль пытался храбриться изо всех сил, пересказывая то немногое, что он помнил о самой операции. Он заметил небрежно, что было не так уж и больно, но сердце сестры знало, что это не так, что он жестоко страдал — и страдал один.

— И знаешь что, Бриана, — добавил Шарль, радостно сверкнув глазами, — там, в больнице, я познакомился с одним доктором, его зовут Ричиболд, так он сказал, что может поставить мне специальные скобки. Если как следует тренироваться, в один прекрасный день я даже смогу ходить без костылей! Ну, не чудо ли это?! — Карие глаза мальчика сияли, как два маленьких солнца.

Сестра ответила ему такой же сияющей улыбкой.

— Тогда мы очень скоро вернемся в Париж, обещаю!

Шарль принялся объяснять, что доктор велел не торопиться и избегать лишних нагрузок на позвоночник. Ему придется провести еще несколько недель в этом противном кресле на колесах. Врачи запретили пока даже пытаться ходить на костылях.

Они говорили и не могли наговориться. Вскоре после полудня в дверь купе постучали — один из охранников принес корзинку с едой: там было немного хлеба с сыром, с десяток яблок и апельсинов, бутылка с вином для Брианы и молоко для Шарля. Поев, брат с сестрой улеглись и моментально погрузились в крепкий сон под убаюкивающий, монотонный перестук колес.

Но отдыхать им пришлось недолго. Дикий визг тормозов, оглушительный вой сирены и шипение выпускаемого пара слились в один звук, и поезд резко остановился.

Холлистер заглянул к ним проверить, все ли в порядке, и объяснил, что пришлось резко тормозить, чтобы не попасть под снежную лавину. Огромный снежный карниз, оторвавшись от своего основания, с оглушительным грохотом рухнул на рельсы. Как сказал машинист, потребуется несколько часов, чтобы убрать снег и расчистить пути.

Но для Брианы и Шарля время летело незаметно, ведь им о многом нужно было поговорить, столько рассказать друг другу. Девушка восхищенно описывала неповторимую красоту дикой природы штата Невада, рассказывала об огромном ранчо, на котором побывала, и где была так счастлива. Приоткрывший от восхищения рот Шарль слушал затаив дыхание о захватывающей скачке верхом на Белль по пустынной прерии, где от бескрайних просторов захватывает дух.

Даже о Колте она рассказала брату, упомянув вскользь, что подружилась с ним, пока жила на ранчо. И пока Бриана говорила, она с удивлением почувствовала, что уже не ощущает прежней мучительной боли в сердце — Колт стал милым, но далеким воспоминанием, да и само совершенное предательство — не более чем дурным сном. Бриана забыла об осторожности, и имя Колта то и дело слетало с ее губ, как нежный поцелуй, и она испуганно вздрогнула, когда брат весело расхохотался:

— Знаешь, Бриана, по-моему, ты там, в Америке, влюбилась!

Чувствуя невероятное смущение, оттого что так забылась и невольно выдала свои чувства, Бриана не знала, что возразить.

— Послушай, это просто смешно. Мистер Колтрейн — очень приятный человек, и мне было с ним интересно, но ведь это ни о чем не говорит, правда? А кроме того, — немножко свысока произнесла она, насмешливо поглядывая на развеселившегося Шарля, — что может знать о любви десятилетний мальчишка вроде тебя?

Но ему, похоже, понравилось дразнить сестру.

— Вот увидишь, он напишет тебе и предложит выйти за него замуж. Тогда мы оба поплывем в Штаты и станем жить на этом огромном ранчо, о котором ты рассказывала. А ты как думаешь, это возможно? — В его глазах блеснула надежда, и Бриана внезапно с горечью поняла, что в глубине души он не шутил. Шарль ухватился за эту мысль, и ее долг — как можно скорее заставить его понять, что все это не более чем нелепая детская фантазия. Она никогда не увидит Колта.

— Это невозможно, — тихо сказала Бриана, повернувшись к окну, чтобы Шарль не заметил набежавших на ее глаза слез. — Колт уже влюблен, только в другую.

И тут Бриана почувствовала, как нежная детская ладошка ласково погладила ее по мокрой щеке.

— Я понимаю, — прошептал мальчик.

Бриана взмолилась в душе, чтобы когда-нибудь ей простилось все зло, которое она принесла Колту. Но без раскаяния нет прощения, а она твердо знала, что пошла бы на это еще раз, только бы спасти драгоценную для нее жизнь брата.

Была уже ночь, когда наконец с рельсов был убран последний снег и поезд снова двинулся вперед, набирая скорость. Лежа на жесткой скамье рядом с Шарлем и прислушиваясь к его ровному дыханию, Бриана в отчаянии ломала голову, когда же Гевин сочтет, что пришло время освободить их.

В Лион они прибыли уже на рассвете и пересели на поезд, направляющийся в Ниццу.

Бриана разбудила Шарля и закутала его в шерстяное одеяло, когда в дверях появились Арти и Бифф, готовые перенести мальчика в поджидавший на перроне экипаж. Бриана поспешила за ними в страхе, что тщедушный

Бифф может не удержать тяжелую коляску и упасть вместе с Шарлем. Ночь была прохладной, и девушка зябко поежилась, несмотря на плотный шерстяной плащ.

Их переезд в Монако больше напоминал экспедицию: два экипажа, в которых ехали Гевин с Делией и Бриана с Шарлем, за ними громыхали три тяжелых фургона с золотыми слитками и охраной. Бриане удалось подслушать, как радовался Гевин, что из-за снежных заносов они приехали много позже. Глубокой ночью никто не увидит их каравана, и, значит, не будет лишних вопросов и любопытных взглядов при виде тяжелых фургонов и вооруженных людей, словно сошедших со страниц американских вестернов, тем более что уезжали из Монако они только вдвоем.

Шарль снова уснул еще по дороге. Удивившись, что Дирк с сонным мальчиком на руках направился к замку, Бриана заволновалась. Она бросилась к нему, но другой охранник перехватил ее по дороге, коротко сказав, что таков приказ Мейсона. Бриана растерялась, она думала, что по-прежнему останется в своем маленьком домике вдвоем с братом, но, похоже, Гевин решил не выпускать их из виду. Это плохой знак, подумала она.

Лем крепко держал ее за руки, не давая последовать за братом, и Бриана замерла. Неподалеку от нее распоряжался Гевин, показывая охране, куда нести ящики с золотом. Он решил опустить их в подвал, откуда узкий коридор вел прямо к винному погребу. Бриана содрогнулась, вспомнив это ужасное место. Здесь, как в склепе, всегда царил ледяной холод, а запутанные коридоры, похожие на кошмарный лабиринт, вели, казалось, прямо к центру земли. Когда она спускалась в погреб за вином, в темноте ей мерещились какие-то шорохи, и она возвращалась в замок бледная как мел. Ступеньки ведущей вниз лестницы были скользкими и крутыми. Однажды, когда Бриана была совсем еще маленькой, она отправилась в подвал и вдруг случайный сквозняк погасил свечу, которую она сжимала в руке. Девочка оказалась в непроглядной тьме, она в ужасе закричала, но некому было услышать ее. Кое-как взяв себя в руки, малышка ощупью стала карабкаться вверх по крутой лестнице, цепляясь дрожащими пальцами за осклизлые, сырые ступени. Под ногами шуршали пауки, и откуда-то снизу доносился визг крыс, которых здесь было великое множество. С тех пор ей становилось не по себе при одном упоминании об этом жутком подвале, и она старалась избегать походов туда под любым предлогом.

Гевин кивнул Лему, и тот проводил Бриану в замок, где тем временем разыгралась страшная драма — разъяренная Элейн столкнулась лицом к лицу с Делией.

— Черт бы тебя подрал, Гевин! — взорвалась хозяйка замка. — Я не позволю, чтобы со мной поступали подобным образом. Неужели я для того ждала тебя, чтобы ты появился в обществе этой женщины?! — вопила Элейн, возмущенно тыча пальцем в сторону Делии. — Кто эта тварь? Как ты осмелился привезти ее сюда, даже не спросив разрешения?

Гевин ненавидел любые скандалы, особенно при посторонних, и отмахнулся от Элейн, как от назойливой мухи:

— Не сейчас, дорогая, я устал с дороги. Проследи, чтобы мне принесли в комнату вина и что-нибудь из еды. Будь добра, позаботься об этом сама.

Он повернулся, чтобы уйти, но за спиной вновь раздались женские вопли: Элейн требовала объяснений, Делия, видя, что о ней забыли, жалобно всхлипывала.

Бриана, не желая больше быть свидетельницей этой сцены, твердо взяла Дирка за локоть:

— Немедленно отведи меня к брату. Мне нет никакого дела до того, что здесь происходит.

Возмущенный крик, вырвавшийся у окончательно потерявшего терпение Гевина, заставил всех мгновенно замолчать. Недовольно повторив Элейн, чтобы она поторопилась с ужином, он повернулся к Делии и резко приказал:

— Поднимайся вверх по этой лестнице, потом поверни налево. Дверь в твою комнату — первая по правой стороне. Сиди там, пока я не позову, и не смей ныть. А теперь убирайся!

Делия, спотыкаясь и вытирая градом катившиеся слезы, бросилась из комнаты. Она была возмущена: приехать в Европу для того, чтобы на нее кричали, как на чернокожую служанку!

Гевин между тем повернулся к Холлистеру:

— С калекой хлопот не будет, а вот с Брианы нельзя ни на минуту спускать глаз. Запри ее в винном погребе.

Бриана в ужасе кинулась бежать. Но бросившийся наперерез Лем успел перехватить ее и стиснул в медвежьих объятиях. Отбиваясь, она отчаянно кричала:

— Ты, ублюдок! Я сделала все, что обещала, почему же ты так поступаешь со мной?!

Гевин с сожалением покачал головой, словно удивляясь ее наивности:

— Дурочка, неужели ты думаешь, я настолько глуп, чтобы выпустить тебя из рук? Да ведь ты немедленно обратишься к властям. Я давно заметил, что ты чересчур переживаешь — уж не влюбилась ли в этого мальчишку Колтрейна? На тебя надежда плохая, сломаешься в любую минуту. Знаю я таких, моя милая! Вам лишь бы копаться в своих переживаниях! И чтобы только успокоить свою совесть, тебе ничего не стоит пойти и во всем сознаться, а до меня тебе дела нет!

Он даже хмыкнул, возмущаясь такой глупостью. Потом, махнув Дирку рукой, отправился в свою комнату, не обращая ни малейшего внимания на ее крики.

Дирк вытащил из кармана платок и, пока Лем держал ее за руки, затолкал его Бриане в рот, заставив замолчать.

— Ну, что, лапочка, — издевательски протянул он, — хозяин сказал, что твоя колыбелька теперь в подвале, так что не стоит мешкать.

Дирк подхватил Бриану на руки. Проходя мимо весело ухмыляющихся головорезов, он послал Биффа за лампой.

Тридцать семь ступеней привели их вниз, в винный погреб. Дирк осторожно поставил Бриану на каменный пол, по-прежнему крепко сжимая ее запястья. Он молча кивнул Биффу на торчащий из стены заржавленный крюк, и Бифф кое-как прицепил к нему коптящую лампу. После этого охранник с облегчением покинул мрачный подвал, и Бриана осталась один на один с Дирком.

Тот наконец отпустил ее руки, и девушка немедленно вытащила изо рта кляп.

— Послушай, ты не можешь оставить меня здесь одну! Это... это бесчеловечно!

Дирк молча кивнул, удивлённо озираясь по сторонам. Он насчитал шесть бочонков с вином, а две стены были сплошь заставлены наклонными деревянными полками, на которых могло разместиться не меньше двух сотен бутылок и которые сейчас не были заняты и на треть.

— Похоже, тут можно неплохо скоротать время, — восхищённо присвистнул он, — давай пей вволю, лапочка, и увидишь, как оно быстро пролетит.

— Послушай, запри меня где-нибудь наверху, ну что тебе стоит, — умоляла Бриана. — Неужели обязательно держать меня в этом ужасном месте?!

Дирк равнодушно пожал плечами:

— Ты же слышала, это приказ хозяина. Мне-то самому всё равно, но я должен повиноваться.

Бриана до боли стиснула кулаки.

— Не оставляй меня здесь! Поговори с Гевином, расскажи ему, как здесь ужасно. Скажи, что у него не будет проблем из-за меня. Клянусь могилой родителей!

— Да ладно тебе, малышка... — Он поскрёб небритую щёку, делая вид, что колеблется. На самом деле он и не думал говорить с Гевином. Ему самому было приятно поиздеваться немного над девушкой. Заносчивая, наглая шлюха получила по заслугам! — Хорошо, я попробую отыскать его и поговорить с глазу на глаз. Ничего не обещаю, но попробую. Ты ведь знаешь не хуже меня, что он порой бывает упрям как осёл. Но я, — он широко ухмыльнулся девушке, — я рискну...

Бриана кивнула, слабо улыбнувшись:

— Спасибо тебе. И пожалуйста, узнай что-нибудь о Шарле — где он, кто о нем заботится.

Дирку потребовалось сцепить зубы, чтобы не расхохотаться ей прямо в лицо. Неужели девчонка настолько глупа, что считает, будто он, словно странствующий рыцарь, кинется к ней на помощь, после того как она нагло отвергла его? Ведь тогда она отшатнулась от него, будто боялась испачкаться!

Он придвинулся почти вплотную.

— Послушай, я могу еще кое-что для тебя сделать, — вкрадчиво шепнул он на ухо Бриане. — Если хочешь, я оставлю тебе лампу, чтобы не было страшно в темноте.

Бриана опустила глаза и как можно мягче поблагодарила Дирка.

Тот ухмыльнулся про себя и невольно огляделся: по углам, казалось, шевелились черные мохнатые тени. Дирк почувствовал, как по спине побежали мурашки. «Черт, да тут поседеешь со страху!» — подумал он боязливо.

Дирк понимал, что, попав к Мейсону, который привез его собой во Францию, вытащил, можно сказать, счастливый лотерейный билет. И он ничуть не меньше Гевина был заинтересован в том, чтобы не попасть в руки разъяренному Колтрейну, если тот проведает, что за шутку сыграла с ним Бриана. Дирк был уверен, что такой человек, как Колт, не будет всю жизнь стенать и посыпать голову пеплом из-за того, что затащил в постель собственную сестру — или девчонку, которую он считал своей сестрой. Рано или поздно он вернется на ранчо, обнаружит, как его провели, и уж тогда достанет их из-под земли.

Дирк вовсе не собирался оставаться с Гевином до конца своих дней. Но и исчезать раньше времени тоже не имело смысла, по крайней мере до того, как удастся прибрать к рукам достаточно золота, чтобы пожить в свое удовольствие.

Бросив на Бриану взгляд исподлобья, Дирк похотливо облизнулся — вот и еще один повод задержаться здесь подольше. Пробежав глазами по ладной, изящной фигурке, он невольно стиснул зубы.

— Будь со мной поприветливее, и я тебя не обижу, — тихо пробормотал он. — Ты же не маленькая, знаешь, как заставить мужчину уступить. За все в этой жизни приходится платить, малышка. Ты же понимаешь, что рискуешь моей головой, значит, самое время подумать, как отблагодарить меня. Понимаешь, о чем я?

Его шершавые руки больно стиснули нежную девичью грудь, Дирк навалился на нее и накрыл губами ее рот. Бриана замотала головой, ногтями пробороздив на небритых щеках алые полосы, но он даже не вздрогнул.

И тут девушку охватил животный ужас. Неужели негодяй собирается прикончить ее здесь? Или решил надругаться над ней? Ведь он просто сумасшедший, она уже имела случай в этом убедиться...

Пытаясь вырваться, Бриана нечаянно коснулась горящей лампы, и огонь сердито лизнул ей ладонь. Тогда, изловчившись, Бриана схватила лампу и, сорвав ее с крюка, с размаху огрела Дирка по всклокоченной голове.

Подвал наполнился едким запахом горящих волос, и со страшным воем Дирк отскочил в сторону. Пытаясь сбить пламя, он с воплями бросился вверх по лестнице.

Через минуту Бриана осталась одна в полной темноте...

Гевин отдыхал в своей комнате, поджидая Элейн. Он догадывался, что она в ярости, и был готов к встрече с ней.

Ему не пришлось долго ждать. Хлопнула дверь — Элейн ворвалась в комнату и с грохотом опустила поднос на столик у кровати, так что задребезжали бокалы и вино расплескалось по ковру.

— Неблагодарная скотина! — процедила она сквозь стиснутые зубы. — Это так-то ты отплатил мне за те годы, что жил в роскоши в моем доме! Если бы не я, твои родственники давным-давно сплавили бы тебя в приют! И где же твоя благодарность, позволь узнать?! Привез в мой дом дешевую потаскушку! Неужели ты думаешь, что я позволю...

— Замолчи, Элейн, — устало вздохнул Гевин. Бесконечное путешествие вымотало даже его, и к тому же он был голоден как волк. Но больше всего ему хотелось тишины.

Подойдя к столу, он взял бокал с вином и осушил его одним глотком. Окинув взглядом поднос, Гевин выбрал аппетитный кусочек сыра, за ним последовал второй.

Элейн в нетерпении топнула ногой:

— Гевин, ты слышишь меня? Прогони эту шлюху! Я не позволю ей оставаться в моем доме!

Подняв голову, Гевин окинул холодным взглядом разъяренную женщину. Она по-прежнему хороша собой, признал он, да и в постели чертовски привлекательна. Вдруг он почувствовал, как его охватывает знакомое желание. В конце концов, она не всегда противилась даже самым причудливым его фантазиям и, если честно, он редко бывал разочарован. Но все это уже в прошлом. Неужели она настолько глупа, чтобы думать, будто он никогда не найдет себе женщину помоложе?

Гевин указал Элейн на кресло, приглашая присесть, но та яростно замотала головой. Тогда он силой усадил ее.

— Сколько раз тебе повторять — я безумно устал! И у меня нет настроения выслушивать твои упреки!

Элейн надменно вздернула подбородок, глаза ее были холодны как лед.

— Неужели тебе нисколько не интересно узнать, как мы теперь богаты? — спросил он. — Мне не хотелось писать тебе, я боялся, что почта может попасть в чужие руки. Наше путешествие было довольно забавно, а главное, успешно. Так что у нас есть повод для веселья. — Глубоко вздохнув, он налил себе еще вина. — Очень хорошо. Можешь дуться, сколько пожелаешь. Наверное, ты знаешь, — продолжал он, — что положение в обществе довольно сильно зависит от достатка. А чем более высокое положение занимает человек, тем больше он на виду. Что будет, если кто-то проведает о наших отношениях? Так что считай Делию чем-то вроде прикрытия.

Элейн растерянно моргнула, и неестественно длинные, выписанные из Парижа ресницы взметнулись, как крылья.

— Прикрытие? — удивленно повторила она. — Каким образом эта женщина может помешать людям узнать о нас с тобой?

Гевин ласково провел кончиком пальца по ее щеке, ложь всегда давалась ему легко.

— Дорогая моя, ты же знаешь, что ты для меня — единственная женщина, но в обществе этого никогда не смогут понять. Мы должны хранить нашу любовь в тайне, особенно теперь, когда я, так сказать, вступил в брачный возраст.

Элейн содрогнулась:

— Я не хочу ее видеть. И не пытайся врать и убеждать меня, что не спишь с ней, я слишком хорошо тебя знаю! Я не так глупа, как ты думаешь, Гевин, — злобно усмехнулась она. — А теперь, раз мы так богаты, давай уедем куда-нибудь и действительно будем вместе, как всегда мечтали. Пожалуйста, Гевин, отошли ее!

Он покачал головой.

— Пока что все останется, как есть, — твердо сказал он.

— Люди подумают, что она твоя невеста, — настаивала Элейн. — А может быть, ты действительно собираешься жениться на ней? Может быть, вы рассчитываете забрать все деньги и уехать вдвоем, а меня оставить ни с чем? Гевин, ты не можешь так со мной поступить!

Она попыталась вскочить на ноги, но он с силой толкнул ее обратно в кресло и заорал:

— Дьявол тебя возьми, сколько можно повторять! Заткнись и слушай меня!

Их взгляды, яростные, негодующие, скрестились, как две шпаги.

Элейн вдруг почувствовала себя старой и усталой. Ясно, что Гевин не любит ее больше, иначе бы он не обращался с ней так.

Гевин был в бешенстве: да кто она такая, эта старуха, что рассчитывает, будто он до конца дней будет цепляться за ее юбку?! Что с того, что он когда-то спал с ней? Ведь он не клялся ей в верности! Гевин всегда любил женщин, да и как не любить этих ласковых кошечек, только надо уметь ими пользоваться, не то быстро вонзят в тебя острые коготки! И попробуй не дай одной из них то, что она хочет, — мигом встретишься лицом к лицу с разъяренной пантерой. И он украдкой покосился на Элейн.

Увидев выражение упрека на ее лице, Гевин разозлился еще больше. Уже не пытаясь сдерживаться, он размахнулся, и раздался звук пощечины, а за ним — отчаянные женские рыдания. Он выругался и отправился в кабинет за другой бутылкой. Подождав немного и видя, что рыдания грозят превратиться в истерику, он проворчал:

— Либо ты замолчишь и дашь мне сказать, либо я так изобью тебя, что ты неделю проваляешься в постели!

Элейн поперхнулась. Да, он сделает это, нет никаких сомнений, это же чудовище, а не человек!

Она молча кивнула, и Гевин, налив себе еще бокал, начал рассказывать. Он объяснил, как задумал отобрать у Колтрейнов все состояние. Гевин был так горд собой, что не скрывал от Элейн ничего, он со вкусом смаковал самые пикантные детали, и очень скоро ей стало казаться, что он не говорит, а произносит вслух какой-то монолог.

Он смеялся своим собственным шуткам, и было похоже, что ему нет дела до Элейн. Уйди она — он и не заметил бы этого.

Но она не ушла. Со смешанным чувством гнева и удивления она не сводила с него глаз, до глубины души пораженная этим самолюбованием. Но худшее ждало ее впереди. Под конец Гевин объявил, что им на какое-то время придется уехать в Грецию.

— По-моему, будет лучше, если Бриана и я ненадолго исчезнем. Стоит только кому-то пронюхать о нашем вдруг словно с неба свалившемся богатстве, как сразу поползут слухи. Да и к тому же не стоит забывать, что Тревис Колтрейн все еще в Париже.

Сердце Элейн глухо застучало в груди, и невольное подозрение закралось в душу. Рискуя вызвать его гнев, она тем не менее спросила:

— А я? Куда деваться мне, пока ты будешь в Греции. И кстати, почему именно в Греции?

Гевин напомнил, что один из родственников покойного графа де Бонне обосновался на острове Санторин.

— Если не ошибаюсь, Сент-Клэр был вынужден бежать из Франции, когда его обвинили в политическом заговоре. Только удирая, он прихватил с собой чужие деньги. Кстати, ты помнишь, как твой муж рассказывал, что этот изгнанник живет себе в Греции припеваючи? Так что, думаю, пришло время нанести визит дорогому дядюшке Сент-Клэру.

— Он тебе не родня, — холодно возразила Элейн, — он даже не подозревает о твоем существовании.

Но Гевин ничуть не смутился.

— Мои денежки замолвят за меня словечко, да и шестеро охранников кое-что значат. Все, что мне нужно, это убраться подальше на время, а что может быть лучше острова? Думаю, он меня поймет.

А теперь, — подлив себе вина, продолжал Гевин, — пришло время нам — вернее, тебе — устроить шикарный прием в замке, и как можно скорее. Пригласи всех местных сплетников, мне необходимо, чтобы как можно больше болтали о том, что я навсегда уезжаю в Штаты. Надо объявить, что ты получила наследство от одного из родственников, небольшое, но вполне достаточное, чтобы расплатиться с кредиторами и не заботиться о будущем. Я не хочу, чтобы кто-нибудь узнал, куда я собираюсь ехать на самом деле. Когда все уляжется, я вернусь за тобой и мы начнем где-нибудь новую жизнь, в Испании, например. Я не намерен, — подчеркнул он, — всю жизнь дрожать от страха, что в один прекрасный день появится Колтрейн и потребует обратно свои деньги.

Ревность до такой степени измучила Элейн, что она не выдержала:

— Ты собираешься взять свою потаскушку с собой?

— И ее, и Бриану, — кивнул Гевин, — а ты позаботишься о ее брате. Спустя какое-то время я напишу, что она умерла, и ты сможешь отослать мальчишку в приют.

Гевин взглянул на Элейн, ожидая восхищения. Как всегда, он был в полном восторге от собственной изобретательности.

Но Элейн не сомневалась, что все это просто слова, чтобы обмануть ее. Он никогда не вернется. Все кончено.

Вдруг замок огласили душераздирающие крики, так что оба вздрогнули.

— Какого дья... — Недоговорив, Гевин рванулся к выходу и столкнулся в дверях с Элом, одним из охранников. Тот был бледный, как привидение, явно вне себя от ужаса.

— Где босс? — вопил он. — Мне нужно его видеть!

Гевин подскочил к насмерть перепуганному охраннику.

— Из-за чего весь этот шум, что случилось, черт тебя возьми?! — злобно заорал он.

— Беда! — выдохнул насмерть перепуганный Эл. — С Холлистером беда. Эта сука в подвале — она сожгла его!

Глава 23

На узкой, вымощенной булыжником дорожке стоял человек, пристально вглядываясь в замок. Крестьянин с деревянным ящиком на плече с любопытством покосился на высокого незнакомца и тут же невольно ускорил шаг, поежившись от недоброго взгляда из-под нахмуренных бровей.

— Хочешь, чтобы я пошел с тобой? — спросил подошедший к Колту Бранч.

Не отрывая взгляда от замка де Бонне, Колт покачал головой:

— Я и один справлюсь.

Вся эта история Бранчу была не по душе. Ему казалось, что Колт все время витает в облаках, во всяком случае, вид у него был какой-то странный.

— Знаешь, старина, пойду-ка я лучше с тобой. А то ты еще, чего доброго, пристрелишь кого-нибудь.

Колт нетерпеливо махнул рукой, приказывая ему оставаться на месте, а сам неторопливо двинулся по извилистой тропинке, ведущей к замку.

Бранч проводил его взглядом. Они проделали вдвоем трудный путь, и Бранч подозревал, что впереди их ждут еще бо́льшие испытания. Услышав, что из Норфолка, штат Виргиния, в Европу отплывает пароход, они решили отправиться на нем и пересекли Атлантику гораздо быстрее, чем пассажиры комфортабельных лайнеров, отплывавших из Нью-Йорка и Бостона.

Сойдя с корабля в Саутгемптоне, они успели пересесть на маленькое суденышко, переправились через канал и поездом добрались до Ниццы. Там они купили лошадей и вскоре прибыли в Монако.

Бранч устал как собака. Но он не винил Колта в том, что тот не жалеет ни его, ни себя. На его месте Бранч поступил бы точно так же.

Приподняв висевший у входа тяжелый дверной молоток, Колт несколько раз громко постучал в тяжелую дубовую дверь.

— Тихо, тихо, уже иду, — донесся раздраженный женский голос. Женщина говорила по-французски. Колт в душе в который раз порадовался, что мать когда-то заставила его выучить французский язык, ведь если бы не это, он не смог бы так легко проникнуть в замок.

Дверь широко распахнулась, и перед Колтом появилась невысокая женщина средних лет, со следами былой красоты на лице. Но когда Колт заглянул ей в глаза, его невольно передернуло и он со страхом подумал: неужели у нее всегда, даже в молодости, были такие холодные глаза без капли нежности и теплоты?

А Элейн, застыв на пороге, как статуя, с силой вцепилась в дверной косяк, чтобы не упасть. Ей показалось, что время повернуло вспять. Зажмурившись, она едва слышно выдохнула:

— Тревис...

Колт остолбенел от неожиданности. Неужели это Элейн, тетушка Дани? В свое время отец много рассказывал ему об этой чудовищно злой женщине.

— Я его сын, — тихо ответил он, — Колт.

Глаза женщины широко распахнулись от удивления.

— Я сын Тревиса Колтрейна, — терпеливо повторил Колт. — Мне нужно повидаться с Дани. Могу я увидеть ее?

У Элейн перехватило дыхание. Юноша был копией своего отца: тот же цвет волос — черный, отливающий на солнце синевой, как вороново крыло, и глаза точь-в-точь такие же — цвета светлого серебра с золотистыми искорками.

Она не могла отвести от него глаз. Великолепное, мощное тело, словно боги, собравшись вместе, сговорились создать совершенный образец мужской красоты.

И перед ее мысленным взором возникла та далекая восхитительная ночь в Кентукки, когда они с Тревисом предавались любви и она была так счастлива, что совсем потеряла голову.

Она вспомнила, как однажды ночью выбралась из постели и, убедившись, что в доме все спят, тихонько пробралась в спальню к Тревису. Сбросив с себя одежду, Элейн бесшумно скользнула к нему под одеяло, прежде чем он успел сообразить, что происходит.

И он овладел ею так, как не удавалось ни одному мужчине ни до него, ни после.

Сладостные воспоминания развеялись как дым, сменившись стыдом и болью — ведь никто никогда не отталкивал ее с таким холодным равнодушием, как это сделал Тревис Колтрейн.

А потом он хладнокровно убил единственного человека, который по-настоящему любил ее, — Мейсона.

— Убирайся вон из моего дома, проклятый ублюдок! Мерзкое отродье!

Она уже замахнулась, чтобы ударить его, но Колт успел перехватить ее руку. Он вспомнил о той ненависти, которую эта женщина всегда питала к его отцу. Неужели именно она была причиной всего того, что произошло с ними? Неужели Элейн Барбоу через много лет снова попыталась разрушить их счастье?

Женщина дернулась, но он, словно железным кольцом, стиснул ее запястья.

— Я никуда не уйду, пока вы не скажете мне, где Дани.

Элейн впилась в него безумным взглядом. Проклятие, если бы он не был так дьявольски красив! Его появление снова воскресило в памяти сладкие и постыдные воспоминания, с которыми она боролась столько лет. Ни одна женщина, которую когда-то любил Тревис Колтрейн, не смогла бы выбросить его из головы, как бы жестоко и бессердечно он не покинул ее.

И Элейн не была исключением.

Их взгляды скрестились, спокойный и выжидающий — Колта, и пылающий яростью и обидой — Элейн, и ненависть оскорбленной и покинутой женщины разбилась, словно волна, натолкнувшись на твердую уверенность мужчины.

— Мэм, — мягко произнес он, надеясь успокоить ее, — все, что мне нужно, — это поговорить с сестрой. Не могли бы вы позвать ее?

На лице Элейн появилось нерешительное выражение. Она пребывала в растерянности, слишком много событий произошло за последнее время, и это выбило ее из колеи. Сначала ссора с Гевином, когда она среди ночи пришла к нему в спальню и обнаружила постель не смятой. Позже, за завтраком, он небрежно объяснил, что допоздна засиделся в кабинете, занимаясь делами, но она знала, что он лжет. Он был с Делией. Произошел безобразный скандал. Впрочем, все эти дни они только и делали, что ссорились. С тех пор как он вернулся, ее жизнь превратилась в ад, и, чтобы не сойти с ума, Элейн с утра одурманивала себя водкой, а вечером ее усыпляло виски.

— Мэм? — напомнил о себе Колт.

Губы Элейн искривила злобная гримаса. Ну что ж, он действительно похож на отца, неплохо будет поговорить с ним, заодно узнать, как поживает дорогой Тревис.

Она распахнула дверь.

— Проходите. — Элейн провела его в маленькую гостиную.

Следуя за хозяйкой, Колт отметил про себя, что внутреннее убранство замка далеко не так красиво и изящно, как их собственного дома в Неваде, который в полном смысле этого слова был творением рук его матери. Тут он с болью вспомнил, что не может больше называть его своим — теперь родной дом уже не принадлежал ему.

— Ее здесь нет, — объяснила Элейн, когда он вошел за ней в гостиную.

Подойдя к бару, женщина привычно наполнила бокал водкой, добавив немного апельсинового сока. Она протянула его Колту, но тот покачал головой. Он молча ждал. Наконец его терпение лопнуло, и Колт дал волю сдерживаемому гневу:

— Ну, хватит шутки шутить. Вам прекрасно известно, почему я здесь. Немедленно говорите, где Дани, или я по камешку разнесу этот ваш чертов замок! Вы меня слышите?!

Элейн кокетливо улыбнулась:

— Прошу прощения, кажется, я забыла представиться. Я — Элейн, графиня де...

— Знаю, я догадался об этом в первую же минуту, — нетерпеливо оборвал он.

Сейчас Элейн невольно обрадовалась, что на ней ее любимое платье цвета весенней зелени с белоснежной пеной кружев. В нем благодаря тесному корсажу ее грудь казалась более упругой и молодой, чем была на самом деле. Предвидя, что при встрече с Гевином неминуемо вспыхнет новая ссора и желая быть во всеоружии, она еще с утра тщательно подкрасилась и привела в порядок прическу.

Как завороженная, Элейн не могла отвести глаз от молодого Колтрейна, а посмотреть на него стоило. Интересно, подумала она, только ли внешне он похож на отца...

— Последний раз спрашиваю: где моя сестра? Если вы и на этот раз не ответите, я сам примусь за поиски!

Элейн испуганно заморгала. Молодой человек был вне себя от ярости, в его глазах выражалась твердая непреклонность. О Господи, таким был когда-то его отец! Видно, все в жизни повторяется! И от проклятой водки все кружится перед глазами.

— Дани нет здесь, — холодно повторила Элейн. Это была правда, и ей удалось выдержать его испытующий взгляд.

— Где же она?

Графиня равнодушно повела плечами:

— Они с Гевином пару дней назад вернулись из Штатов, но Гевин приехал в замок, а Дани задержалась в Париже.

— Как мне ее найти?

То же самое движение плеч.

— Откуда мне знать? — Элейн действительно не знала, что отвечать, и перепугалась не на шутку.

— Тогда могу я увидеть Гевина? — настаивал Колт.

Графиня плеснула себе в стакан немного водки.

— И этого я не могу вам сказать, — злорадно произнесла она

— Ну что ж, в таком случае я еще вернусь. — Колт повернулся и, не прощаясь, направился к выходу. Он шел по дорожке, ломая голову, правильно ли он поступил, что ушел. Может, следовало все-таки обыскать замок? Впрочем, какое-то внутреннее чувство подсказывало, что это ему ничего не дало бы.

***

Элейн со стоном оторвала от подушки голову — мутный туман висел перед глазами, и сотни крохотных молоточков безумно стучали в висках. Откуда-то издалека до нее донеслись приглушенные голоса. Где она?

Она помнила, как поднялась по лестнице, собираясь серьезно поговорить с Гевином. Она не позволит, чтобы его новая шлюха помыкала ею, да еще в ее собственном доме. Где-то наверху у нее припрятана бутылка отличного шампанского, они выпьют и поговорят по душам. Она сможет убедить его, что по-прежнему нужна ему. Они займутся любовью. Она сделает все, чтобы удовлетворить его, и потом они вместе решат, как избавиться от Делии. И все будет так, как было до поездки в Штаты. И Элейн с радостью простит ему эту маленькую измену, в конце концов, все мужчины не без греха, уж ей-то об этом хорошо известно! А она останется женщиной, к которой он всегда будет возвращаться.

Элейн заморгала. Она догадалась наконец, где находится — в маленькой гардеробной Гевина, позади ванной комнаты, точнее, небольшой ниши, где с трудом умещалась небольшая фарфоровая ванна. В гардеробной стоял маленький столик с целой коллекцией дорогих одеколонов, коробочек с душистой пудрой и бритвенными принадлежностями. Элейн лежала на диване, обитом золотистой парчой.

— Она просто-напросто опухшая от водки старая сука. Я не понимаю, что ты в ней нашел!

Голос Делии прозвучал совсем рядом, видимо, женщина находилась как раз за бархатной зеленой портьерой, отделявшей гардеробную от спальни Гевина.

— О, ты, кажется, напрашиваешься на неприятности, Делия?

Затаившая дыхание Элейн по голосу поняла, что Гевин в бешенстве и не скрывает этого.

— Неприятности? — Делия ехидно хмыкнула. — Ты рассказывал мне, что живешь со своей приемной матерью. Но, если не ошибаюсь, ты и словом не обмолвился, что спишь с ней. Ты не говорил, что занимался с ней любовью, когда тебе и четырнадцати не было! Боже мой! И я понятия не имела, что она считает тебя своей собственностью. Если бы я знала об этом, ноги бы моей тут не было!

Гевин коротко рассмеялся:

— Так я тебе и поверил! Да за деньги ты поехала бы куда угодно, хоть к черту на кулички! Ведь мгновенно пронюхала, что от меня пахнет деньгами, и немалыми! Именно поэтому ты и увязалась за мной, и именно поэтому до сих пор сидишь в этом замке. Так что прикуси язык и раздевайся!

— Послушай, Гевин, — вскипела Делия, — не смей со мной так разговаривать. Я не привыкла к этому.

Послышался вздох.

— Ну лапочка, я же говорил, мы скоро поедем в Грецию. Тебе там понравится. Ты будешь жить как королева и будешь счастлива со мной.

— А твоя старая кляча?

Гевин расхохотался, и, услышав этот беззаботный смех, Элейн съежилась. «Старая кляча»? О ком это они?

— Ну, рано или поздно она догадается, что мы не собираемся возвращаться. К тому времени мы с тобой будем уже в Испании или Португалии, а может быть, купим по дому в каждой из этих стран. Как тебе эта идея?

Наступила тишина, и Элейн с содроганием поняла, что они целуются.

Графиня осторожно привстала с дивана, чувствуя, как в груди молотом стучит обезумевшее сердце. Нельзя дольше оставаться здесь, если она не хочет слышать их крики и стоны, мысленно представляя, как они занимаются любовью в двух шагах от нее.

Не помня себя от обиды, Элейн, крадучись, выскользнула в коридор. «Старая кляча»! Ну погоди, ты еще вспомнишь об этом! Сердце болело, но глаза были сухими. Нет, она не такая женщина, чтобы лежать и плакать от обиды. Она не забудет и не простит оскорбления!

Заперев дверь, Элейн задумалась. В голове ее стал вырисовываться, пока еще неясно, план мести. Ну что ж, она найдет способ наказать Гевина, но сделает это чужими руками — руками сына Тревиса.

Прижав холодные пальцы к вискам, графиня старалась успокоить бешено колотившееся сердце. Острая боль пронзила ее. Да, ее месть будет сладостной — как любовь Тревиса!

Глава 24

Обнаружив на боковой улочке небольшую гостиницу, Колт с Бранчем решили, что им повезло. Они сняли два номера, и Колт, не проронивший ни слова с тех пор, как покинул замок де Бонне, так же молча заперся в своей комнате. Бранч, видя, что с другом творится неладное, не решился его тревожить.

Он предвкушал, как сбросит с себя пропыленную одежду и с наслаждением погрузится в горячую ванну, которую наполнила кокетливо улыбающаяся горничная-француженка. Бранч мысленно пообещал, что позже непременно отыщет ее.

Сбрив наконец многодневную колючую щетину и с аппетитом проглотив плотный обед, Бранч отправился бродить по гостинице и в маленьком баре в задней части дома наткнулся на Колта. Тот сидел, утопая в густом тумане табачного дыма, и изучал запасы спиртных напитков.

— А кстати, почему ты не пригласил меня выпить? — возмутился Бранч, делая знак бармену.

— Мы вернемся туда сегодня же вечером, — без всякого вступления объявил Колт, — я отыщу Дани, даже если мне придется голыми руками разобрать по булыжнику этот проклятый замок!

Он рассказал приятелю о первой встрече с Элейн, и тот нисколько не удивился:

— Да, твой отец кое-что рассказывал мне о ней! И как ты собираешься действовать, просто войти в замок и забрать свое золото?

Колт недовольно покосился на него:

— Я не могу забрать все золото. В любом случае половина этих денег по-прежнему принадлежит Дани, как бы она ни поступила со мной. Мне же нужна моя половина, не больше и не меньше.

— Но Пэрриш, по-моему, рассчитывает на всю сумму целиком, — ничуть не смутившись, напомнил Бранч.

Колт нехотя кивнул:

— Он согласен подождать, я уже попросил его об отсрочке. Я так благодарен ему, ведь ты понимаешь, у меня не было ни малейшего права требовать ранчо обратно. Просто Сет на редкость порядочный человек.

Появился бармен, собираясь снова наполнить его стакан, но Колт жестом отказался. Ему понадобятся ясная голова и полное самообладание, когда он снова появится в замке де Бонне. К тому же он не забыл, какую дурную шутку может сыграть с человеком алкоголь.

— А что будет, если Дани откажется вернуть деньги? — поинтересовался Бранч, которому этот вопрос не давал покоя всю дорогу из Штатов. — Что, если этот ублюдок Мейсон просто рассмеется тебе в лицо и скажет, что по закону ты ничего не в силах сделать?

— В таком случае придется его пристрелить, — небрежно отмахнулся Колт и похлопал Бранча по плечу. — Не волнуйся, старина.

Бранч только вздохнул, ни минуты не сомневаясь, что Колт вполне способен на это, — вылитый отец. Тот же принцип, что и у всех Колтрейнов — человек должен либо решать свои проблемы, либо устранить их.

Они просидели в баре не меньше часа и собирались уже уходить, как вдруг на пороге появился незнакомый молодой человек. Он обвел взглядом помещение и неуверенно направился к ним.

— Мсье Колтрейн? — обратился он к Бранчу.

Бранч мотнул головой в сторону Колта, и тот кивнул:

— Я Колтрейн.

Молодой человек протянул ему крохотный розовый конверт, от которого исходил сильный дурманящий запах лаванды.

— Мне приказали передать вам это, — сказал он, понизив голос. — От графини де Бонне.

Выудив пару монеток из кармана, Колт вручил их посыльному и, разорвав конверт, пробежал глазами по записке.

Вдруг, не сказав ни слова Бранчу, он сорвался с высокого табурета и стремглав выскочил из бара. Проклятый дурак, он должен был догадаться, что Элейн не составит труда выяснить, где они остановились!

Колт торопливо вышел из гостиницы и, перейдя на другую сторону улицы, завернул за угол, потом пересек другую вымощенную булыжником мостовую и углубился в аллею. В конце ее он увидел небольшую красную дверь с надписью от руки «Гостиница». Неподходящее место для графини, с иронией подумал Колт.

Распахнув дверь, он очутился в крошечной прихожей размером с кладовую, где было темно и пахло плесенью. Колт подождал несколько минут, пока глаза привыкли к темноте, и, заметив в углу узкую лесенку, направился наверх. Добравшись до конца коридора, он обнаружил комнату под номером 4 и постучал.

Дверь распахнулась почти мгновенно. Перед ним стояла Элейн, но она ничем не походила на женщину, с которой он расстался пару часов назад. Она распустила пышные волосы цвета красной бронзы, и они густыми локонами обрамляли ее лицо, падая на все еще красивые плечи. Блестящие темно-карие глаза сияли теплым светом — в них горело желание. Алые губы, влажные, как лепестки роз после утреннего дождя, чуть припухли и приоткрылись, будто в предвкушении изысканного блюда.

Его взгляд медленно скользнул вниз, отметив полупрозрачную белоснежную ночную рубашку, сквозь которую просвечивали все очаровательные изгибы ее прекрасного тела. Колт видел, как волновалась ее грудь под тонкой тканью. Одеяние не скрывало от мужских глаз ни тонкую, как у девушки, талию, ни сладострастные округлости бедер, ни темный треугольник волос между ними.

— Входи. — Графиня шагнула в сторону, давая ему пройти. — Извини мне мою утреннюю грубость, Колт. Я поэтому и пригласила тебя, желая загладить свою вину.

Колт вошел в комнату, и она прикрыла за ним дверь.

— В извинениях нет необходимости, графиня де Бонне. Лучше скажите, как мне найти сестру. Наверное, вы догадываетесь, что я не просто так отправился в это путешествие через океан.

— Ну конечно. — Улыбнувшись, она присела на край кровати, — Конечно, я уверена, тут замешаны деньги. Разве не деньги — движущая сила всех событий?

Колт оглядел комнату. Узкая кровать, маленький туалетный столик, на стене зеркало. Из единственного окна была видна темная аллея.

— Так вы скажете мне, где Дани? — настойчиво спросил он.

Элейн повела рукой в сторону постели, и Колт будто прирос к полу. Элейн невесело усмехнулась:

— Интересно, что же отец наговорил обо мне, что ты так меня боишься?

— Не думаю, чтобы вам было приятно узнать это, так что не стоит касаться этой темы! Скажите, где Дани?

Ну что же, она должна была быть готова к тому, что мальчишка окажется таким же упрямым, как его отец. Она кокетливо улыбнулась.

— Найти ее не так просто, Тревис!

— Прекратите, — нетерпеливо перебил он. — Я Колт. Не путайте меня с отцом.

Глаза Элейн потемнели от гнева.

— Я буду называть тебя, как мне нравится. Здесь я решаю, Тревис!

Колт безнадежно покачал головой. Она просто полоумная.

— Говорите.
— Ее держат под замком.

Колт недоуменно посмотрел на нее. Элейн почувствовала беспокойство. Скорее бы закончить этот разговор и заняться любовью.

— Почему? — наконец спросил он.
— Кто знает? — Элейн пожала плечами. — Гевин вернулся домой с новой любовницей. Может быть, он запер Дани, потому что боится, как бы она не прикончила Делию — а может, это Делия не хотела, чтобы Дани стояла у нее на дороге. Точно не знаю.

Внезапно Колту показалось, что она не лжет. Усевшись рядом и не обращая внимания на то, каким взглядом впилась в него Элейн, Колт не терпящим возражений тоном потребовал:

— Расскажите мне все!

Графиня осторожно провела кончиком пальца вдоль четкой линии его подбородка и прошептала:

— Ты так похож на отца! Те же серые глаза, те же волосы чернее ночи. И такое же великолепное тело. — Она коснулась ладонью его бедра. — Совсем как он. По крайней мере с виду. — Голос превратился в манящий шепот. — А как в постели?

Только сейчас Колт до конца осознал, что эта женщина куда опаснее, чем думал его отец. Элейн бесстыдно посмотрела в глаза Колту:

— Займись со мной любовью, и я расскажу тебе, где найти Дани. Иначе, — протянула она равнодушно, — тебе не отыскать ее! Ты легко можешь погибнуть, так как Гевин нанял людей, которые охраняют его. Я еще не сказала ему о твоем приезде, но, как только я это сделаю, тебе нельзя будет даже близко подойти к замку. Итак, — улыбнулась Элейн и приникла к нему, — скажи же мне, дорогой, ведь ты находишь меня красивой, не так ли? Ты будешь рад побывать в моих объятиях? Я могу научить тебя такому, чего ты не знал раньше, — любить тебя так, как ни одна другая женщина.

Она прикусила ему ухо и дразняще скользнула внутрь кончиком языка. Пышная, упругая грудь терлась о его напрягшееся тело, щекоча сосками.

— Люби меня, мой ненаглядный Тревис, — настойчиво шептала Элейн. — Возьми меня.

Колт твердо знал, что скорее всего пожалеет об этом, но сейчас его мускулистые руки жадно стиснули Элейн, и он осторожно опустил женщину на постель. Он целовал ее, и Элейн уже не сдерживала страсти. Прижавшись к Колту, она дрожала, воспоминания унесли ее на много лет назад, и сейчас уже не Колт осыпал ее поцелуями, а сам Тревис Колтрейн.

Графиня быстро сорвала с себя платье, и ее горячие, требовательные пальцы вцепились в застежку его брюк.

— Сейчас! Возьми меня сейчас! Позже, когда мы будем снова любить друг друга, можно не спешить, а теперь я слишком хочу тебя. Я так долго ждала этого, Тревис, так долго!..

Высвободив горячую, пульсирующую плоть, Элейн приподняла бедра, готовясь принять ее в себя. Руки Колта скользнули под ее ягодицы, и он неожиданно медленно и нежно вошел в нее. Женщина, обхватив одной рукой его шею, другой осторожно провела по вздувшейся буграми мышц спине и призывно застонала.

— О Боже, какой он огромный! Я чувствую его глубоко внутри, и ты теперь тоже часть меня, Тревис. Я всегда любила тебя. Сильнее, сильнее, любимый. Наполни меня!

Ее голос звучал все тише, она уже что-то невнятно бормотала, и вдруг все ее тело содрогнулось в экстазе. Острые ноготки впились в спину Колта. Из груди Элейн вырвался тихий, жалобный стон, и она распростерлась под ним, опустошенная и счастливая.

Колт одним мощным толчком вошел в нее последний раз и излился. Почувствовав, что все закончилось, он отстранился от Элейн и, перекатившись через нее, лег рядом. В комнате стояла тишина. Наконец Колт произнес:

— Где Дани?

Элейн бросила на него шаловливый взгляд из-под полуопущенных ресниц:

— Ты достойный сын своего отца, милый Колт. Мне показалось, что я снова попала к нему в объятия, как будто и не было всех этих лет.

Она приникла к нему, испугавшись, что он внезапно встанет и уйдет из ее жизни, как когда-то его отец.

— Ты знаешь, я возненавидела его, когда он почему-то предпочел мне Мэрили. Ведь я безумно любила его. И решила отомстить, понимаешь. Мне удалось это сделать, отняв у него Дани, я нанесла ему смертельную рану. Но теперь у меня есть ты и я уже забыла о прежней боли, как будто и не страдала долгие годы.

Колт осторожно отодвинулся. Ему стало страшно, когда он почувствовал, с каким отчаянием и страстью приникла к нему Элейн. Она безумная, вне всякого сомнения, но она единственная ниточка, ведущая к Дани.

— А ты, — что-то сдавило ему горло, — ты восхитительная женщина, Элейн. Думаю, отцу повезло и в твоих объятиях он познал настоящее счастье.

— То же ждет и тебя, мой милый. — Ее руки нежно пробежали по его телу. — Зачем тебе торопиться домой? Я богатая женщина, мы сможем путешествовать по Европе, я покажу тебе страны, где ты никогда не бывал раньше. Забудь обо всем. Думай только обо мне, о том наслаждении, которое я могу дать тебе.

Хищно приоткрыв рот, Элейн скользнула вниз по его все еще влажному телу, но Колт оказался быстрее. Сильные пальцы сдавили ей горло, и он сбросил ее с себя.

— Хватит, моя радость. Половина денег, которые с твоего ведома и согласия привезла домой твоя племянница, принадлежит мне. Я на все пойду, чтобы вернуть свое состояние, а это значит, что мне ничего не стоит свернуть твою изящную шейку, если будешь продолжать упрямиться. Говори, где я могу найти ее, я должен узнать это, и немедленно.

Элейн почувствовала, как железные пальцы неумолимо сжимаются вокруг горла, и быстро закивала.

Он тут же отпустил ее.

— Говори!

— Мне придется отвести тебя к ней. — Она вся дрожала. Господи, даже ярость, пылавшая в его глазах, напоминала ей Тревиса. — Вооруженные головорезы Гевина охраняют все подходы к тому месту, где ее держат. Надо еще придумать, каким образом мы сможем...

— Мы должны решить это, прежде чем покинем эту комнату, — прервал ее Колт, — и договориться, когда лучше всего это сделать.

Но в голове Элейн уже возник превосходный план.

— Сегодня вечером я устраиваю большой прием. Мне будет несложно на некоторое время отвлечь охранников едой, а главное, выпивкой. Эти мерзавцы всегда голодны, как волки, а от виски они и подавно не откажутся!

Что же касается тебя, — приподнявшись на локте, промурлыкала она, — будет лучше, если ты подойдешь к замку не раньше девяти. Отправляйся к маленькой, увитой виноградом беседке возле восточной стены и жди меня там. Я приду, как только мне удастся избавиться от охранников. Тогда ты сможешь освободить Дани и увезти ее. — В темноте по ее губам скользнула лукавая усмешка, и она в который раз поздравила себя с тем, что была достаточно хитра и ни разу не обмолвилась, сказав «Бриана» вместо «Дани».

— Почему ты идешь на это? — холодно и недоверчиво спросил Колт. — Не знаю, зачем Дани держат взаперти, но в любом случае, если она сбежит, Гевин придет в бешенство.

Элейн не видела причин, чтобы скрывать от него правду, по крайней мере какую-то часть ее.

— Я влюблена в Гевина, — просто сказала она, гадая, возмутится ли Колт, услышав такое признание. — Он вернулся и привез домой шлюху Делию, даже не подумав, какую боль причинил мне. Я не хочу, чтобы он волочился и за Дани.

Колт чувствовал, что это правда. Такая женщина, как Элейн, не потерпит соперничества.

Встав с постели, он принялся приводить в порядок одежду.

Элейн молча наблюдала за ним, потом робко спросила:

— Скажи, тебе было хорошо со мной? Если бы... если бы все было по-другому, может быть, ты смог бы полюбить меня? Так, как когда-то твой отец?..

Колт не мог поднять на нее глаза, он боялся увидеть ее лицо. Отец никогда не любил Элейн, он был абсолютно уверен в этом. Вполне вероятно, что она когда-то была его любовницей. Ведь даже сейчас она восхитительна, можно представить, какой красавицей она была когда-то! Но Тревис так никогда и не смог ее полюбить.

Колт улыбнулся:

— Скажи, Элейн, а тебе понравилось? Я смог доставить тебе наслаждение?

Она ответила ему сияющим взглядом.

— О, конечно, милый! В твоих объятиях я чувствовала себя настоящей женщиной. Но можешь ли ты полюбить меня так же сильно, как когда-то твой отец?

Колт склонил голову.

— Думаю, да, — как можно мягче произнес он. — Ведь ты сама сказала, что я похож на него.

Он выскользнул из комнаты и вскоре уже шел по аллее, оставив позади грязную маленькую гостиницу.

Вернувшись в бар, Колт с трудом увидел в сизых облаках табачного дыма массивную фигуру Бранча. Тот как-то странно взглянул на него, и, усаживаясь напротив, Колт почувствовал, что его приятель чем-то сильно взволнован. Бранч был похож на человека, неожиданно получившего удар в солнечное сплетение, и Колт не выдержал:

— Что произошло? Никогда не видел тебя в таком состоянии...

Бранч вздрогнул и неуверенно пробормотал, пожав плечами:

— Сам не понимаю, чертовски странно!

Он рассмеялся каким-то нервным, дребезжащим смехом и пожал плечами.

Колту не терпелось рассказать, что он наконец обнаружил следы Дани, которую надо освободить из-под домашнего ареста. Но с Бранчем было явно что-то неладно.

— Ну, так в чем дело? — не выдержав, воскликнул Колт.

Бранч в полной растерянности покачал головой.

— После того как ты ушел, вернулся посыльный, тот самый, что передал тебе письмо. Ему хотелось выпить, а потом он принялся расспрашивать о тебе — думаю, он не мог прийти в себя от удивления, что сама графиня де Бонне прислала тебе записку!

— Конечно, я не сказал ему, кто мы такие, — оправдывался Бранч, — но подумал, что не будет большого греха, если я скажу, что мы разыскиваем Даниэллу Колтрейн.

Колт вздрогнул:

— И?..

— Парень сказал, что знал ее еще девочкой, до того, как де Бонне отослали ее в школу, в Швейцарию.

У Колта лопнуло терпение.

— Да говори же, черт возьми! — взорвался он.

— Колт, если он не врет, то Дани ушла в монастырь.

Комната поплыла у него перед глазами. Но потом он начал понимать. Скорее всего бедняжка вернулась в отчаянии от того, что произошло между ними, и решила посвятить себя Богу в приступе раскаяния или смирения, или черт знает чего, из-за чего люди уходят в монастырь.

Но если то, что рассказал Бранчу посыльный, было правдой, значит, лгала Элейн и сегодня вечером его ожидает западня.

Он быстро передал Бранчу все, что узнал от графини, и под конец добавил:

— Как видишь, нам устроили засаду.

Бранч опустил тяжелую ладонь на плечо Колту:

— Нет, нет, тут что-то другое. Я, конечно, не поручусь за Элейн, но тот парень сказал, что Дани ушла в монастырь еще весной.

Колт оцепенел.

Придвинувшись к нему, Бранч прошептал:

— Происходит что-то дьявольски странное. Если то, что он рассказал, — правда, тогда Дани никак не могла приехать в Штаты. И тогда, значит...

Колт почувствовал себя так, словно его со всего маху ударили по голове. Да, с ним действительно вели какую-то странную игру...

Глава 25

Все было тихо. Легкий ветерок налетал с той стороны, где в темноте мирно плескалось море, но Колту, застывшему в ожидании на узком скалистом выступе, неподалеку от замка, ночь показалась довольно прохладной.

Немного ниже в скалах, в полной темноте стоял Бранч, он был вооружен до зубов и готов к любым неожиданностям.

Машинально Колт пересчитал кареты, которые вереницей выстроились у парадного входа замка. Двенадцать.

Уже стало слишком темно, чтобы следить за двумя подозрительными личностями, которых Колт заметил раньше. Расхаживая взад и вперед по двору, они держали под мышкой винчестеры. Когда стали одна за другой подъезжать кареты, мужчины отступили в тень. Ломая над этим голову, Колт вновь подумал, не ждет ли его в замке засада, устроенная Элейн.

Назначенное время приближалось. Бесшумно вскарабкавшись по острым утесам, Колт пробрался к беседке, увитой виноградом, и, тихонько свистнув, застыл в ожидании.

Через пару секунд свистнул Бранч и осторожно выступил из густой тени.

— Уже пора? — хрипло прошептал он.

— Еще несколько минут, — тихо ответил Колт. — Не выпускай из виду охрану. Если они сделают хотя бы шаг в мою сторону, стреляй не раздумывая.

Бранч угрюмо кивнул:

— Начало военных действий, как я и думал. Услышав стрельбу, все войско Мейсона немедленно сбежится сюда.

— Мы не можем узнать, сколько у него всего людей, но нас-то двое, старина. Вполне достаточно, чтобы справиться с этим сбродом! — Колт презрительно усмехнулся.

Бранч следил за тем, как Колт осторожно пробрался к краю беседки, в двух шагах от которой в темноте спрятались вооруженные бандиты Мейсона. Сумерки сгустились настолько, что он уже с трудом мог различить узкую деревянную дверь, возле которой они притаились. Что это за дверь, может, там спрятано золото? Или Дани?

— Что она здесь делает, черт побери? — в тишине отчетливо прозвучал хриплый шепот Лема, одного из охранников.

Его напарник Эл не успел ответить, как перед ним появилась изящная фигура Элейн, несшей тяжелый поднос.

— Добрый вечер, джентльмены, — весело сказала она. — Я подумала, что вы, наверное, проголодались, и поскольку там, наверху, полно еды, решила принести вам кое-что вкусное. Я прихватила еще бутылочку виски, оставила ее на черной лестнице, — добавила она, протягивая Лему поднос. — Вы можете присесть там и спокойно поесть, вас никто не побеспокоит.

Она уже повернулась, чтобы уйти, но задержалась, на ходу бросив через плечо:

— Надеюсь, вам понравится.

Когда она исчезла за углом, Лем озадаченно взглянул на Эла:

— Что все это значит? Старая сука и двух слов не сказала нам с самого приезда, а тут вдруг расщедрилась!

Его приятель осторожно приподнял с подноса белую салфетку.

— Черт с ней! Смотри, сколько тут всего, а она сказала, что еще и бутылку прихватила!

Эл посмотрел в сторону черной лестницы.

— Ну так чего мы ждем?! Пошли, и не забудь прихватить поднос. Черт побери, никто и не узнает, если мы отойдем на четверть часа.

Лем не заставил себя ждать.

Через несколько минут Элейн осторожно выглянула из-за угла и, бросив украдкой взгляд в сторону беседки, поспешила к оставшейся без охраны двери.

Колт подумал, что пока ничто не указывало на предательство женщины. К тому же выбора у него не было.

Он бесшумно выступил из темноты перед Элейн, и та испуганно вздрогнула:

— О Боже, как ты напугал меня! — Она кивнула на дверь: — Она там, поспеши! У нас не так много времени. Скоро вернется охрана. Они знают, что Гевин время от времени проверяет, где они.

Приоткрыв узкую дверь, Колт протиснулся в темный проход.

— Я не могла рисковать и принести с собой свечу, — прошептала за спиной Элейн. — Придется идти на ощупь. Не бойся, ступай за мной.

Зная, что из кустов за ним наблюдает вооруженный Бранч, Колт спокойно шагнул в темноту.

— Осторожно, — боязливо шепнула Элейн, — ступеньки скользкие и кое-где осыпались. Обопрись рукой о стену и ступай аккуратно. Если что-то зашуршит, не пугайся, тут полно мышей.

Шаг за шагом они медленно спускались вниз. Задержавшись перед последним пролетом, Колт заметил впереди полоску света. За спиной раздался саркастический смешок Элейн.

— Время от времени Гевин посылает проверить, горит ли фонарь. Думаю, он не хочет слишком сильно злить ее, может, рассчитывает, что позже она станет его любовницей.

Колту пришло в голову, что они тут все помешались. Ему было наплевать на терзания Элейн по поводу измены Гевина, но все эти родственные интриги могли пролить свет на мошенничество, жертвами которого пали он и его семья.

Элейн шагнула в коридор, и Колт последовал за ней. Наконец они остановились перед дверью. Колт с силой рванул ее на себя и оказался в небольшом помещении. На грязном соломенном тюфяке лежала Бриана, ее щиколотки были туго стянуты, а руки закинуты за голову и крепко связаны веревкой. Нижняя часть лица была туго обмотана шарфом, чтобы девушка молчала. Колт увидел широко распахнутые от удивления глаза, которые впились в него, пока он, склонившись, торопливо снимал с нее шарф.

— Какого дьявола, что за безумие тут творится?! Ты в порядке?

Колт разрезал веревки, и Бриана принялась массировать онемевшие запястья. Слезы ручьем струились у нее по лицу, застилая глаза и не давая убедиться, что перед ней действительно Колт.

— Не сейчас, — покачав головой, прошептала Бриана. — Мы должны как можно скорее уйти отсюда!..

С помощью Колта Бриана неловко встала. Она так долго пролежала связанной, что едва чувствовала под собой затекшие ноги.

— Поверь... — сказала она, заглянув в глаза Колту. — Я все расскажу тебе, как только мы выберемся отсюда.

Он коротко кивнул:

— Пошли.

— Подожди. — Бриана с трудом шагнула к Элейн. — Я хочу забрать с собой брата. Где он? Вы отвезли его в коттедж?

— Нет, — нетерпеливо буркнула Элейн, — давай поторапливайся, пока Гевин не хватился тебя.

— Куда вы дели Шарля? — встревожилась Бриана.

— Только у меня и забот, чтобы возиться с калекой, — не скрывая презрительной ухмылки, фыркнула графиня. — Я отвезла его в сиротский приют неподалеку от Парижа. Там и ищи его.

Бриана ринулась к ней, как раненая тигрица, но Колт остановил ее:

— Нашла время, черт возьми!

Отодвинув в сторону горько плакавшую Бриану, он схватил Элейн и швырнул ее на пол, где еще несколько минут назад лежала связанная девушка. Скрутив веревкой ее запястья, он закинул ее руки и привязал графиню точь-в-точь, как была привязана Бриана.

— Что ты задумал? — в ужасе завопила Элейн.

Но Колт, подхватив с пола плотный шарф, уже завязывал ей рот.

— Прости, но я вынужден так поступить на случай, если ты передумаешь на обратном пути. Я не могу рисковать.

В любом случае, — он замолчал и взглянул ей в глаза, — теперь Гевин не догадается, что это ты предала его. Он решит, что я силой заставил тебя освободить Дани, а затем связал и бросил здесь. Ты видишь, я просто хочу тебе помочь. Пошли! — скомандовал он Бриане.

Но девушка кивнула на темный угол за бочонками:

— Посмотри туда! Там золото, которое выручил Гевин, продав твое ранчо. Оно все лежит здесь. Я сама видела, как его люди вносили сюда ящики.

Колт решил проверить. Сняв с крюка лампу, он направился в угол, где грудой были сложены деревянные ящики. Ему хватило и минуты, чтобы убедиться, что они действительно полны золотых слитков, — это было все состояние их семьи.

Он повернулся к Бриане:

— Значит, Мейсон обманул и тебя, сам завладев всем золотом?! Ну что ж, у меня накопилось чертовски много вопросов, на которые тебе придется ответить, и как можно быстрее! — Он подтолкнул ее к лестнице. — Пошли отсюда!

Бриана не сказала ни слова, пока они, прихватив с собой лампу и оставив в полной темноте связанную Элейн, спускались по лестнице. Ее сдавленные вопли преследовали их до самого выхода.

Внезапно Колт потушил лампу и приказал Бриане остановиться. Осторожно приоткрыв тяжелую дверь, он медленно высунул наружу голову и огляделся. Охранников нигде не было видно. Сжав руку девушки, он потянул ее за собой.

Они бесшумно шмыгнули в тень увитой виноградом беседки. Опавшие листья слегка зашуршали у них под ногами. Они обогнули беседку и двинулись дальше. Колт продолжал крепко сжимать тонкое запястье Брианы. Внезапно девушка остановилась и попыталась выдернуть руку. Колт круто обернулся и удивленно уставился на нее.

— Мне нужно кое-что сказать тебе, — тихо прошептала она, — сейчас.

Колт холодно взглянул на нее.

— Похоже, что так, дорогая сестричка! — произнес он голосом, от которого ледяная дрожь пробежала у нее по спине. — Думаю, нам есть о чем поговорить. Завтра же я вернусь в замок вместе с тобой и представителем местных властей и заберу половину своего золота. А потом вы вместе с Мейсоном и этим Шарлем, не знаю, кто он тебе, можете забирать остальные деньги и убираться хоть к черту на рога!

— Шарль — мой брат.

Пальцы Колта неожиданно разжались, и он отпустил ее.

— Я сказала, Шарль — мой брат, — повторила Бриана.

Колт растерянно присвистнул:

— Может, ты объяснишь мне все по порядку?

«Боже милостивый, — взмолилась она, — помоги мне!»

Бриана глубоко вздохнула и, не в силах поднять на него глаза, проговорила:

— Я не твоя сестра! — Увидев, что он пристально смотрит на нее, ожидая объяснений, торопливо продолжила: — Твоя сестра, Дани, сейчас в монастыре, в горах. Она стала монахиней. А я... — Судорогой сжало горло, и она замолчала.

Колт на мгновение прикрыл глаза.

— Насколько я понимаю, — прозвучал его ледяной голос, от которого Бриане стало дурно, — тебе еще многое предстоит объяснить мне. И очень скоро я вытяну из тебя все до последнего словечка...

Колт с силой толкнул ее вперед, и они снова продолжили свой путь.

Гевину наконец удалось освободиться от невзрачной толстухи, которая последние полчаса не отходила от него ни на шаг. Господи, как же он ненавидел таких женщин, жирных, обрюзгших, но старательно молодившихся, невзирая на возраст. К сожалению, ему пришлось быть с ней как можно любезнее, ведь он хотел произвести наилучшее впечатление на местное общество.

По этой же причине он приказал Делии не высовывать носа из своей комнаты. Она, конечно, пришла в дикую ярость, но он уже научился укрощать ее необузданный нрав. Тут он вспомнил о своем последнем разговоре с Элейн. А кстати, где она? На ее месте он бы дважды подумал, прежде чем напиться в такой день. При этой мысли Гевин поморщился и, незаметно покинув гостиную, спустился по лестнице на кухню, где суетились три поварихи, специально нанятые для этого приема. Женщины хлопотали вокруг длинного деревянного стола, над очагом в большом котле что-то булькало, распространяя в воздухе восхитительный аромат.

— Где графиня? — обратился к ним Гевин по-французски.

Две женщины помоложе повернули головы к третьей, которая, очевидно, была за старшую. Она равнодушно пожала плечами:

— Понятия не имею. Она заходила на кухню, но это было больше часа назад и с тех пор я ее не видела.

— Ну, — нерешительно протянул он, — а она не давала каких-нибудь распоряжений, когда, например, подавать ужин?..

— Нет, она только прихватила большой поднос с едой и бутылку виски и предупредила, что распорядится насчет ужина, когда вернется.

С каждой минутой Гевин злился все больше.

— Что это значит, черт побери?! Кому она понесла еду? — раздраженно воскликнул он.

Повариха недоуменно покачала головой:

— Мсье, я не знаю, кому она несла поднос.

Гевин, махнув рукой, отправился через черный ход на крыльцо. Здесь, на каменных ступеньках лестницы, ведущих во внутренний дворик, он увидел поднос с грязными тарелками и пустой бутылкой из-под виски.

Что за дьявольщина?! Он не приказывал кормить кого бы то ни было, а уж Элейн не та женщина, которая будет делать это из одного добросердечия.

Задыхаясь от охватившего его бешенства, Гевин ринулся в сторону погреба. Здесь, в слабом свете лампы, он увидел обоих охранников, которые мирно что-то обсуждали, прислонившись к деревянному косяку. Эл ковырял в зубах кончиком ножа.

— Олухи несчастные! — рявкнул взбешенный Гевин. — Как вы думаете, для чего вас сюда поставили — для болтовни?! Где графиня?!

Испуганные охранники, обменявшись растерянными взглядами, вытянулись в струнку. Они уже достаточно наслушались рассказов об отвратительном норове хозяина и не имели ни малейшего желания убедиться в этом на собственном опыте. Эл первый решился заговорить:

— Мы ни о чем не просили, поверьте! Она сама принесла нам поднос с едой и сказала, что мы можем отлучиться поесть.

— Ведь ничего же не случилось, — поддержал его Лем, — нас и не было всего-то минут пятнадцать, не больше.

Гевин чуть не лопнул от бешенства. Что еще задумала Элейн?! Он знал, что в последнее время она частенько злилась на него — и из-за Делии, и из-за того, что он решил отправиться в Грецию без нее. Он пытался кое-как успокоить ее, даже промолчал, когда она, никого не спросив, отослала Шарля в сиротский приют.

Он пристально посмотрел на узкую деревянную дверь, ведущую в погреб. Бриана! Элейн ненавидела ее почти так же сильно, как Делию.

— Открывайте! — рявкнул он, и охранники кинулись к двери.

Гевину совсем не улыбалось спускаться вниз по ветхой лестнице, да еще в кромешной тьме, но фонаря не было под рукой, а идти за ним не хотелось. Вскоре он наткнулся на что-то твердое. Наклонившись и пошарив на полу, он поднял лампу, но, к сожалению, она не горела. Отшвырнув в сторону эту теперь бесполезную вещь, Гевин вдруг почему-то почувствовал странную тревогу и бросился вперед.

— Поторопитесь, — крикнул он через плечо Лему и Элу.

Они стали быстро спускаться по ступенькам, и Гевин услышал в темноте приглушенные крики и стоны.

Ощупью найдя на полу беспомощно извивающееся женское тело, он дотронулся до ее лица, нащупал шарф, которым был завязан рот и, еще не сняв его, понял, что перед ним охваченная бешенством Элейн.

Она закашлялась и с трудом прохрипела:

— Колт! Он увел Бриану!

Дикий вопль Гевина гулко раскатился в кромешной тьме погреба, словно вой тысячи демонов ночи.

Он вихрем побежал к лестнице.

— Не оставляй меня! — завизжала Элейн. — Не бросай меня одну, Гевин, пожалуйста!

Но Гевин уже не слышал ее криков, он карабкался вверх по выщербленным ступенькам, а за ним следовали его охранники.

С трудом переводя дыхание, он бросил им:

— Разыщите всех остальных и скажите, чтобы как можно быстрее собирались в конюшне и ждали Холлистера. Он скажет, что делать дальше.

— Хозяин, — робко напомнил Эл, — Холлистер не вылезает из своей берлоги — с тех самых пор, как его ободрала эта дикая кошка!

— Не ваше дело! — взревел Гевин. — Поторапливайтесь!

Он бегом кинулся к маленькому коттеджу, где раньше жила Бриана. Сейчас его занимал Холлистер. Но на полдороге Гевин передумал и свернул к замку. Сначала надо было позаботиться о том, чтобы потихоньку спровадить ничего не подозревавших гостей. Как он сейчас жалел, что пришлось устроить этот злосчастный прием, а ведь когда-то казалось, что это единственный способ дать понять, что их дела наконец поправились и семья выбралась из нищеты.

Гевин подозвал Эла и потихоньку велел ему вернуться в погреб и, освободив Элейн, как можно быстрее проводить ее на кухню.

Через пару минут он уже вернулся к гостям и обворожительно улыбался, сетуя на нелепую случайность, из-за которой задерживался ужин. Слава Богу, к этому времени все уже достаточно выпили, чтобы обращать внимание на такие мелочи, как запаздывающий ужин или внезапное исчезновение хозяев, поэтому Гевин снова заглянул на кухню и с радостью обнаружил там Элейн. Схватив за плечи перепуганную графиню, Гевин затащил ее в пустую комнату. Она была в таком состоянии, что ему ничего не стоило вытянуть из нее всю историю освобождения Брианы. Элейн захлебывалась рыданиями, каялась в том, что завлекла в ловушку охранников, просила прощения, уверяла, что во всем виноват Колтрейн. Это он схватил ее и, угрожая перерезать горло, если она попытается позвать на помощь, заставил показать, где находится Бриана. В погребе он сбил ее с ног и связал по рукам и ногам, чтобы она не могла раньше времени поднять тревогу.

Прекратив наконец рыдать, Элейн бросилась Гевину на шею:

— Умоляю, не сердись на меня! Он силой заставил меня сделать это!

Гевин безропотно стерпел и слезы, и нелепые объяснения. К чему было понапрасну ссориться?

— Он уже знает, что Бриана не Дани? — сердито спросил он.

Элейн покачала головой:

— Нет. По крайней мере при мне об этом не было речи. А впрочем, какая разница, ведь не станет же она молчать теперь, когда он помог ей бежать?!

— Это уж точно, — угрюмо буркнул Гевин, скривив тонкие губы. Теперь у него не было выхода, и он отчетливо это понимал.

Мейсон принялся быстро отдавать приказы, а Элейн только молча кивала, стоя рядом. Гостей нужно было пригласить к столу, накормить, а потом незаметно выпроводить из замка. Его отсутствие можно объяснить как угодно, ну хотя бы внезапным известием о болезни близкого друга.

Когда все распоряжения были отданы, Гевин отправился в коттедж. Войдя туда, он был потрясен: в сгустившихся сумерках перед пустым, холодным камином, опустив на руки туго забинтованную, похожую на белый кокон голову, сидел Холлистер. Вся его поза говорила о безысходном отчаянии. В углу тускло горела одинокая свеча.

Подтащив к себе стул, Гевин устроился напротив, но Дирк, похоже, даже не заметил этого. Он неотрывно смотрел на серую золу в очаге.

Прошло несколько минут. Гевин наконец не выдержал и тронул его за плечо:

— Холлистер?

Но тот молчал. Дьявольщина, что это с ним? Может, он тронулся?! С тех пор как с Холлистером стряслась беда, Гевину все было недосуг навестить его. Может быть, с ним все гораздо хуже, чем ему казалось?!

Вдруг Дирк словно очнулся.

— Оставь меня в покое! — буркнул он, не оборачиваясь.

— Рад бы, но не могу, — быстро сказал Гевин. — У нас проблемы и довольно-таки серьезные. Мне нужна...

— Проблемы! — Гевин даже вздрогнул, услышав искаженный от ярости голос Дирка. — Это у тебя проблемы?! Ну, так я сейчас кое-что покажу тебе!

Прежде чем Гевин успел помешать ему, Дирк в мгновение ока сорвал с себя бинты и повернулся к нему, так что его лицо оказалось на свету.

— Вот, полюбуйся! — с рыданиями в голосе воскликнул Дирк. — Это уже не проблемы, а самая настоящая беда! Посмотри, что со мной сделали! И теперь я до конца дней обречен на это уродство. Люди будут шарахаться от меня, увидев такую... такое...

Гевин вряд ли мог припомнить, жалел ли он кого-нибудь в своей жизни, но тут даже у него перехватило дыхание, и он искренне посочувствовал Дирку Холлистеру. Нестерпимо было думать, что этот довольно-таки привлекательный молодой человек превратился в омерзительное чудовище.

Больше всего несчастный Дирк напоминал сейчас подгоревший с одной стороны ломтик ветчины. Одна половина лица у него полностью обгорела, кожа в заживших рубцах осталась багровой, сморщенной, и доктора только разводили руками, бормоча, что медицина тут пока бессильна. Жизнь повернулась к нему своей уродливой стороной.

— Постарайся, чтобы эта сука больше никогда не попадалась мне на глаза! — прохрипел Дирк, и Гевин с содроганием увидел красные веки без ресниц и воспаленные глаза. — Иначе я сотру ее с лица земли, и никто не сможет остановить меня!

— Никто и не будет пытаться, — тихо сказал Гевин.

— Что ты имеешь в виду? — спросил явно сбитый с толку Дирк.

В двух словах Гевин объяснил ему, что произошло. И казалось, с каждым услышанным словом к этому сломленному человеку возвращались силы.

— Твои люди ждут тебя, — тихо сказал Гевин, — а мне пора искать корабль, который переправил бы нас в Грецию. Как только станет возможно, погрузим золото — и только нас и видели!

Я хочу, чтобы ты нашел Колтрейна и убил его, — продолжал Гевин, дружески обняв Дирка за плечи, — а девчонку привез ко мне и...

— Ну нет! — взревел Дирк. — Она моя! И я сделаю так, что она еще будет умолять меня о смерти, как о величайшей милости! — Его сильное тело сотрясала крупная дрожь.

— Привезешь ее ко мне, а до этого не вздумай ее и пальцем тронуть, — коротко приказал Гевин. — Когда она надоест мне — ну что ж, тогда она твоя, можешь делать с ней, что хочешь. Выполни что я говорю, — повелительно добавил он, — и я позабочусь о том, чтобы ты покинул Францию богатым человеком, так что тебе уже до конца твоих дней не придется заботиться о куске хлеба. — Он помолчал и взглянул на Дирка: — Ну что, договорились?

Дирк, не колеблясь, протянул ему руку, и Гевин крепко сжал ее. Договор был заключен.

Торопливо покинув коттедж, они растворились в ночи.

Глава 26

Бранч встретил Колта и Бриану на дороге, и взгляд, которым он окинул девушку, заставил тоскливо сжаться ее сердце. В его глазах были грусть и презрение, как будто он до сих пор не мог поверить в ее предательство, и это было тяжелее всего.

— Я не по своей воле пошла на это, — упавшим голосом прошептала она. — У меня просто не было выхода, Бранч.

Он молча посмотрел на нее и отвернулся.

Колт вскочил на лошадь, которую Бранч держал под уздцы, и рывком усадил Бриану позади себя.

— Нам следует как можно быстрее убраться отсюда, — кинул он Бранчу. — У нас еще будет время все обсудить.

Он в двух словах сообщил, что Дани действительно ушла в монастырь, а женщина, сидящая в седле за ним, — самозванка.

— Это был сплошной обман, — голосом, полным отчаяния, произнес он.

Бриана не выдержала:

— Я все объясню по дороге.

Колт обернулся и взглянул ей в глаза. С каким бы удовольствием он сейчас ударил эту лживую особу, заставив ее заплатить за все, что пришлось ему пережить.

— Успеете еще все выложить.

Некоторое время они молча гнали лошадей, но вскоре Колт обернулся, он хотел знать, в каком монастыре Дани.

— Я должен повидаться с сестрой и поговорить с ней.

— Она ни о чем не подозревала, — тихо сказала Бриана.

И тут не выдержал Бранч:

— Черт побери, кто ты такая?! И каким образом оказалась замешана в это дерьмо?

— Меня зовут Бриана де Пол, — мягко сказала девушка, благодарная даже тому, что хоть кто-то спросил об этом. — Я всю жизнь была прислугой у графини де Бонне. Отец тоже служил в замке до самой смерти. — Она торопливо рассказала, что Элейн вдруг оказалась в полной нищете, Дани неожиданно для всех ушла в монастырь, а у Гевина родился план завладеть состоянием Колтрейнов.

— Письмо от вашего отца, — добавила она, — пришло в тот самый момент, когда Дани собиралась навсегда покинуть замок. Ей его даже не показали, так что, сами понимаете, она и не подозревала о дьявольском замысле Гевина.

Обрадовавшись, что никто из мужчин не прервал ее, Бриана попыталась смягчить их:

— Я пошла на это только для того, чтобы спасти брата. Он калека... — Слезы градом покатились у нее из глаз, хотя она и не надеялась, что кто-то из них поверит ей.

Колт по-прежнему настаивал на том, чтобы немедленно ехать в монастырь, и Бриана объяснила, что он стоит на вершине горы под названием Желтая, на самой границе с Италией. Девушка не стала рассказывать, что название горы возникло из-за несметного количества диких цветов, которые всю весну и лето покрывали ее склоны сплошным нежно-желтым ковром.

— Мы понапрасну потеряем время, — предупредила она. — Это монастырь с очень суровым уставом. В нем находят убежище все те, кто хочет навсегда порвать с внешним миром и прежней жизнью. Послушниц нельзя посещать. Об этом говорила сама Дани. Орден очень строгий, и скорее всего вам не позволят увидеться с ней. А кроме того, она все равно ничего не знает о том, что произошло, поверьте мне!

Но Колт был неумолим.

— Единственное, что от вас требуется, — это показывать дорогу.

Ничто на свете не помешает ему увидеть Дани, мрачно поклялся он про себя. Он должен собственными ушами услышать, что она не имеет ни малейшего отношения к этой шайке, более того, ему понадобится ее помощь, чтобы вернуть свои деньги. И тогда держись, Гевин!

— Надо ехать на восток, — сказала Бриана, — это не меньше четырех часов езды. Как-то раз я отправилась туда, чтобы помолиться у источника, его вода считается чудотворной. Я взяла с собой Шарля, мы так надеялись, что это ему поможет.

— И что, помогло? — сухо спросил Колт.

— Нет, — коротко ответила она. Помолчав немного, Бриана добавила: — Если бы я отказалась помочь Гевину, у меня не было бы ни единого шанса оплатить операцию для Шарля. Он ведь с детства калека...

Колт покачал головой. Все врет, конечно. Скорее всего ей просто пообещали часть денег, и уж, конечно, долго уговаривать ее не пришлось. И когда девушка попыталась еще что-то сказать, он приказал ей замолчать. У него было над чем поломать голову и без ее жалких попыток оправдаться.

Больше часа они скакали вперед в кромешной тьме. Дорога постепенно сужалась, потом стала неровной и каменистой и резко пошла в гору. Посовещавшись, Колт с Бранчем решили немного отдохнуть и двинуться в путь с первыми лучами солнца.

Бранч, взяв лошадей под уздцы, отправился искать себе место для ночлега, оставив их наедине.

Бриана молча уселась на валун и с восхищением подняла глаза к небу, где все оттенки темно-синего и пурпурно-розового сплетались в причудливый узор. Вдруг откуда-то до нее донеслось журчание бегущей воды, и девушка радостно встрепенулась. Конечно, вода в горном ручье ледяная, но соблазн хоть немного помыться был слишком велик, чтобы она могла устоять.

Бриана двинулась на звук бегущей воды, ощупью выбирая дорогу среди камней.

— Куда это ты собралась?

Девушка резко остановилась, но головы не повернула.

— Мне нужно хоть немного вымыться. Ведь я провела в этом проклятом погребе связанная не меньше двух недель. А может, даже и больше, не знаю.

— Я пойду с тобой.

Она не на шутку перепугалась:

— Нет, я... лучше я одна!

Колт издал короткий неприятный смешок:

— Если мне не изменяет память, ты ничего не имела против моего общества в те ночи, когда бесстыдно соблазнила меня?! И у меня было достаточно времени рассмотреть тебя нагую!

Бриана испуганно ахнула. Надо как можно скорее сказать ему правду, лучше всего прямо сейчас.

— Ах да, я же забыл! — издевательски усмехнулся Колт, подходя вплотную. — Ведь тебе надо заплатить, так? Должна же быть какая-то разница между продажной женщиной и обычной шлюхой, не так ли? Думаю, ты берешь недешево.

Ну, скажи, — язвительно продолжал он, — сколько предложил тебе Мейсон? Мне безумно хочется знать, во сколько мне обойдется удовольствие затащить тебя в постель. Жаль, конечно, что я не могу припомнить, как это было тогда...

Звук пощечины прозвучал, как выстрел.

Колт даже не пошевелился. Он продолжал ухмыляться, глядя ей прямо в лицо, но когда она снова занесла руку для удара, он подхватил ее и как пушинку перекинул через плечо. Не обращая внимания на пронзительные крики, Колт быстро пробрался сквозь заросли кустарника и, оказавшись на берегу горного ручья, без лишних слов швырнул ее в воду прямо в одежде.

Бриана барахталась в ледяном потоке, изо всех сил стараясь удержаться на скользких камнях, устилавших дно речушки. Вода доходила ей почти до талии, но течение было быстрым и ей никак не удавалось встать на ноги. Подняв фонтан брызг, Бриана упала навзничь, и стремительный горный ручей накрыл ее с головой. Просто чудо, что она все-таки ухитрилась выбраться на берег.

— Мерзкий ублюдок! — бросила Бриана в сторону весело наблюдающего за ней Колта.

— Может, оно и к лучшему, что я ничего не помню. Подумаешь, самая обычная шлюха! — рассмеялся он.

Бриана застыла как вкопанная, дрожь куда-то пропала. Сыпавшиеся на нее жестокие, оскорбительные слова жалили, как укусы ядовитой змеи, разжигая безумную ярость, которая огнем заполыхала в груди. Да, конечно, она обманула его. Но как убедить Колта, что между ними ничего не было? Он, конечно, не поверит в это, но она-то ведь знала! Мысль, что ей удалось перехитрить Гевина и уберечь себя и Колта от этого последнего унижения, была для Брианы единственным утешением. И она действительно гордилась этим.

Девушка полюбила Колта, но сейчас ее любовь превратилась в жгучую ненависть. Ведь он даже не пожелал выслушать ее до конца! И он не единственный, кто пострадал. Бог свидетель, сколько горя пришлось перенести ей!

И Бриана решила молчать — до поры, до времени, конечно.

***

Когда первые робкие лучи утренней зари прогнали прочь ночные тени, трое путешественников покинули гостеприимный приют в лесу и тронулись в путь. Бриана не открывала рта, лишь только спросила, не может ли она ехать вместе с Бранчем. Колт пробормотал что-то в знак согласия, меньше всего ему хотелось терпеть ее присутствие рядом.

Они долго ехали, погрузившись в мрачное молчание. Чтобы отвлечься от невеселых мыслей, Колт принялся рассматривать окружавший его ландшафт.

Вскоре перед его глазами возникла почти отвесная скала высотой не менее десяти футов. На ее плоской вершине возвышалось мрачного вида здание. По всей вероятности, это и был тот самый женский монастырь, куда ушла сестра. Как Дани могла? Впрочем, сейчас было не время об этом думать.

Ведущая к монастырю узкая тропа, петляя и извиваясь, казалось, круто поднималась к самому небу. Кое-где перила отсутствовали, и малейшая оплошность грозила падением с огромной высоты и мучительной смертью на острых, как копья, обломках скал.

Наконец они достигли окованных железом тяжелых ворот, и Колт спешился, направляясь во внутренний двор обители. Копыта лошадей застучали по вымощенной камнями дороге, а взгляды путешественников растерянно перебегали по разбросанным тут и там низеньким мраморным скамьям, статуям святых и мучеников. Холодом и суровым аскетизмом веяло от этой картины: одни голые камни, даже самого крохотного деревца не мог отыскать их взгляд.

По другую сторону двора находился вход в саму обитель. Построенная из грубо обтесанных камней, она была прямоугольной формы и занимала площадь не меньше половины акра. Высокая остроконечная крыша венчала угрюмое двухэтажное здание, а дюжина узких сводчатых окон выходила во внутренний двор.

Слева от него припало к земле низкое, приземистое здание, от него к монастырю вела крытая галерея. На крыше дома высилась узкая колокольня, и чахлые побеги плюща цеплялись за холодные каменные стены в последней отчаянной попытке выжить. Откуда-то изнутри до Колта и его спутников донеслись неясные звуки нежных женских голосов, поющих псалом. Если бы не это пение, монастырь казался бы вымершим.

Старый запор на железных воротах не выдержал удара прикладом винчестера, и дверь с резким, пронзительным скрежетом отворилась. Колт с некоторой опаской вошел внутрь, махнув рукой Бриане и Бранчу, чтобы не отставали.

Как будто в ожидании их прихода, из-за угла церкви вынырнула кругленькая приземистая женщина и заторопилась им навстречу. Из-под жестко накрахмаленного белоснежного чепца не выбивалось ни единого волоса, плотная ткань туго обтягивала скулы и подбородок, а на плечи монашки спускалась короткая белая пелерина.

Когда женщина подошла ближе, путешественники убедились, что в ее неприветливом лице нет и намека на гостеприимство. За толстыми стеклами очков прятались холодные, острые, как буравчики, глаза, а тонкие губы были плотно сжаты. Широко, по-мужски шагая, женщина направлялась прямо к ним.

— Что вам здесь нужно? — резко спросила она по-французски.

Как можно мягче Колт объяснил, что он разыскивает Даниэллу Колтрейн, свою сестру, которая не так давно стала монахиней в здешней обители.

— Послушницей, — быстро поправила Бриана.

Глаза пожилой монахини остановились на лице молодой девушки, удивление во взгляде быстро уступило место презрению. Бриана опустила глаза и ахнула: на ней по-прежнему были одолженные у Бранча брюки, и она, невольно съежившись, почувствовала себя на редкость неуютно.

— Моя сестра, — напомнил Колт, — я бы хотел поговорить с ней.

Монахиня смерила его негодующим взглядом:

— Мне ничего не известно об этом. А вы спрашивали разрешения у матери-настоятельницы?

За спиной Колта послышался тихий шепот Брианы: «Она, возможно, не имеет права признаться, что Дани здесь. Или сама не знает об этом. Вступая в монастырь, девушка отказывается от всего земного, даже от своего имени, и получает взамен другое. Прежнее ее имя вряд ли кому-нибудь известно».

Колт с сомнением покачал головой и снова повернулся к монахине:

— Послушайте, во что бы то ни стало мне нужно увидеть сестру, и я добьюсь этого!

Монахиня, в испуге вытаращив глаза, отшатнулась: за сорок два года, проведенные в обители Пресвятой Богородицы, ей ни разу не приходилось сталкиваться с непокорностью. По освященным столетиями монастырским правилам, любого странника, постучавшего в двери святой обители, впускали и досыта кормили, но затем как можно быстрее отсылали прочь из монастыря. Никто не мог рассчитывать на большее и, насколько ей было известно, так было всегда, с того момента, как пятьсот лет назад на суровых неприступных скалах выросли стены этой женской обители.

Не колеблясь ни минуты, сестра Мария направилась к воротам и указала на узенькую тропинку, сбегающую круто вниз с Желтой горы.

— Ступай с миром, сын мой. Что сделано, то сделано, — как можно мягче произнесла она. — Здесь больше нет той, которую ты мог бы назвать своей сестрой.

Глухой стон вырвался у Колта сквозь стиснутые зубы. Ну что ж, пусть будет так! Он решительно направился к церкви.

За ним по пятам семенила сестра Мария, жалобно причитая:

— Нет, нет! Немедленно уезжайте! Сюда нельзя!

Голос ее пресекся. Ну почему он не слушает?! Все вступившие в монастырь давали обет отказаться от мира, забыть о своих семьях и всех, кого они любили. Господь становился их семьей — их единственной семьей! И те, кого сестры навсегда оставляли, приходя сюда, должны были смириться с этим обстоятельством, каким бы жестоким оно ни казалось.

Спеша за широко шагающим Колтом, сестра Мария в отчаянии ломала пухлые руки.

— Послушайте же! — безнадежно взывала она. Наконец он повернулся и с высоты своего роста уставился на нее. — Она не сможет даже поговорить с вами, ведь пойти на это — значит нарушить свой обет! Это строжайше запрещено. Вы только принесете ей горе, если...

Колт резко отвернулся от задыхающейся женщины и ринулся вперед. Остановившись перед тяжелыми двойными дверями церкви, он одним движением резко распахнул их.

Пение смолкло, и сорок пар глаз в замешательстве уставились на него. Колт никогда, даже в глубине души не смог бы признаться себе, какое на него действие оказала атмосфера, царившая в церкви, куда сквозь высокие стрельчатые витражи робко проникали солнечные лучи, бросая разноцветные отблески на вереницу коленопреклоненных женщин в белых одеяниях со склоненными головами и покорно сложенными руками.

Напротив входа стояла статуя Девы Марии и трех других святых, а над алтарем — большое распятие красного дерева с серебряной фигурой Спасителя. Легкий шепот пролетел по церкви над склоненными головами монахинь, и у ног Колта заколыхались белые волны чепцов.

Под этими удивленными и встревоженными взглядами незнакомых женщин, казавшихся ему похожими друг на друга, как сестры, Колт похолодел от страха, чувствуя, что никогда в жизни не сможет узнать, которая из них Дани. Он вышел на середину церкви и глухо пробормотал:

— Прошу прощения, что нарушил ваш покой. Но я ищу свою сестру, Даниэллу Колтрейн. — Он пробежался взглядом по обращенным к нему женским лицам, стараясь увидеть лицо своей сестры, но так и не найдя его, тихо спросил: — Где же ты, Дани? Ты так нужна мне!

Наступила тишина. Все затаили дыхание.

Стоявшая в дверях сестра Мария испуганно заголосила:

— Она не сможет ответить вам! Она дала обет, и ей не позволено разговаривать с вами.

— Она кое-чем обязана мне, — коротко ответил Колт. — Я ее брат, и она нужна мне. И я уверен, что это не менее важно, чем данный ею обет.

Сестры склонили головы, и вновь по церкви пронесся тихий взволнованный шепот. Вдруг краем глаза Колт заметил какое-то движение и резко повернулся: одна из монахинь тихо, но решительно направлялась прямо к нему.

Белое озеро монашеских чепцов заколыхалось, будто подернутое рябью.

На Колта не мигая смотрели глаза цвета темного янтаря, которые он помнил с детства, и тихий, словно летний ветерок, голос произнес:

— Да, Джон Тревис, это я. Чем я могу помочь тебе?

Широко раскрыв глаза, оцепеневший Колт смотрел на сестру.

Глава 27

Горечь разрыва с семьей, воспоминания о старых ссорах и детских обидах — все было забыто в одно мгновение, и брат с сестрой припали друг к другу под сводами старого монастыря.

Казалось, время вернулось вспять и они снова стали детьми.

Скрипучий злобный голос сестры Марии вернул их к действительности, и они вздрогнули, будто пробудившись от волшебного сна.

— Ты совершила грех, — набросилась она на Дани, — ты осмелилась прервать службу и нарушить обет молчания. Ты говорила с незнакомым человеком!

Дани понимала, что та права. Но ведь ее святой обязанностью было молиться за спасение и обращение заблудших душ, в чем же тогда ее грех?! И когда ее брат в отчаянии пришел к ней, разве не было ее долгом помочь ему?!

Сестра Мария обняла ее поникшие плечи.

— Подумай о моих словах, — она ласково встряхнула девушку, — отвернись от него, дитя мое, так же, как ты отвернулась от всего мира.

Дани украдкой бросила взгляд на стоявшего поодаль Колта и содрогнулась, заметив, какой мукой искажено его лицо. Она ни минуты не сомневалась, что его привели сюда исключительные обстоятельства. Должно быть, случилось что-то очень серьезное. И вдруг Дани заметила выглядывающую из-за спины Колта встревоженную Бриану. Теперь она уже не сомневалась. Что бы там ни было, она не откажет в помощи брату и единственной подруге.

Дани бережно сняла руку старой женщины со своего плеча.

— Я должна поступить так, как мне подсказывает совесть. Не думаю, что вы сможете понять меня, сестра, но брат мне слишком дорог, чтобы я смогла оттолкнуть его, когда он нуждается в помощи. — Она повернулась к Колту и потянула его за руку: — Пойдем со мной.

Колт кивнул Бранчу и Бриане, и все четверо покинули церковь, чтобы не мешать монахиням продолжать службу.

Дани пересекла внутренний двор и привела их в маленький садик у монастырской стены, где вокруг крошечного пруда стояли несколько каменных скамей. Торопливо обняв Бриану, Дани заставила их сесть.

— А теперь рассказывай, зачем вы приехали. Думаю, что-то случилось, иначе бы тебя здесь не было.

Колт решил рассказать все с самого начала, но, когда он добрался до мошенничества Брианы, сестра мягко, но решительно остановила его.

— Ты действительно это сделала? — Голос ее дрогнул. — Ты решила потребовать мою долю наследства? И почему же мне никто не рассказал о письме отца? Ведь это же было первое письмо от него за все четырнадцать лет!

Бриана уже открыла рот, чтобы попытаться все объяснить, но Колт не дал ей ничего сказать, коротко буркнув, что это было далеко не первое письмо.

— Он постоянно писал тебе, Дани, только ты ни разу не ответила.

Дани опустила глаза, лишь крепко стиснутые пальцы выдавали ее волнение.

— Я никогда не получала писем от отца, — в отчаянии прошептала она. — Я писала ему не раз и никак не могла понять, почему он не отвечает мне.

И тут Колта осенило. Их взгляды встретились, и он гневно воскликнул:

— Это Элейн! Это ее рук дело! Наверняка она все сделала для того, чтобы вы с отцом никогда ничего не знали друг о друге!

— Как она могла так поступить! — горько вздохнула Дани и перевела взгляд на притихшую Бриану: — Ну а что заставило тебя участвовать в этом? Я ведь всегда была тебе верным другом, всегда верила тебе!

— Шарль, — одними губами произнесла Бриана.

Заглянув в ее потемневшие глаза, Дани вздохнула:

— Понятно. И где он сейчас?

Со слезами на глазах, Бриана пробормотала, что Шарля отправили в приют. Она коротко упомянула об операции.

— Ну, слава Богу, хоть какая-то радость. — Прежняя ласковая улыбка осветила печальное лицо Дани, и Бриана вспыхнула от радости, узнав в строгой послушнице любимую подругу.

— Она что-то говорила о том, что у нее брат — калека, — вмешался Колт, — но я не поверил.

Дани подтвердила каждое слово Брианы.

— Ты должен простить ее. — Она подняла на брата умоляющий взгляд.

Колт испуганно покосился на нее, он был явно ошеломлен.

— Не думаю, что когда-нибудь смогу забыть это.

— Ты должен, поверь мне. — Сестра потянулась к нему, и ее нежный поцелуй заставил Колта вздрогнуть. Никогда прежде она не делала этого. — Только когда мы прощаем обиду, мир воцаряется в наших душах. — Она помолчала, потом решительно взглянула ему в глаза. — За этим я и пришла сюда и теперь обрела покой.

Колт недоверчиво обвел взглядом угрюмые стены и покачал головой. Что за безрадостное место! Но если Дани считает по-другому, он ей не судья.

— Прости, если доставил тебе неприятности. По-моему, строгая монахиня очень разозлилась.

Но Дани, похоже, это ничуть не встревожило.

— Если Господь привел тебя сюда, да свершится его святая воля! Я помогу тебе, только скажи как.

— Я уже узнал от тебя все, что хотел, — улыбнулся Колт. — Прости, но единственное, что мне было нужно, это убедиться, что ты ничего не подозреваешь об этой подлости. А теперь я могу отправиться в Монако и вернуть свое золото. Если хочешь, я положу твою часть в банк на твое имя.

Дани слегка улыбнулась:

— Не торопись. Церковь не обеднеет, если не получит этих денег прямо сейчас. Я хочу, чтобы ты забрал их и выкупил назад и землю, и рудник. Пусть они пока побудут у тебя, распоряжайся ими, как своей собственностью. Может быть, это хоть немного поможет тебе забыть все то, что произошло с тобой. Я хочу, чтобы мои деньги по-прежнему принадлежали Колтрейнам.

— Ты совсем не обязана делать это! — решительно перебил ее Колт. — Ведь ты ни в чем не виновата!

Сжав его пальцы, Дани печально вздохнула:

— Это не совсем так. Будь я сильнее духом, Элейн никогда бы не удалось оторвать меня от семьи. Так что позволь мне хоть как-то помочь тебе. Забери мою долю и поступай с ней, как сочтешь нужным.

— Спасибо, мисс, — не выдержал молчавший до сих пор Бранч. — Это очень благородно с вашей стороны.

Колт окинул его свирепым взглядом, и Бранч смущенно притих.

— Не волнуйся, Дани, — робко предложила Бриана, покраснев до слез. — Я тоже сделаю, что смогу.

Колт застыл от удивления, услышав ее слова, а Дани, вдруг что-то вспомнив, удивилась:

— А для чего ты переписал на мое имя свою долю папиного наследства? Конечно, ты считал, что Бриана — твоя сестра, но почему ты решил отказаться от всего, что имел, ради нее?!

Бранч смущенно отвел глаза. По тому, как вели себя эти двое, он уже давно догадывался, что между ними происходит что-то неладное. А теперь достаточно было только взглянуть на их лица, чтобы убедиться, что его подозрения оказались верны.

Даже Дани, которая почти всю жизнь провела возле Элейн, внезапно поняла, почему после ее слов брат и Бриана вдруг неловко потупились. Она побледнела и впилась в них испытующим взглядом.

В эту минуту Бриана чуть было не сказала правду им в лицо. Но разве это поможет? Колт только почувствует себя полным дураком, узнав, что его дважды обвели вокруг пальца. Растерянная и смущенная, Бриана не знала, что делать. А если Колт еще больше возненавидит ее?! И потом, как она сможет смотреть ему в глаза?!

Воцарилось неловкое молчание, и Дани наконец робко предложила:

— А может быть, стоит сообщить отцу? Он наверняка что-нибудь придумает! Кроме того, тебе может потребоваться его помощь — не так-то просто будет отобрать у Гевина золото. Поверь, он может быть по-настоящему опасен, уж я-то знаю! Я буду волноваться за тебя, Джон Тревис.

Колт презрительно фыркнул:

— Плевать мне на Гевина! И меньше всего мне хотелось бы, чтобы отец хоть что-то проведал прежде, чем я сам все улажу. Пожалуйста, поверь мне, Дани, я справлюсь сам!

Дани поняла, что задела его самолюбие.

Они снова замолчали, каждый погрузился в собственные невеселые мысли. Слезы душили Дани, никогда еще она не чувствовала себя такой несчастной. Оказывается, отец не забыл ее, все эти долгие годы он тосковал по ней, и только злая воля Элейн не дала им вновь стать одной семьей. Она помолится за душу тетки, но вряд ли Господь сможет простить ей страшный грех, подумала бедная Дани.

А у Бранча от жалости и сочувствия просто сердце разрывалось. Он переводил взгляд с одного убитого горем лица на другое и мечтал только о том, чтобы поскорее закончился весь этот кошмар и они с Колтом собрались бы в обратный путь. Надо ведь еще вернуть золото и благополучно доставить его домой. А Колт оправится, Бранч был уверен в этом. И снова все будет хорошо. Главное, поскорее вернуться.

Колт угрюмо смотрел себе под ноги, зная, что пришло время прощаться. Должно быть, Элейн уже обнаружили и в эту самую минуту проклятый Гевин собирается бежать с его золотом. Нельзя было терять ни минуты, и все же он не мог заставить себя уйти. Ведь рядом была его сестра, и Бог знает, когда ему доведется увидеть ее вновь! Похоже, она никогда не покинет монастырь, а ему сюда путь заказан. Как не хотелось ему уезжать, как хотелось подольше побыть с ней, вволю насмотреться на поднятое к нему прелестное, родное лицо.

И вдруг, обнимая сестру, Колт внезапно подумал, что никогда не смотрел на сестру, как на женщину, хотя она, несомненно, очень хороша собой. Он любил ее, но в этой любви не было ничего плотского и не могло быть, он ни минуты не сомневался в этом.

Но та обжигающая страсть, которая, как магнитом, притягивала его к Бриане, не имела ничего общего с родственными чувствами. Он безумно желал Бриану, как только мужчина может желать женщину. И сознание этого вернуло ему душевный покой.

Но внезапно Дани, выпустив ладонь брата, со страхом посмотрела поверх его плеча. Колт обернулся и увидел торопливо направлявшихся к ним двух монахинь, в одной из которых он с неприязнью узнал сестру Марию. Вторая, по всей видимости, была сама настоятельница. Когда женщины подошли поближе, он заметил неодобрительную гримасу на лице старшей монахини и невольно подумал, было ли время, когда она выглядела не такой хмурой, или опущенные уголки рта и жесткое выражение напряженного лица просто отражали суровый нрав, присущий ей от природы?

Дани торопливо вскочила, заметив приближающихся монахинь. Покорно склонив голову, она робко прошептала:

— Матушка!

Монахини замерли в двух шагах от молодых людей, и вдруг настоятельница шагнула вперед, остановилась прямо перед склонившейся в почтительном поклоне Дани и метнула на нее разъяренный взгляд.

— Ты погрешила против святого устава нашей обители, дочь моя, и я вынуждена пожаловаться на тебя епископу, — сурово произнесла она. — Пусть он решит, как следует поступить с тобой. — Она перевела дыхание и взглянула на девушку, чтобы убедиться, что та уже достаточно напугана ее словами. — Возможно, тебе прикажут покинуть монастырь — ведь ты нарушила данный тобой обет отрешиться от всего земного и посвятить себя Господу!

Но, похоже, Дани было не так-то легко испугать.

— Матушка, — почтительно, но твердо произнесла она, — это мой брат, с которым мы не виделись почти четырнадцать лет. Он приехал просить меня о помощи, и я...

— Это ничего не значит! — сурово оборвала ее монахиня. — Ты дала обет отрешиться от мира, а стоило этому молодому человеку ворваться в церковь и позвать тебя, так ты забыла обо всем! А тебе бы следовало опасаться его, как самого сатаны!

— Матушка, — не выдержал Колт, — я, конечно, не самый примерный христианин, но тем не менее мне не очень-то приятно, когда вы сравниваете меня с сатаной! И если уж кто-то виноват в случившемся, так это я. Дани поступила, как любой человек на ее месте.

Лицо матери-настоятельницы побагровело от ярости, и она истошно завопила:

— Немедленно убирайтесь, молодой человек! Чтобы и духу вашего здесь не было!

Колт уже собрался было ответить, как вдруг почувствовал, что дрожащие пальцы Дани стиснули его руку.

— Тебе лучше уйти, Джон Тревис, а то будет еще хуже.

Ему очень хотелось хоть еще раз на прощание обнять сестру, но мысль о том, что эти чудовища будут преследовать ее, заставила его отступить. Он тяжело вздохнул:

— Не волнуйся, Дани, я все объясню отцу. По крайней мере теперь он будет знать, что ты ни в чем не виновата, и поймет...

— Ничего вы не передадите! — Голос настоятельницы сорвался на визг. — Я запрещаю вам разговаривать с вашей сестрой! Понимаете, запрещаю!

Колт поймал себя на шальной мысли, что мир ничего не потерял, когда эта старая мегера решила посвятить себя Богу. Повезло, наверное, какому-то бедняге, ведь жизнь с ней на земле похуже, чем ад после смерти. Нет ничего дурного в том, что человек хранит верность данным обетам, но неужели же любовь к Христу должна непременно исключать жалость и сострадание к людям?!

Но вряд ли имело смысл обсуждать это с настоятельницей, которая в этот момент была больше похожа на огнедышащего дракона, чем на кроткую овечку Христову. Да и Дани это вряд ли поможет, а вот навредит наверняка. Поэтому Колт только бросил на сестру прощальный взгляд, от души надеясь, что она догадается о той трепетной и нежной любви, что снизошла на его душу.

Наконец он коротко кивнул Бранчу:

— Идем.

Они уходили неохотно, каждому было страшно оставлять Дани, ведь только Богу известно, как отразится на ней их приезд.

Усевшись на лошадь позади Колта, Бриана устало прислонилась к его широкой спине, пока они осторожно спускались вниз по узкой, извилистой тропе. Она безвольно склонила голову, совершенно не отдавая себе отчета, что ее пышная грудь при каждом движении лошади прикасается к его спине, а Колт, чувствуя, как упругие бедра мягко обхватили его сзади, мучительно напрягся.

Всю дорогу до Монако Колт, до боли стиснув поводья, бормотал сквозь зубы едва слышные проклятия, давая себе зарок как можно скорее избавиться от девушки, пока он еще владеет собой. Однако у него из головы не выходила одна мысль: ведь он же занимался с ней любовью, и, похоже, не один раз, так почему же он совершенно ничего не помнит об этом?! Неужели он когда-то ласкал губами эти нежные упругие соски, которые сейчас так соблазнительно трутся о его спину, осыпал поцелуями роскошную грудь, а потом просто забыл обо всем?! Нет, это невозможно, немыслимо!

«И за это ты мне заплатишь», — подумал обезумевший от ярости Колт.

Спустившись наконец в долину, он заметил неподалеку от дороги весело журчащий ручей, бравший свое начало где-то высоко, среди мрачных отрогов гор.

Колт туго натянул поводья и бросил задумчивый взгляд на тенистый, поросший сочной высокой травой берег ручья. Обернувшись к ехавшему за ним Бранчу, он указал рукой на тропинку, терявшуюся далеко в зарослях кустов.

— Подожди нас внизу, — сухо скомандовал он. — Мы еще не все обсудили.

Коротко кивнув, Бранч поскакал вперед, дав им возможность остаться вдвоем.

Не сказав ни слова, Колт спешился и подхватил Бриану на руки, крепко прижав к мускулистой груди. Заглянув в широко распахнутые глаза цвета темного янтаря, он почувствовал, что окончательно теряет голову. Его руки еще крепче сомкнулись вокруг нее, а жаркие и нежные губы коснулись ее уст.

Несколько мгновений Бриана, ничего не понимая, только молча удивленно смотрела на него. Голова ее кружилась, сердце готово было выскочить из груди. Она уперлась руками в широкую, твердую как скала грудь, но не успела даже ахнуть, как Колт легко, словно перышко, подхватил ее и перекинул через плечо. Он молча нес ее в сторону от тропы, туда, где ласково зеленела трава и тенистый берег ручья манил прохладой.

Короткий, сдавленный крик вырвался у Брианы, но, услышав резкий смешок Колта, она испуганно затихла. Опустив ее на траву, он склонился над ней, и тяжелое тело крепко прижало ее к земле. Она в ужасе почувствовала, как его руки проворно стягивают с нее платье.

— Когда-то ты воспользовалась тем, что я был мертвецки пьян, дорогая, но я ничего не могу вспомнить, — пробормотал он. — И теперь, после того ада, через который мне по твоей милости пришлось пройти, самое малое, чем ты можешь загладить свою вину, — это позволить мне вволю насладиться твоим телом!

Она отчаянно извивалась, пытаясь вырваться на свободу.

— Нет! Ты не посмеешь! Ты...

— Еще как посмею. — Он насмешливо ухмыльнулся.

У Брианы оставалась последняя надежда на спасение.

— Нет! — отчаянно закричала она. — Мы никогда не были любовниками. Послушай, Колт, я только заставила тебя поверить в это! Я никогда бы не смогла поступить так с тобой... — И рыдание сорвалось с ее губ.

Отбросив в сторону платье, Колт на секунду отстранился и голодным взглядом окинул ее дрожащее тело. Боже милостивый, он никогда не видел такой красавицы! Его глаза пожирали ее, он не мог оторвать жадных рук от восхитительных изгибов и округлостей ее тела. Должно быть, и впрямь он был в ту ночь не в себе, если смог забыть такую женщину!

Бриана подняла к нему залитое слезами лицо.

— Пожалуйста, — умоляюще выдохнула она, — ты должен поверить мне, Колт. Мы никогда не занимались любовью. Я только сделала так, что ты поверил в это. Ладида подлила какое-то снадобье тебе в вино, а потом ты уснул, и мне достаточно было раздеться и лечь рядом, чтобы, проснувшись утром, ты поверил в то, что обладал моим телом. Но на самом деле ничего этого не было.

Колт насмешливо покачал головой. Лукавая, маленькая шлюха, как таких только земля носит?!

Большое, тяжелое тело придавило ее к земле, лишив возможности сопротивляться. Темная голова склонилась над дерзко торчащей восхитительно упругой девичьей грудью, и горячие губы мягко обхватили нежный, похожий на бутон, сосок, заставив его расцвести на глазах.

Бриана тяжело дышала, чувствуя сквозь охватившее ее смущение, как острое, щекочущее желание накрывает ее горячей волной. Она и представить себе не могла, что прикосновения мужских губ могут заставить ее сердце забиться в восторженном ожидании.

Бриана отчаянно замолотила кулаками по спине Колта, но с таким же успехом она могла стучать по гранитной скале. Он сжимал ее в железных объятиях, и девушка поняла, что пропала...

— Ну пожалуйста, Колт, послушай меня. Я так боюсь, ведь я никогда не была с мужчиной!..

Но Колт уже ничего не слышал. Горячая, напрягшаяся плоть с силой прижалась к ее бедру, и Бриана сдавленно ахнула. Она испуганно забилась в его руках, отчаянно стараясь освободиться, столкнуть с себя тяжелое, обжигающее тело, но все оказалось напрасно. Он воспользовался ее паникой, чтобы резко раздвинуть ей ноги и удобно устроиться между ними.

— Ну, — сдавленно прохрипел он, — этот миг мы запомним оба.

Одним сильным толчком он рванулся вперед и грубо проник в нее. Бриана отчаянно закричала, извиваясь и отталкивая его от себя. В затуманенном страстью сознании Колта еще успела промелькнуть мысль о том, как бессмысленно с ее стороны изображать из себя недотрогу.

И вдруг он почувствовал, что что-то мешает ему войти глубже в теплое, дрожащее тело. Колт недовольно нахмурился. Наверное, просто неудобное положение, слишком стремительно пришлось ему действовать. Да и притом никогда раньше не приходилось ему силой брать женщину.

Он попытался продвинуться глубже и, услышав сдавленный вскрик, в недоумении замер. Ну сколько же можно ломать эту комедию?!

Колт сделал резкое движение вперед и ощутил, как вдруг хрупкая преграда разрушилась под его напором. Движения его стали быстрее, и Бриана почувствовала, как на смену резкой боли откуда-то из глубины поднимается жаркая волна наслаждения.

Ей показалось, что бурный поток поднял ее высоко над землей, и, не в силах совладать с охватившим ее пламенем, Бриана пронзительно закричала.

Мгновением позже она услышала ликующий крик Колта.

Осторожно отодвинувшись, он в изнеможении вытянулся рядом, опустив голову на ее тяжело вздымавшуюся грудь.

Уже открыв было рот, чтобы поинтересоваться, почему она так странно вела себя, Колт вдруг опустил глаза и замер, будто пораженный громом, когда увидел на себе кровь.

Еще не смея поверить промелькнувшей в голове догадке, Колт приподнялся и посмотрел на Бриану — пятна крови алели на ее нежных бедрах.

— Бриана? — Кончики пальцев осторожно коснулись залитого слезами лица. — О Боже, скажи, что это неправда! Ты опять обманула меня, Бриана?!

Она слабо покачала головой и вдруг, не в силах больше терпеть эту муку, с коротким всхлипыванием прильнула к нему, прижавшись к могучей груди.

— Я люблю тебя, — обреченно пролепетала она. — Мне кажется, я всегда любила тебя, с первой минуты, как увидела. Знаю, что поступила ужасно, но у меня не было выхода. И только последней подлости я не совершила — никогда не соблазняла тебя, Колт. Ладида что-то подмешала в вино — а я просто... — Бриана с трудом перевела дыхание и прижалась к Колту. — Я решилась на это, потому что любила тебя. И, Бог свидетель, люблю до сих пор. Даже если теперь ты возненавидишь меня, ничего уже не изменить.

Она облегченно вздохнула, радуясь, что наконец-то он все знает.

У Колта опустились руки. Не в силах отвести от нее изумленного взгляда, он ощутил, как в глубине его души шевельнулось какое-то странное, никогда не испытанное прежде чувство. Мысли его смешались, и он даже не сразу понял, что куда-то вдруг исчезла знакомая горькая ненависть, сменившись непонятной ему самому нежностью и теплотой.

Да, конечно, были и обман, и предательство, но лишь беспредельное отчаяние и желание спасти брата толкнули несчастную девушку в эту бездну.

И в конце концов у нее хватило мужества, чтобы не совершить последней низости — она не соблазнила его.

Крепко прижав к груди беспомощно содрогающееся тело, Колт заглянул в залитые слезами глаза и с благоговейным трепетом подумал, что тоже, кажется, любит эту девушку. Может быть, всегда любил, с первой минуты, но теперь в его душе не было ни стыда, ни угрызений совести.

С хриплым стоном припав к ее губам, он едва слышно прошептал:

— Прости меня, Бриана! Я не знал, видит Бог, даже не догадывался, что ты любишь меня!

Смахнув дрожащие на ресницах слезы, девушка нашла в себе силы забыть про боль и обиду и светло улыбнулась:

— Я была бы рада еще раз пройти через все муки, лишь бы только ты верил мне!

Колт нежно провел кончиком пальца по щеке Брианы:

— Но на свете существуют не только муки, дорогая! Я хочу подарить тебе наслаждение...

Его ладонь прошлась по ее груди, спустилась ниже, скользнув на талию и очертив изгиб бедра. Медленно, дразнящим мучительным движением он нащупал узкий проход в тугую, горячую расщелину и коснулся магического бугорка.

Бриана ахнула. Боль куда-то улетучилась, сменившись восхитительным предвкушением грядущего блаженства.

Колт приподнялся над ней, и на этот раз Бриана сама обвила ногами его бедра. Он легко скользнул в ее жаркую, манящую глубину, не ощутив ни малейшего сопротивления. Крепко сжав ладонями закаменевшие бедра, Бриана ощутила, как входит в нее набухшая пульсирующая плоть. Она радостно почувствовала, как он заполнил ее целиком, и затрепетала в его руках. С этой минуты она принадлежала этому человеку душой и телом.

Огненный вихрь подхватил ее, и Бриана взлетела ввысь, пронзительно выкрикнув его имя в момент сладостной муки и освобождения.

Почти в ту же минуту Колт взорвался яростной вспышкой рядом с ней и, изнемогая от наслаждения, спрятал разгоряченное лицо в удобной впадинке у нее на груди. Последнее, что услышала Бриана, прежде чем погрузиться в блаженное беспамятство, было чуть слышное признание в любви.

Он не мог отвести от нее глаз. Так много изменилось в их жизни за последние несколько минут, казалось, пролетела целая вечность, и сейчас у него просто не было слов.

— Бриана, — ошеломленно прошептал он, и ответом ему была ее сияющая улыбка.

Вдруг у них над головой оглушительно прогремел выстрел, эхом раскатившись в тишине.

Колт, ни минуты не раздумывая, прикрыл собой обнаженное тело Брианы, чувствуя, как острая боль пронзила его.

Девушке на мгновение показалось, что это просто кошмарный сон — перед ними с еще дымившимся винчестером в руках стоял Дирк Холлистер.

Бриана бросила обезумевший от ужаса взгляд на его обезображенное лицо и почувствовала, как мир вокруг нее застилает черная пелена.

Глава 28

Не обращая ни малейшего внимания на покаянный вид Дани, разъяренная настоятельница отвела ее в кабинет и там устроила непокорной послушнице страшную головомойку. Сидевшая рядом сестра Мария, которая так и не пришла в себя после пережитого потрясения, заглядывала ей в глаза, пытаясь понять, осознала ли Дани всю глубину своего ужасного проступка.

Но Дани только кивала, покорно склонив голову. Самые противоречивые чувства обуревали ее, и она изо всех сил старалась не дать им выплеснуться наружу. Гнев и горечь переполняли ее при мысли о предательстве Элейн, о том, как бессовестно были обмануты она и отец, как счастливо могли бы они прожить все эти годы большой, дружной семьей, если бы не Элейн.

Она кусала губы до тех пор, пока не почувствовала во рту вкус крови. Ну уж нет, она не унизится до того, чтобы показать этим гарпиям свое горе! Они обе старше ее, и церковь для них — весь мир. Мать-настоятельница провела в обители уже больше сорока лет и при этом виделась только с епископом, да и то эти встречи можно было пересчитать по пальцам. А свою семью за эти годы она не навестила ни разу. Разве могли они понять, что переживала сейчас Дани? Ей казалось, что мир вокруг рушится, разлетаясь на мелкие куски.

Побагровев от возмущения, настоятельница заявила, что напишет обо всем епископу.

— А пока, — торжественно заявила она, — ты будешь наказана. Отправляйся в церковь и молись до заката солнца. И так каждый день, до воскресенья, пока епископ не решит, что с тобой делать.

Дани подняла голову и увидела суровое лицо настоятельницы и ее холодный взгляд, но не опустила глаз.

— Нет, — мягко, но решительно произнесла она. — Я помолюсь позже. А сейчас я не могу не думать о семье.

Сестра Мария испуганно взглянула на настоятельницу. Она не помнила случая, чтобы кто-то осмелился ослушаться ее.

— Ты должна! — сурово произнесла она. — Ты не имеешь права!

Не обращая на сестру Марию ни малейшего внимания, Дани повернулась к настоятельнице.

— Простите, матушка, я совсем не хотела обидеть вас, — как можно почтительнее сказала она. — Конечно, нарушив обет, я поступила плохо. Но просить у Господа прощения за свой поступок я смогу, только когда в душе моей наступит мир.

И Дани ушла, а обе женщины ошеломленно смотрели ей вслед.

Торопливо пробежав через двор, Дани кинулась в заросли кустов, где она обычно пряталась, чтобы побыть наедине с собственными мыслями.

И теперь она снова затаилась здесь, погрузившись в невеселые раздумья, пока грохот выстрела, эхом прокатившийся среди гор, не заставил ее очнуться.

Дани даже немного испугалась. Это не могли быть охотники — уважая покой монахинь, они обычно держались подальше от обители.

Внезапно ледяная дрожь пробежала по спине, и, вскочив на ноги, Дани выскочила из своего укромного уголка и ринулась к воротам. Предчувствие чего-то ужасного охватило ее, она помчалась изо всех сил, подхватив длинный подол, чтобы не путался под ногами.

Откуда-то издалека донесся пронзительный женский вопль. Женщина кричала так, будто сам сатана тащил ее душу в ад. На мгновение ее голос стих, его заглушили гневная перебранка, а потом шум драки и топот подков. По их звуку уже совсем запыхавшаяся Дани догадалась, что всадники поскакали по каменистой горной тропинке.

Дани добежала до места, где тропинка, извиваясь, круто поворачивала в гору. Вдруг она заметила что-то странное в стороне от дороги и, обернувшись, в ужасе закрыла лицо руками, испустив хриплый стон.

Обнаженное тело Колта неподвижно лежало в ручье, а вокруг головы в воде расходилось широкое ярко-багровое пятно.

Дани ринулась к нему и, упав на колени, осторожно приподняла над водой голову брата. Кровь горячей струей потекла ей на подол.

Припав к груди Колта, Дани снова и снова отчаянно повторяла его имя.

Вдруг он шевельнулся и слабо застонал. Это был слабый, хриплый звук, но его оказалось достаточно, чтобы слезы мгновенно высохли на глазах у Дани. Сдерживая рыдания, она постаралась как можно осторожнее приподнять его большое беспомощное тело.

Дани была не единственной, кто услышал выстрел, вблизи тихих монастырских стен он прогремел как гром среди ясного неба.

Со всех сторон к Дани спешили сестры, но, потеряв голову при виде страшного зрелища, они, как стая испуганных птиц, бросились искать помощи у матери-настоятельницы.

Высокий сан не позволил матушке самой поспешить на место происшествия, но у нее хватило благоразумия разрешить перенести раненого в монастырь и распорядиться устроить его в лазарете.

И пока Колта осторожно несли на носилках вверх по горной тропе, Дани шла рядом, крепко сжимая слабую руку брата.

Она ждала снаружи, пока сестра Франческа, обычно ухаживающая за больными, осторожно осматривала Колта. Наконец ей позволили войти, и она с удивлением осмотрелась. Чисто выбеленные стены, такой же белоснежный потолок, ни ставней, ни занавесок на высоких стрельчатых окнах, из которых открывался унылый вид на голый, каменистый склон и по-осеннему пожухлую листву.

Вдоль каждой стены стояли койки, узкие, с высокими железными спинками. Колта положили у окна, прикрыв тонким шерстяным одеялом. Его голова была забинтована, глаза по-прежнему закрыты, и лишь грудь слабо колыхалась.

Дани бросила умоляющий взгляд на сестру Франческу, со страхом ожидая, что она скажет.

— Ваш брат все еще без сознания, — строго предупредила монахиня. — Слава Богу, пуля не задела мозг, иначе он был бы уже мертв. К несчастью, — и она виновато пожала плечами, — я могу только предположить своего рода контузию.

— Но он выживет? — чуть слышно прошептала Бриана.

Бросив на раненого испытующий взгляд, сестра Франческа заколебалась.

— Я сделала, что могла. Мы должны ждать. Мужайся, сестра, милосердие Господне безгранично.

Дани склонилась над бесчувственным телом брата и осторожно коснулась губами его щеки.

— Пожалуйста, не умирай, Джон Тревис, я прошу тебя!

Она покинула лазарет, твердо убежденная, что пришло время дать знать отцу, что им нужна его помощь.

Гевин Мейсон, в ярости не находя себе места, метался перед входом в подвал, пока его люди, кряхтя и чертыхаясь, вытаскивали наружу ящики с золотом. Ему казалось, что они движутся как сонные мухи, нарочно сводя его с ума своей медлительностью. Дьявольщина, ну сколько они еще будут возиться?! Он уже успел зафрахтовать корабль, чтобы отправиться в Грецию, и, как только золото будет на борту, они снимутся с якоря.

Немного поодаль он заметил высокую, худощавую фигуру Дирка Холлистера, тоже наблюдавшего за возней с ящиками. При виде его лицо Гевина перекосила злобная гримаса. Что за идиот, пристрелил Колтрейна с Поупом, да еще в двух шагах от монастыря! Холлистер отрицал это, но двое его людей признались, что слышали звуки выстрелов. Ко всему прочему, этот тупица даже не позаботился о том, чтобы закопать убитых! И теперь бесполезно ругать его: во-первых, дело сделано, а во-вторых, Дирк все равно упрям как осел.

Когда ему доложили, как все произошло, Гевин вспылил и обрушился на Дирка с дикой руганью, обозвав его сукиным сыном и придурком, из-за которого все они могут попасть за решетку.

Ярость его объяснялась тем, что Холлистер наткнулся на Бриану и Колтрейна, когда они, обнаженные, лежали в объятиях друг друга. Увидев пятна крови на теле девушки, Гевин пришел в бешенство. Теперь ему все было ясно, он уже давно догадывался, что Бриана без памяти влюблена в Колтрейна. Так, значит, эта сучка обманула его, она никогда не соблазняла мальчишку. Все это время она просто водила его за нос как последнего дурака.

Ну да ладно, не важно. Все уже позади, и сейчас он мертв. Связанную Бриану доставят на корабль и вместе с золотом отвезут на Санторин. А уж там они будут в полной безопасности, и он сможет иметь ее, сколько душа пожелает.

Гевин предпочел не спрашивать Дирка, почему при виде Брианы он превратился в обезумевшего от ярости дикого зверя. Он отлично помнил, как тот когда-то с ума сходил по девушке, а теперь безумное желание смешалось в его душе с бешеной жаждой мести.

Заметив, что трое охранников замешкались, застряв вместе с тяжелым ящиком в узком проходе, Гевин вспылил:

— Проклятие, шевелите же своими толстыми задницами, идиоты! Ведь вы смогли спустить эти ящики в подвал, так вот теперь вытаскивайте их оттуда. У нас нет времени рассиживаться. Этот болван Холлистер завалил все дело, и нам теперь нужно поскорее уносить ноги, да подальше. Чует мое сердце, что очень скоро здесь появится сам Тревис Колтрейн и тогда нам несдобровать!

— Это точно! — промурлыкала Элейн у него за спиной.

Гевин недовольно оглянулся. А ей что здесь надо, черт побери?!

— Убирайся вон, старая сука! Я не собираюсь терпеть твои плоские шуточки! Давай, ступай отсюда, не нарывайся на неприятности!

Элейн вспыхнула. Да как он смеет так разговаривать с ней, да еще в присутствии этих людей?!

— Ты слышишь меня? — Взревев от ярости, Гевин обернулся к ней, тонкие губы его растянулись в безобразной ухмылке, глаза злобно сощурились. — Убирайся немедленно!

— И это после того, что я для тебя сделала, ах ты, неблагодарный! — Элейн захлебнулась от обиды.

— Неблагодарный! Так вот тебе! — И Гевин грубо отпихнул ее в сторону. Элейн не удержалась на ногах и с размаху села на землю.

— Проклятая старая мегера, — злобно чертыхнулся Гевин, — да ты должна в ногах у меня валяться, что я столько времени терпел тебя рядом. Жалкая пьянчужка! — И он презрительно пнул ее ногой в бок.

Вскрикнув от боли, Элейн отползла в сторону и неловко попыталась встать. Но ей все никак не удавалось приподняться, безумно болел ушибленный бок.

Гевин угрожающе навис над ней:

— Я говорил тебе, держись от меня подальше, иначе будет плохо. Убирайся с глаз моих, пока я тебя не изуродовал до смерти!

Элейн кое-как доползла до стены и со вздохом облегчения припала к ней.

Ящик наконец пропихнули через узкую дверь.

— Это последний? — спросил Гевин, и охранник кивнул. — Грузите его в фургон. — Повернувшись к Дирку, Гевин предупредил: — Я поднимусь узнать, готова ли Делия. Ждите меня внизу.

Он направился было к дому, но его остановил испуганный возглас Элейн:

— Подожди! А как же я?! Когда ты вернешься, Гевин?

Неторопливо повернувшись, он едва удостоил графиню взглядом. Когда же эта идиотка поймет наконец, что все кончено?!

— Ты сама во всем виновата, Элейн. Я устал от тебя и еще подумаю, стоит ли вообще возвращаться.

Но несмотря на все унижения, которые ей пришлось вынести, дух Элейн еще не был сломлен.

— Ублюдок! — пронзительно завопила она, так что у всех зазвенело в ушах. — Проклятый, мерзкий ублюдок! Так, значит, ты бросишь меня здесь, а денежки все заберешь себе?! У меня столько же прав на золото, сколько у тебя, даже больше! Если бы не я, не видать его тебе как своих ушей!

— Считай, что мы в расчете, — злобно ухмыльнулся Гевин.

Дирк не выдержал:

— Неужели ты действительно решил бросить ее без гроша?

— Не делай из всего трагедию, Холлистер, — подмигнул Гевин. — У нее осталось еще кое-что на черный день, мебель и разная дребедень. Продаст, если понадобится. А теперь в путь. И не стоит ее жалеть. Если мы попадем в лапы Колтрейну, жалеть придется нас.

Элейн настолько обезумела от ярости, что уже не чувствовала боли. Пламя гнева охватило ее. Но теперь она знала, что делать.

Кое-как добравшись до кухни, она подошла к огромному разделочному столу, где, как ей было хорошо известно, хранился комплект кухонных ножей. Выбрав самый длинный, графиня медленно направилась наверх. В доме стояла тишина.

Элейн шаг за шагом осторожно взбиралась по лестнице, бок болел отчаянно, и каждое движение было мукой. Все расплывалось перед глазами. «Сколько же я выпила сегодня», — гадала она. Так и не вспомнив, махнула рукой. Впрочем, это не важно. Избавившись от дьявола, овладевшего Гевином, и наведя порядок в собственном доме, она выпьет шампанского, чтобы отпраздновать победу.

А в том, что только что произошло между ними, словно в забытьи твердила Элейн, нет его вины. Человек, которого она всегда любила как сына, пока он был малышом, и как нежного любовника, когда он вырос, не мог быть так жесток с ней. В конце концов он же сын Стьюарта Мейсона, а Стьюарт был готов целовать землю, по которой она ходила.

Нет, всему виной эта бесстыжая тварь, которая обольстила бедного мальчика и обманом проникла в их дом.

Дверь в комнату Делии была распахнута, и Элейн проскользнула внутрь бесшумно, как тень.

Делия, стоя перед туалетным столиком, мурлыкала под нос какую-то песенку, стараясь заправить кудряшки под модную соломенную шляпку с широкими полями. В новом бархатном платье ярко-розового цвета, сшитом по последней моде, она выглядела хорошенькой и юной. Любуясь собой в зеркале, Делия подобрала повыше подол пышной юбки и пару раз крутанулась на каблуках. Особенно очаровательно смотрелся высокий кружевной воротничок.

Да, Гевин не разочаровал ее. Конечно, любовник из него никакой, но в этом отношении она на многое готова была закрыть глаза. К тому же он ей совсем не нравился. Но Гевин действительно был богат, очень богат, а вот это уже немаловажно. И Делия поклялась, что ничто не сможет разлучить их, пока существует его богатство.

Она вышла на балкон, чтобы в последний раз окинуть взглядом чудесный вид из замка. Кто знает, попадет ли она сюда когда-нибудь снова? Гевин сказал, что, возможно, они и не вернутся. Она задумчиво облокотилась на перила, разглядывая огромные остроконечные скалы, вокруг которых с ленивым шипением плескались волны. Над морем кружились чайки, их пронзительные крики навевали грусть. Прелестный вид, но женщина неожиданно с ревнивой завистью вспомнила, как красиво море, если смотреть на него с балкона Элейн, оттуда оно было поистине великолепно, выделяясь яркой голубизной на фоне величественной горной цепи.

Приподнявшись на цыпочках, Делия свесилась с балкона, пытаясь разглядеть, что происходит во дворе. Ей страшно хотелось увидеть Гевина и крикнуть, что через минуту она присоединится к нему. К тому же хитрая Делия не могла не сознавать, что, стоя на балконе в своем ослепительном туалете, да еще на фоне гор, она выглядит просто потрясающе.

Гевина нигде не было видно. Разочарованно вздохнув, она повернулась, и в эту минуту над ней ослепительной молнией сверкнуло лезвие ножа. Делия пронзительно взвизгнула, в последний миг успев отскочить в сторону. Парализованная страхом при виде стремительного броска Элейн, Делия застыла как статуя, беспомощно наблюдая, как ее противница, не удержавшись, перегнулась через парапет и с отчаянным криком сорвалась вниз. Падая, она несколько раз перевернулась и, пролетев вдоль отвесной скалы, упала на берег, у самой кромки воды. Делия затаила дыхание, не в силах отвести взгляд от застывшего внизу безжизненного тела.

Слабый предсмертный крик растаял в воздухе, немедленно сменившись истошными воплями Делии.

Когда Гевин через мгновение ворвался в комнату, она все еще продолжала кричать. И только несколько крепких пощечин заставили ее замолчать, пронзительный, животный вой перешел в истерические рыдания.

— Она хотела заколоть меня! Мне удалось увернуться, а она рухнула вниз...

Несколько мгновений Гевин молча вглядывался в ее искаженное ужасом лицо, пытаясь сообразить, что случилось. В это время в комнату вихрем ворвался Дирк.

— Мейсон! — заорал он. — Она еще дышит. Должно быть, кусты смягчили удар. Но она страшно изуродована, вряд ли протянет долго.

Гевин искоса взглянул на него:

— Она очень плоха?

Дирк угрюмо кивнул.

— Послать за доктором? — коротко спросил он.

Но то, что Дирк услышал в следующую минуту, заставило его оцепенеть от ужаса и изумления.

— Оставьте все, как есть. Когда ее тело в конце концов найдут, все подумают, что это несчастный случай. Нужно, чтобы все считали, что это случилось уже после нашего отъезда. А если сейчас вызвать врача, вопросов не оберешься. Ясно?

Очень скоро тяжело груженный фургон медленно двинулся в сторону Монако к ожидающему их судну.

Сидя в принадлежавшем де Бонне экипаже, Гевин и Делия чувствовали себя наверху блаженства. Удобно откинувшись на обитое роскошной мягкой кожей сиденье, Гевин одной рукой по-хозяйски обнял Делию, крепко прижав ее к себе.

Конечно, мысль об оставленном на скалах изуродованном, еще живом теле была неприятна, но вполне терпима. В конце концов она постепенно спивалась и стала для него невыносимой обузой. Правда, в молодости она была очаровательна. Дьявольщина, да когда-то он был без ума от нее! К сожалению, все это в прошлом.

Гевин с довольной улыбкой взглянул на Делию. Надо надеяться, она вволю насладилась здешними красотами, потому что назад она не вернется. По крайней мере с ним.

Лучше всего расстаться с ней в Греции.

А в Монако он когда-нибудь вернется вместе с Брианой. Будет она его любовницей или женой, он решит позже. Бог свидетель, завладев ею однажды, он будет владеть ею всегда!

А в это время в Париже, в здании американского посольства, в своем кабинете, за массивным столом красного дерева сидел Тревис Колтрейн. На нем был роскошный костюм из мягкой шерстяной ткани цвета маренго, тончайшая золотая цепочка тянулась к жилетному карману, матово поблескивала мягкая дорогая кожа ботинок. Тревис выглядел важной персоной. Впрочем, так оно и было на самом деле.

Но видит Бог, как же он ненавидел свою работу!

Брезгливо отодвинув в сторону бумагу, которую он уже несколько минут пытался прочитать, Тревис поднялся со стула и подошел к окну. Сцепив руки за спиной, он молча стоял, размышляя о том, что Китти, наверное, давным-давно уже догадалась, как ему здесь все опротивело, хотя он никогда не говорил об этом прямо.

Да, ему никогда не нравилось просиживать штаны в кабинете, а сейчас тем более, да и меняться уже поздно. Тревис рвался домой, в Неваду, на ранчо. Как было бы здорово снова оказаться под открытым небом, почувствовать, как свежий ветер бьет в лицо. Дьявольщина, да будь сейчас даже зима, он бы и то не удержался, чтобы не вскочить в седло!

Тревис встряхнулся и постарался вернуться к действительности. Из окон посольства открывался великолепный вид на Париж. К югу почти на полмили расстилалось Марсово поле, огромный плац, повидавший на своем веку немало событий: и королевские парады, и дикие восстания, и революции.

На дальнем его конце возвышалось величественное здание Военной академии. Построенное в кокетливом стиле XVIII века, оно больше напоминало волшебный дворец, чем военную школу. Задуманная вначале как училище для сыновей обедневших аристократов, академия очень скоро превратилась в настоящий университет, куда со всех уголков Франции съезжалась талантливая молодежь.

Тревис припомнил забавный исторический факт: когда-то Наполеон Бонапарт, который тоже в свое время учился здесь, получил аттестат с такой записью: «Пойдет далеко, если позволят обстоятельства».

Тревис перевел задумчивый взгляд на более современное здание к северу от Марсова поля. Построенное в 1889 году архитектором Александром Эйфелем для Парижской выставки, оно с тех пор неоднократно служило мишенью для насмешек. Как его только не называли — и удивительным, и чудовищным, нашлись даже такие, кто требовал разрушить его до основания. Но Тревис глубоко уважал Эйфеля как создателя одного из величайших чудес — Эйфелевой башни. Устремившись высоко в небо, она стала величайшим сооружением в мире. Кто-то придумал устроить в ней очень приличный ресторан, как-то он даже обедал там вместе с Китти.

Китти!

Боже, как он обожал эту женщину! Никогда и никого в своей жизни Тревис не любил так, как ее. И хотел одного — сделать ее счастливой до конца дней, как она когда-то озарила счастьем его жизнь.

Раньше ему казалось, что Китти мечтает о том, чтобы вволю поездить по Европе, да и пожить какое-то время в Париже было бы неплохо. Но оказалось, что он ошибался, и Китти скучает по дому, к тому же ей безумно не хватало Колта.

Тревис покачал головой. Его все больше тревожило, что от сына давно не было никаких известий. Прошло уже месяца три, как они получили последнее письмо, и, черт побери, это было совсем не похоже на Колта! Не в его привычках заставлять мать волноваться.

Тихий стук в дверь заставил Тревиса обернуться. Вернувшись к столу, он развернул опостылевший документ и крикнул:

— Войдите!

Ему показалось, что секретарша чем-то взволнована. Странно, мисс Тирон, старая дева лет тридцати, отличалась превосходной выдержкой, вывести ее из состояния равновесия было просто невозможно. Однажды Тревис, явно забавляясь, пошутил, что ее манера одеваться и суровый вид должны скорее отпугивать, чем привлекать мужчин, и был страшно удивлен, когда она суховато объяснила на своем безупречном английском, что именно на это и рассчитывает. С этого момента он старался держаться с этим удивительным созданием как можно официальнее.

Разглядывая ее, пока она семенила к столу, и гадая, что же ее так расстроило, Тревис вдруг заметил желтый листок телеграммы, который дрожал у нее в руках.

— Это для вас, сэр, сообщение сугубо личного характера.

— Как раз вовремя, — возликовал Тревис, выхватывая листок. — Как вы думаете, может, это от сына и я наконец узнаю, чем занимался последнее время мой бездельник?

Искренняя жалость вспыхнула в глазах мисс Тирон.

— Это не от вашего сына, сэр. Это от вашей дочери.

И не успел Тревис разобрать пляшущие перед глазами строчки, как почувствовал, что кровь в его жилах леденеет от ужаса.

Глава 29

Не было такой силы, которая смогла бы остановить Тревиса, когда он ворвался в ворота женского монастыря, впрочем, никто особенно и не пытался это сделать.

Не обратив никакого внимания на крики и причитания испуганной монахини, он пробежал мимо нее к воротам. Понимая, что потерпела поражение, сестра Мария согласилась проводить его через плохо освещенный коридор, где почему-то противно пахло сырой шерстью и старыми газетами, в монастырскую больницу.

Тревис молча шагнул вперед.

В самом конце комнаты он увидел тоненькую женскую фигурку в белом, застывшую на коленях возле кровати, где неподвижно лежал человек. У Тревиса учащенно забилось сердце — неужели это его дочь, которую он не видел уже почти четырнадцать лет?!

Услышав звук приближающихся шагов, Дани подняла усталые, воспаленные глаза. Но судорога перехватила ей горло, когда она разглядела в полумраке направлявшегося к ней высокого мужчину.

Перед ней стоял двойник ее брата. То же великолепно сложенное, могучее тело, те же глубокие, чуть прищуренные серо-стальные глаза, что и у Джона Тревиса. Вот разве что седина, серебром поблескивающая в пышной гриве черных, как вороново крыло, волос, отличала его от Колта.

Чувствуя, что сердце вот-вот выскочит из груди, Дани вцепилась в край железной кровати и попыталась встать. Слезы ручьем хлынули по бледным щекам, счастье и горечь соединились в ее истерзанной душе: счастье, что наконец обрела отца, и горечь, потому что никто не вернет им потерянных лет, когда они были в разлуке.

Потрясенный Тревис протянул к ней руки. Всхлипнув, Дани бросилась ему в объятия, и он крепко прижал ее к груди. Их слезы смешались.

С трудом оторвавшись от дочери, Тревис чуть слышно попросил оставить их наедине. Дежурная монахиня удивленно взглянула на Дани, но спорить не решилась.

Дани торопливо передала отцу все, что ей было известно о состоянии брата. Колт до сих пор не приходил в сознание. Ему не стало хуже, но и улучшения не было.

Оторвав глаза от сына, Тревис повернулся к Дани и посмотрел на нее с такой любовью и нежностью, что у нее слезы навернулись на глаза. Он ласково коснулся ее щеки.

— Расскажи мне, — тихо прошептал он. — Расскажи мне все.

Дани кивнула и смущенно протянула Тревису руку. Усадив его на другой кровати напротив Колта, она заговорила едва слышным голосом.

Дани рассказывала долго, с трудом подбирая слова, и в конце вдруг расплакалась. Отец слушал молча, не перебивая. Он чувствовал, что с каждым словом, слетавшим с уст дочери, глаза его все сильнее застилает кровавая пелена гнева. Наконец он узнал правду, и гнусное предательство Элейн потрясло его.

А Дани уже рассказывала о том, как был обманут Колт, и Тревис ужаснулся, какой плотной паутиной лжи оплели его сына.

— А теперь и Бриану похитили, — грустно сказала Дани. — Я лишь успела услышать ее крик, но найти ее нам не удалось. Одна из сестер отважилась пройти немного дальше по тропе... — Она замолчала, еле удерживая слезы. — Она и нашла тело мистера Поупа. Он был тяжело ранен, но еще дышал. Сестра наклонилась к нему и услышала, как он прошептал: «Холлистер», — а потом умер.

Тревис на негнущихся ногах подошел к окну, пытаясь скрыть слезы. Осенний лес вокруг монастыря расплывался перед глазами. Природа умирала вместе с его сыном. Погиб друг. Семья была почти разорена.

Ему понадобилось собрать всю силу воли, чтобы сдержать бушевавшие в нем чувства.

Наконец он немного успокоился.

— Как только Колту станет хоть немного полегче, тут же перевезу его в Париж. По крайней мере он будет поближе ко мне — и к матери.

— Доктор, который вчера осматривал его, сказал, что он может очнуться в любую минуту, — быстро заговорила Дани. — Его состояние опасно именно из-за непредсказуемых последствий, ты ведь знаешь! — Затем вдруг усмехнулась: — Колт? Вот странно, а я всегда называла его Джон Тревис.

Отец весело хмыкнул:

— Это что-то вроде прозвища. Мне-то Джон Тревис больше по душе, но вот поди ж ты, прилипло к нему именно Колт!

И будто услышав, что разговор идет о нем, Колт начал медленно приходить в себя. Сначала он почувствовал дикую боль, будто гигантский паук стянул свою паутину вокруг его мозга и по капле сосет из него кровь. А чьи это голоса слышны из-за черного облака, окутавшего его с ног до головы? Что это с ним такое, черт возьми?!

Дани приблизилась к отцу.

— Я бы так хотела поехать с тобой! Но к сожалению, мое место здесь.

— Но ведь ты сама так решила, — мягко напомнил Тревис. — Наверное, ты не сразу пришла к этой мысли. Почему-то мне кажется, что ты не из тех, кто любит авантюры.

Она не спорила, но попыталась еще раз объяснить, что побудило ее сделать этот шаг.

— Если бы все было по-другому, если бы я жила с теми, кто любил меня, может быть, мне это и в голову бы не пришло. Если бы для меня нашлось место в вашей жизни...

Тревиса бросило в дрожь. Конечно же, он часто позволял себе мечтать, что когда-нибудь дочь войдет в их с Китти жизнь, но заставить ее сейчас бросить все?.. Обняв Дани, Тревис прошептал:

— Я все понимаю, родная. Но не торопись, обдумай все хорошенько.

Господи, он чуть не застонал от нахлынувших воспоминаний. Девочка — вылитая мать! Конечно, он никогда не испытывал к Мэрили ту бешеную страсть, которую в нем будила Китти. Но она была чертовски привлекательна, и он по-своему был привязан к ней до самой смерти.

Прижимая дочь к груди, Тревис мысленно перенесся в ту далекую ночь, когда Дани появилась на свет.

Слабые, холодные пальцы Мэрили коснулись его щеки, и Тревис услышал ее тяжелое, прерывистое дыхание.

«Помнишь, что я говорила, дорогой? Помнишь, я сказала тогда, что ничто не вечно?.. А ты мне ответил, что в этом случае нужно самим создавать свою вечность, — с трудом прошептала она. — Ты так и делал, любимый! Ты создал свою вечность с единственной женщиной, которую по-настоящему любил».

Ее лицо исказилось страданием.

И Тревису никогда не забыть той боли, которая сжала его сердце, когда глаза Мэрили закрылись навеки.

Она молча ушла с его дороги, чтобы он снова мог любить Китти, свою жену.

Но их с Мэрили ребенок остался жив, и теперь Тревис был счастлив, прижимая к груди взрослую дочь. Бог свидетель, она так напоминала ему ту нежную, любящую женщину, которую он никогда не забудет, никогда не захочет забыть!

Внезапно прогремевший низкий голос заставил Тревиса очнуться:

— Догнать мерзавцев!

Дани с трудом подавила испуганный возглас, и Тревис круто обернулся. Это был Колт!

И через мгновение они припали друг к другу, забыв обо всем: о суровом монастыре на вершине горы, о тех трагических обстоятельствах, которые привели каждого сюда, о том, что разлука неизбежна. Хотя бы на несколько минут они были вместе.

Их всех подло предали, но горячая кровь Колтрейнов, текущая в их жилах, поможет им восстановить справедливость!

Хриплое дыхание чуть слышно вырывалось из разбитых губ Элейн. Дышать было больно, мешали переломанные ребра. Пелена застилала глаза. Все ее тело было страшно изуродовано. Никто бы не поверил, что она сможет протянуть еще три дня после того, как рыбаки случайно заметили на камнях ее тело.

Доктор Жоффрей Робер был поражен не меньше всех остальных. Он еще раз послушал ее сердце, затем, с трудом разогнувшись, ошеломленно потряс головой.

— Она долго не проживет, — пробормотал он вполголоса, не видя никакого смысла лгать.

У двери стояли оба Колтрейна, отец и сын. Им не слишком приятно было видеть Элейн, но только она знала, куда исчез Мейсон.

— Она в сознании? — тихо спросил Тревис.

Доктор Робер пожал плечами. У него не было возможности понаблюдать за ней. За ним послали сразу, как обнаружили тело, чтобы он мог сделать то немногое, что было в его силах, и он до сих пор удивлялся тому, что Элейн все еще жива. Порой он злился, ему даже казалось, что женщина просто из упрямства оттягивает неизбежное — лишь бы заставить его метаться взад-вперед в напрасных попытках облегчить ей конец.

Взглянув на растерянную жену рыбака, первой заметившую тело, он спросил, не слышала ли та, чтобы графиня произнесла хоть слово.

Женщина покачала головой:

— Она с трудом дышала, доктор, но даже такая жуткая боль не могла заставить ее очнуться!

Ее, похоже, эта история не слишком взволновала. Если бы не муж, предположивший, что мсье Мейсон не забудет тех, кто позаботился о его несчастной тетушке, ее бы вообще здесь не было.

Тревис решительно шагнул вперед, глаза его сверкнули холодным светом.

— Ну, пришло время мне попытаться заставить ее прийти в себя. Похоже, ей уже ничем не навредишь, не так ли, док?

Доктор Робер покачал головой.

— Совершенно верно, но я так накачал ее наркотиками, что она вряд ли сможет понять вас.

Сунув стетоскоп в потрепанный кожаный чемоданчик, доктор с вежливым поклоном удалился. Ему вдруг захотелось оказаться как можно дальше от этого зловещего места, где двое иностранцев весьма странного вида собирались допрашивать умирающую женщину. Да, от этого дела дурно пахнет!

Тревис взглянул на Элейн и не почувствовал угрызений совести. Его душила бешеная ненависть. Она заслужила ее, всю жизнь принося горе тем людям, с кем сводила ее судьба.

— Элейн, — резко позвал он, стараясь не дотрагиваться до нее. Любое, самое легкое прикосновение причинит ей боль, а он никогда не был садистом. Ему только нужно было узнать то, что не знал никто, кроме нее, и, Бог свидетель, он узнает все, чего бы ему это ни стоило!

А Элейн в эту минуту казалось, что она попала в преисподнюю, в царство вечной мучительной боли и чья-то гигантская рука тянет и тянет ее в бездну, где языки адского пламени лижут ее израненное тело.

— Элейн, ты слышишь меня?

Внезапно окутавшие ее тяжелые тучи разошлись, и она с облегчением увидела синее небо. Теплые солнечные лучи ласкали тело, а под ногами была прохладная зеленая трава. Значит, она дома, в Кентукки, и вот над ней снова склоняется ее давно ушедший возлюбленный, и Элейн со слезами видит обожаемое и в то же время ненавистное лицо.

— Тревис, — прошептала она. Боль в горле стала нестерпимой, и Элейн закашлялась. По подбородку тоненькой струйкой потекла кровь. — Это ведь ты, Тревис Колтрейн? Ты снова хочешь меня, правда?

Тревис чуть слышно скрипнул зубами.

— Да, Элейн, я хочу тебя, — неохотно пробормотал он. Какая разница, чертыхнулся он про себя. — Но ты должна помочь мне. Скажи, куда уехал Гевин?

Элейн недовольно поморщилась, и острая боль, будто раскаленный кинжал, пронзила ее.

— Мейсон, — коротко произнес Тревис. — Куда он поехал, Элейн?

На глаза несчастной опять опускалась черная пелена. Вдруг перед ее взором молнией сверкнул занесенный нож, а потом началось это бесконечное падение вниз. И безумная, отупляющая боль заслонила от нее весь мир.

— Думаю, что она ничем не сможет нам помочь, — прошептал Колт. — Я даже отсюда слышу, что дыхание у нее постепенно слабеет. И посмотри, отец, она бледная как смерть.

Тревис угрюмо кивнул. Он тоже почувствовал холодное дыхание смерти. Глаза Элейн смотрели неподвижно.

— Где Мейсон? — повысил голос Тревис. — Элейн? Ты слышишь меня?

Тело Элейн свело судорогой боли.

— Греция... Он уплыл на Сантор... — И она замолчала, не в силах произнести больше ни звука.

Она попыталась было протянуть к нему руку, чтобы снова ощутить его тепло, но искалеченное тело не повиновалось ей. Элейн слабо шевельнула пальцами, и, заметив это, Тревис все понял. Он накрыл своей горячей ладонью ее руку, от души надеясь, что покой наконец снизойдет в ее душу. Губы ее дрогнули, и Тревис склонился, чтобы разобрать неясный шепот умирающей.

— Скажи мне... — едва проговорила Элейн. Черные тучи клубились перед глазами. — Скажи, что любишь меня.

Тревис прижался губами к холодеющему лбу.

— Да, Элейн, я люблю тебя, — твердо сказал он.

Слабая, жалкая улыбка, несмотря на боль, искривила губы Элейн. И этой улыбке суждено было навсегда остаться у нее на лице. С ней она и умерла.

Тревис выпрямился и, бросив быстрый взгляд на Колта, заметил осуждение на лице сына.

— Нет ничего постыдного в том, чтобы дать женщине умереть счастливой, — тихо прошептал он.

Колт молча кивнул. Все правильно. Отец, как всегда, прав. Он сделал все, что мог, чтобы позволить Элейн спокойно умереть.

Глава 30

Сквозь пелену слез, застилавших глаза, Бриана с трудом разглядывала крошечную каюту. Кроме стула и стола, в ней поместилась только небольшая подвесная кровать. Через узкое отверстие иллюминатора она видела бескрайнюю синь океана. Впрочем, Бриане уже было все равно. Колт убит. Шарля увезли неизвестно куда. А она сама — пленница на корабле, в полной власти Гевина и, что еще хуже, Дирка.

День уже начал клониться к вечеру, но Бриана даже не сделала попытки встать. Постепенно сгустились сумерки. Вдруг она услышала звук отпираемой двери. Девушка затаилась, как испуганный зверек, готовая защищать себя, сколько хватит сил.

В темноте послышался шорох, а потом ломкий мальчишеский голос пробормотал по-французски:

— Черт, как темно! Где вы, мадемуазель? Я принес вам обед!

— Я не голодна, — резко бросила девушка, — уходите!

Она слышала, как он, чертыхаясь сквозь зубы, копошится в темноте, потом звякнул поднос, и Бриана догадалась, что мальчишка ощупью добрался до стола.

— У меня приказ, мадемуазель. Погодите, я сейчас сбегаю за лампой.

Не прошло и нескольких минут, как он вернулся и в каюте стало светло.

Наконец Бриане представилась возможность разглядеть своего посетителя. На первый взгляд ему было не больше шестнадцати, тощий, долговязый, с темными волосами, которые доходили ему почти до плеч. Он уставился на Бриану широко раскрытыми глазами, разглядывая ее с не меньшим любопытством. Вряд ли стоит его опасаться, решила она про себя.

— Меня зовут Рауль, мне поручили кормить вас, — весело сказал паренек и тут же важно добавил: — Кстати, меня уже предупредили, что вас сюда привез ваш дядюшка, мистер Мейсон. Поэтому не рассчитывайте, что сможете сбежать. Только через мой труп! К тому же знаете, какой я сильный? Так что даже и не пытайтесь!

Он нахмурился, стараясь придать себе свирепый вид, и Бриана невольно улыбнулась.

Итак, Гевин представил ее непокорной племянницей, сбежавшей из-под надзора строгого дядюшки. Значит, на команду корабля рассчитывать не приходится. Вряд ли кто-нибудь проникнется сочувствием к ней. Да, ничего не скажешь, придумано здорово!

— Не волнуйся, — мягко сказала она, — я постараюсь не доставить тебе хлопот.

Казалось, он немного успокоился и принялся расставлять тарелки с едой.

— Никаких деликатесов, конечно. Откуда им взяться на корабле? Но все свежее и вкусное, пробуйте! Вот рыба, картофель, немного сыра, а также вино и фрукты. Если покажется мало, я могу принести еще.

— Нет, нет, достаточно, большое спасибо. А кстати, — весело добавила она, стараясь, чтобы голос ее звучал как можно дружелюбнее, — меня зовут Бриана.

Мальчишка ухмыльнулся во весь рот:

— Знаю. Очень красивое имя, как раз для такой красотки, как вы...

Кровь бросилась ему в лицо, и паренек смущенно замолчал.

Он уже повернулся было, чтобы уйти, когда Бриана негромко окликнула его:

— Спасибо, Рауль. Надеюсь, мы подружимся.

Парнишка юркнул за дверь и повернул ключ в замке. На лице Брианы появилась слабая улыбка.

На следующее утро Рауль чуть свет наполнил ванну водой для купания и оставил ее одну, предупредив, что вернется через полчаса. И действительно, не успела Бриана помыться, как этот забавный лакей снова появился на пороге ее каюты. В руках у него был поднос с завтраком. Девушка с немалым удивлением следила, как он поставил перед ней тарелку с овсянкой, горячий шоколад, роскошные экзотические фрукты.

Она осторожно принялась задавать ему вопрос за вопросом, и парнишка понемногу разговорился. Он намеренно задержался в каюте, как подозревала Бриана, стараясь поразить ее воображение своими рассказами о морских путешествиях. Рауль важно объяснил, что их корабль пересечет Лигурийское море, а потом пройдет вдоль побережья Тосканы и дальше, через узкий пролив, отделяющий остров Эльба от Корсики. Затем они поплывут Тирренским морем до самого узкого в здешних местах Мессинского пролива, а миновав его, отправятся дальше, в Ионическое море.

— А ты когда-нибудь раньше плавал в этих местах? — с искренним интересом спросила Бриана, с удовольствием отметив про себя, что мальчишка не торопится уйти.

— Еще бы, сто раз, если не больше, — важно проговорил он. — Я попал на судно еще сопливым мальцом лет двенадцати.

Бриане стоило немалого труда, чтобы сдержать улыбку.

А паренек болтал без умолку. Он рассказал, что родился в крошечной провинции Грас, на западе Монако.

— Корабль, на котором мы плывем, принадлежит моему дяде, — хвастливо объявил он. — А капитаном у нас — мой двоюродный брат! Обычно мы ходим в Грецию и обратно, в Монако, да еще перевозим кое-какие грузы на Кикладские острова.

Бриана кивнула. Впервые с тех пор, как она попала в лапы Дирка, у нее вспыхнула неясная надежда. Если капитан корабля — близкий родственник Рауля, значит, она должна постараться во что бы то ни стало превратить паренька в своего друга и союзника.

Она попросила Рауля рассказать ей поподробнее об островах греческого архипелага, особенно о Санторине.

Мальчишка довольно улыбнулся.

— Настоящее название этого острова — Тира, — объяснил он с видом морского волка. — Он самый южный из Кикладских островов. На самом деле остров — бывший вулкан, и я слышал, что давным-давно, за полторы тысячи лет до нашей эры, здесь когда-то было извержение не меньшее, чем то, из-за которого погибла Помпея.

О Санторине Рауль мог говорить долго, и Бриана с удивлением узнала, что на острове есть небольшой поселок. Сам остров, поскольку он вулканического происхождения, в основном покрыт застывшей лавой и мелкими осколками пемзы. Лагуну красиво окаймляют остроконечные красные, черные и почти белые скалы, которые остались после последнего извержения вулкана. Скалы эти достигают трехсот метров в высоту. Самая большая горная вершина на Тире носит имя пророка Илии, ее высота больше пяти тысяч метров. Поселок там небольшой, люди селятся неохотно, слишком далеко и неудобно добираться до материка. Единственное средство передвижения, которое там используется, — это ослы.

На острове есть еще два маленьких поселка: Эмборион и Пиргос, но они расположены дальше к югу. А порт в северной части лагуны, куда приходят все корабли, называется Ойа.

Во время рассказа глаза Рауля сияли — мальчик был безмерно польщен вниманием незнакомой красавицы.

Бриана придала лицу самое восторженное выражение, на какое только была способна, и воскликнула:

— Господи, Рауль, сколько всего ты знаешь! Ты, наверное, очень образованный! А я...

Вдруг до ее слуха донесся звук осторожных шагов под дверью каюты, и Бриана испуганно осеклась. Рауль предостерегающе поднял руку, призывая к молчанию.

Похоже, кто-то стоял за дверью. Воцарилась напряженная тишина, а затем до затаивших дыхание Брианы и Рауля донесся тихий шорох удаляющихся шагов и через минуту все стихло.

Перепуганный мальчик вскочил на ноги.

— У меня полно работы, — извиняющимся тоном пробормотал он и выскользнул за дверь. В замке повернулся ключ.

Бриана вздохнула и в отчаянии сжала ладонями виски. Ей казалось, что они с Раулем постепенно становятся друзьями, он так непринужденно болтал с ней, как будто они были знакомы много лет. Как жаль, что их прервали! Он мог бы стать ей надежным союзником. Может быть, с его помощью удалось бы выбраться отсюда.

Ну а что потом?

Бриана устало прикрыла глаза. Как бы то ни было, она уверена, что в конце концов отыщет тот сиротский приют, куда отправили Шарля. Конечно, это будет сложно, но, видит Бог, она не успокоится, пока не найдет брата. И что дальше? Чем она сможет заполнить страшную пустоту в раненом сердце, чем заглушит боль, которая терзает ее душу?! Как несправедлива и жестока судьба! Всего только миг был отпущен ей для счастья, когда она наконец могла не скрывать больше свою любовь. И ее возлюбленный ответил ей взаимностью, она видела это, читала в его глазах. И в тот самый момент, когда

Бриане казалось, что их души слились вместе, в этот волшебный, незабываемый миг прогремел тот страшный выстрел Дирка. Теперь все кончено — Колт погиб, а с ним погибло и ее счастье.

Но вот постепенно печаль в душе Брианы уступила место жгучей ненависти. Злобные демоны, дремавшие до сих пор в ее сердце, внезапно проснулись и вырвались на свободу. Жажда мести закипела в ее крови.

И потекли часы, когда в маленькой, душной каюте Бриана вынашивала планы мести человеку, разбившему ее жизнь. Судно мирно покачивалось на волнах, а в груди девушки клокотала ярость. Да, она за все отомстит — за смерть Колта, за гибель Бранча, за весь тот кошмар, в который он превратил ее жизнь. Дирк Холлистер ответит за все!

Перед глазами Брианы вновь возникла страшная картина: окровавленное тело Колта, гнусно ухмыляющееся лицо Дирка. Бриана содрогнулась, вспомнив рассказ Холлистера об убийстве несчастного Бранча. Господи, какие звери! Увидев Бранча и убедившись, что он один, Дирк и его головорезы решили, что не стоит раньше времени устраивать перестрелку. Они побоялись, что выстрелы спугнут Колта, и поэтому, дав знак Арти и остальным бандитам держаться в стороне, Дирк спрятался за выступом скалы и затаил дыхание. Он дождался, пока ничего не подозревающий Бранч подъедет поближе, и одним прыжком вскочил на лошадь позади него. Как молния, сверкнул нож, и из перерезанного горла фонтаном брызнула кровь. Бедняга, даже не успев понять, что произошло, рухнул на землю, и через минуту все было кончено.

Похолодев, Бриана слушала, как хохочет Дирк, сообщая ей все новые и новые подробности этого кровавого убийства. Ей казалось, что нож, оборвавший жизнь Бранча, резал и рвал ее душу.

Каждый раз, когда Рауль появлялся в каюте Брианы, с трудом внося тяжело нагруженный поднос, он непременно задерживался, и они подолгу весело болтали, как старые приятели. Видно было, что Раулю страшно не хочется уходить, он медлил, насколько хватало смелости, рассказывая Бриане всякие морские истории. Бриана понимала, что мальчику нравится ее общество. Девушка всячески старалась завоевать его дружбу и доверие. Бриана прекрасно понимала, что Гевин способен на многое, ему ничего не стоит обвинить ее в каких угодно мерзостях, чтобы очернить в глазах простых моряков. Поэтому она была особенно добра и ласкова с Раулем, тем более что и ей самой был по душе славный, услужливый паренек.

Однажды вечером он захватил вместе с ужином непочатую бутылку вина. Развеселившись, Бриана в шутку предложила ему составить ей компанию и была немало удивлена, когда Рауль, переменившись в лице, отшатнулся от нее и невнятно пролепетал, бледнея и заикаясь на каждом слове:

— О нет!.. Это невозможно. Я бы не осмелился, у нас на корабле это строго-настрого запрещено. Страшно подумать, что сделает капитан, если узнает! Да он с меня шкуру живьем спустит!

Девушка попыталась успокоить бледного и перепуганного мальчишку:

— Да не волнуйся ты так, Рауль! У меня и в мыслях не было заставить тебя нарушать какие-то правила, я ведь ничего не знала о ваших порядках. Но скажи, что плохого в том, что ты просто присядешь ненадолго поболтать со мной? Или это тоже запрещено?

Паренек смущенно опустил глаза:

— Мне было приказано только приносить поднос с едой к вам в каюту, а потом немедленно уходить. Мне ни в коем случае нельзя было оставаться и разговаривать с вами, потому что, видите ли... — Он нервно огляделся по сторонам, бросил на девушку затравленный взгляд и снова уставился в пол. Это было совсем не похоже на обычно приветливого и общительного Рауля.

— Но почему? — как можно мягче спросила Бриана. — Почему тебе нельзя даже пару минут поболтать со мной? Что в этом дурного? Или может быть, мсье Мейсон рассказал обо мне что-то настолько ужасное, что ты теперь боишься даже взглянуть на меня? Скажи мне, Рауль?

— Мне нужно идти, — неловко пробормотал он и бочком проскользнул в дверь. — Я и так сказал больше, чем следует.

Бриана промолчала, даже не сделав попытки задержать его. К чему, устало подумала она, мальчик только еще больше испугается и, возможно, не придет больше. Ей следует набраться побольше терпения — со временем он сам все расскажет.

Однажды в ее тесной каюте появился Гевин. Услышав его шаги, Бриана похолодела. Тихонько приоткрылась дверь, и он встал на пороге, разглядывая ее со своей обычной наглой, злорадной улыбкой, которая заменяла ему приветствие и от которой несчастную девушку бросало в дрожь.

— Ну что, прелесть моя, надеюсь, ты уже успела прийти в себя? — Он плотоядно оглядел ее.

Бриана посмотрела ему прямо в глаза, надеясь, что в ее взгляде отражается вся ее ненависть к этому человеку.

Ничуть не смутившись, он расхохотался.

— Ну знаешь, деточка, если бы взгляды могли убивать, я бы уже лежал бездыханный у твоих ног!

— Молю Бога, — яростно процедила сквозь зубы Бриана, — чтобы в один прекрасный день так и случилось!

Она с радостью заметила, как наглая ухмылка слетела с его лица и он прикусил губу, пытаясь сдержаться и не дать волю гневу.

— Ах ты, маленькая дрянь! — воскликнул Гевин. — Может быть, оставить тебя на несколько дней без воды и пищи?! Посмотрим, что ты тогда запоешь! — Видя, что Бриана и бровью не повела, он решил действовать по-другому: — Ты знаешь, Дирк ведь до сих пор не простил тебя, дорогая! И поклялся, что отомстит за то, что ты так страшно изуродовала его на всю жизнь. Ты же помнишь, каким красавчиком был когда-то наш приятель Дирк! И теперь он с ума сходит от злобы. Я решил, что пока еще рано отдавать тебя ему. К тому же он не может забыть, что ты предала нас, рассказав все Колтрейну.

Бриана почувствовала, что вот-вот взорвется от бешенства. Сжав кулаки и не думая, чем это ей грозит, она, как раненая тигрица, накинулась на Гевина:

— Это сделала не я, идиот! Я не предавала вас, хотя, видит Бог, могла с чистой совестью сделать это после того, как вы поступили со мной. Это сделала Элейн — именно она показала Колту, где вы спрятали меня, и даже проводила его в подвал!

Лицо Гевина потемнело от гнева. Она знала его много лет и понимала, что ему невыносимо сознавать, что кто-то обвел его вокруг пальца, что он вовсе не так уж умен и проницателен, каким всегда старался казаться.

— Ты врешь, — неуверенно пробормотал он, отбрасывая со лба прядь непокорных вьющихся волос. — Я не верю тебе. Да и почему я должен тебе верить?!

Бриана с отвращением передернула плечами, как будто удивляясь такой непонятливости.

— Ну а как Колт узнал, куда вы меня упрятали?! Элейн было известно, что он в Монако, Колт приходил к ней утром того же дня, и она все ему рассказала. А вечером помогла пробраться в подвал.

Гевин иронически улыбнулся, похоже, ей пока что не удалось убедить его до конца. Но Бриана не собиралась отступать. Сомнения уже были посеяны, теперь оставалось только окончательно уверить его в том, что он просчитался.

— Элейн рассказала, что его сестру, как пленницу, держат в подвале. Конечно, ей и в голову не пришло сообщить, что речь идет совсем не о его сестре, а о самой обычной мошеннице и самозванке! Она решила предоставить мне возможность объяснить все самой, когда придет время. А может быть, ей не хотелось предавать тебя окончательно.

Глаза Гевина своей густой синевой напоминали море перед бурей.

— Она просто взбесилась под конец от ревности, — раздраженно буркнул он. — С самого первого дня она люто возненавидела Делию и поэтому вбила себе в голову помочь Колтрейну. Эта сумасшедшая решила, что, когда он заберет и тебя, и все свое золото и мы снова станем нищими, Делия немедленно бросит меня. — Бриана догадалась, что ему важнее убедить в этом себя, а не ее. — А потом, когда все сорвалось и она узнала, что Колтрейн мертв, — тут Гевин тяжело вздохнул, — она, похоже, сошла с ума и попыталась избавиться от Делии.

Бриана в ужасе оцепенела, на миг ей показалось, что она падает в какую-то бездонную пропасть. Боже, что он говорит?! Элейн пыталась прикончить Делию? Она открыла было рот, чтобы расспросить Гевина о том, как это произошло, но с удивлением заметила, что он продолжает говорить, не обращая никакого внимания на ее реакцию.

— Еще немного — и ей удалось бы это, — бормотал Гевин. — Элейн просто не повезло. Она не женщина, а «черная вдова», паучиха, которая убивает своего самца сразу после того, как он оплодотворит ее. И всегда, сколько я ее помню, она была такой: расчетливая, жадная, эгоистичная до мозга костей! — Гевин облегченно расправил плечи и покачал головой. — Ты не поверишь, но теперь, когда ее нет, я чувствую себя счастливым.

Гораздо проще жить, знаешь ли, когда тебе ничто не угрожает.

Бриана в ужасе отшатнулась, ей показалось, что она ослышалась. Заметив ее испуг, Гевин без малейших угрызений совести, коротко и деловито рассказал ей, как закончила свои дни Элейн Барбоу, графиня де Бонне, и Бриане показалось, что она заметила злобное удовлетворение в его глазах. Гевин решил промолчать о том, что Элейн еще дышала, когда он оставил лежать ее изуродованное тело, запретив обратиться за помощью к врачу. Бриане вовсе ни к чему знать об этом, подумал он.

Но вдруг его глаза странно блеснули, и, резко оборвав разговор, он двинулся к Бриане и схватил ее за руку, прежде чем она успела помешать ему.

— Нет, Холлистер не получит тебя. — Гевин оскалил зубы в волчьей ухмылке, а глаза его с плотоядным огоньком впились в ее бледное, выражавшее отвращение лицо. — Господи, как я безумно устал от того, что он беспрестанно становится у меня поперек дороги! Ну да ладно, стоит нам только добраться до Санторина, немедленно отправлю к нему старушку Делию, пусть парень всласть позабавится и забудет о тебе. А ты, моя радость, станешь моей женой и очень скоро. И когда мы обвенчаемся, Дирк уже не осмелится протянуть к тебе свои грязные лапы.

И он нагнулся, приблизив губы к ее лицу, но Бриана с ужасом отшатнулась от него. Рассвирепев, Гевин схватил девушку за тонкие запястья и, с силой скрутив руки за спиной, навалился на нее всем телом. Свободной рукой он запрокинул ей голову назад и, запустив пальцы в роскошную гриву пышных, густых волос, принялся, задыхаясь, искать ее губы. Бриана отбивалась изо всех сил, но вдруг с омерзением почувствовала, как Гевин впился в ее рот жадным поцелуем. Он разжал ей зубы и просунул внутрь язык, но Бриана, содрогаясь от отвращения, с силой сжала зубы. Вскрикнув от боли, Гевин отшвырнул от себя Бриану, так что та ударилась о стену каюты и перед глазами ее вспыхнул сноп разноцветных искр.

— Только попробуй когда-нибудь сделать такое еще раз и ты сильно пожалеешь! — проревел Мейсон.

Пошарив в карманах элегантного сюртука, он вытащил тонкий носовой платок и осторожно промокнул губы. Но при виде крошечного пятнышка крови Гевин окончательно рассвирепел. Набросившись на еще не опомнившуюся от удара Бриану, он принялся беспощадно избивать ее.

Вскоре девушка почувствовала, как кровь заливает ее лицо, но поклялась про себя, что скорее умрет, чем унизится до мольбы о пощаде. Когда он наконец выдохся и отошел от нее, Бриана сухо спросила, еле шевеля окровавленными губами:

— Ты уже закончил?

— Нет, — злобно прошипел Гевин, — что ты, милая, я еще даже и не начинал. У тебя еще будет возможность узнать, что такое настоящая боль. Уж я доберусь до тебя, моя радость, и сорву с тебя одежду, обнажив твое прекрасное тело, а ты будешь беспомощно распростерта подо мной, вот тогда...

Чьи-то осторожные, крадущиеся шаги послышались за стеной каюты. Гевин, грязно выругавшись, затих, прислушиваясь. Как молния, он кинулся к двери и, настежь распахнув ее, выглянул в коридор.

За дверью не было ни души.

Вернувшись к затаившей дыхание девушке, он заглянул в ее полные ужаса глаза и похотливо облизнулся:

— Не волнуйся, крошка, когда-нибудь ты станешь моей. Ну что ж, сейчас я ухожу, а ты оставайся и наслаждайся одиночеством!

Бросив Бриане на прощание взгляд, от которого у нее мурашки побежали по всему телу, а сердце ухнуло куда-то вниз, Гевин прошептал:

— Жди меня, милая. Скоро мы будем вместе — моя плоть глубоко внутри тебя.

Бриана похолодела.

Он злорадно усмехнулся и вышел, тщательно заперев за собой дверь.

Чувствуя, как нестерпимо, словно опаленные огнем, горят разбитые губы, Бриана вздохнула и устало провела рукой по лицу. Она бросилась на кровать и, закрыв глаза, стала ждать, чтобы спасительный сон перенес ее в иную реальность.

Бриана вздрогнула, как от толчка, и проснулась, с трудом подавив испуганный возглас. Над ней, вглядываясь в ее изуродованное лицо, склонился Рауль. Лицо мальчика показалось ей встревоженным и огорченным.

— Что с вами, мадемуазель? Вы в порядке?! Кто посмел так жестоко поступить с вами?!

Бриана с трудом села и, повинуясь какому-то неясному чувству, рассказала Раулю все, что произошло с ней за последнее время.

Он слушал ее не перебивая, и Бриана видела, что парнишка, хоть и перепугался не на шутку, но верит каждому ее слову.

— Не знаю точно, что они тебе наговорили обо мне и какую историю выдумали, чтобы очернить меня, только поверь: я тебе рассказала чистую правду.

Он медленно кивнул, не спуская глаз с ее обезображенного лица:

— Не волнуйтесь, я вам верю. Видите ли, я сегодня нарочно пришел раньше, чем полагается, чтобы предупредить, что они что-то затевают. Мне давно уже казалось, что они клевещут на вас, вот я и заподозрил неладное.

Рауль горел желанием сказать, что он никогда не мог поверить в ту историю, что сочинил о ней Гевин. Смышленый паренек догадывался, что дело тут нечисто, а когда как-то раз случайно стал свидетелем безобразной ссоры между Гевином и Делией, и вовсе перестал сомневаться. Яростные выкрики разъяренной подружки Мейсона подтвердили его подозрения, и он окончательно уверился, что по какой-то причине Гевину было выгодно очернить Бриану.

— А что же Гевин рассказал команде? — осторожно спросила Бриана.

Мальчик немного смутился и отвел глаза в сторону, щеки его предательски запылали.

— Мсье Мейсон... — Он глубоко вздохнул и наконец решился: — Мсье Мейсон сказал команде, что вы прикончили свою тетушку. Поэтому он, дескать, и вынужден тайно переправить вас в Грецию, иначе вам не избежать громкого скандала и тюрьмы. Я слышал, как он рассказывал моему двоюродному брату, нашему капитану, что его политической карьере на родине придет конец, а репутация погибнет, если выплывет наружу, что его любовница, то есть вы, замешана в убийстве! — Взволнованный голос паренька дрогнул, и он опять смущенно покосился на Бриану. — Видите ли, я подумал, что раз он вначале назвал вас своей племянницей, а потом вдруг признался, что вы его любовница, значит, что-то здесь не так!

— Ох, Рауль, ну, конечно же, я не его любовница, — в отчаянии зарыдала Бриана, закрыв руками запылавшее лицо. — И я вовсе не его племянница. Если хочешь знать, я ему вообще не родственница. Пожалуйста, поверь мне. Он убийца и нанял самых отъявленных бандитов, по которым веревка плачет. Они похитили меня, связанную отнесли на ваш корабль и теперь против моей воли везут в Грецию, а еще раньше Гевин силой втянул меня в такое...

И она зарыдала, почти обезумев от обиды и бессильной ярости.

— Господи, да ведь он сам только недавно рассказал мне о том, что Элейн де Бонне мертва, а я даже не подозревала об этом, — прошептала она с горечью, вытирая слезы, струившиеся по бледному лицу.

— Пожалуйста, не надо плакать, мадемуазель!.. — Он запнулся и вопросительно поднял на нее глаза.

Бриана с трудом улыбнулась:

— Бриана де Пол. Ты можешь называть меня Бриана.

— Бриана, я ни на минуту не поверил, что вы кого-то убили, — с жаром произнес Рауль. — Ведь вы, по-моему, очень добрая. — И он опять покраснел и отчаянно смутился.

Бриана покачала головой:

— Послушай, Рауль, все, о чем я мечтаю, — это оказаться на свободе! — Она подняла на него глаза, еще влажные от слез. — Скажи, ты поможешь мне? От этого зависит моя жизнь!

Парнишка испуганно поглядел на нее, и Бриана почувствовала, что ему не по себе.

— Я постараюсь, если смогу, — прошептал он, озираясь по сторонам.

Бриана порывисто обняла его. Давно уже у девушки не было так легко на душе: у нее появилась слабая надежда.

— Надо сделать все возможное, чтобы даже тень подозрения не пала на тебя, когда я исчезну. Знаешь, Рауль, ни за что на свете я бы не хотела подвести тебя. Гевин — страшный человек, мы должны быть очень осторожны и все хорошенько обдумать, а для этого нужно время.

— Я обещаю помочь вам, — снова повторил он. И Бриана удивилась, как вдруг спокойно и твердо прозвучал его голос.

Их взгляды встретились, и они заговорщически улыбнулись друг другу.

Напоследок Бриана снова предупредила Рауля, чтобы он вел себя, как будто ничего не случилось, по-прежнему выполнял свои обязанности и не задерживался у нее подолгу. Она отчаянно боялась, чтобы Гевин не заподозрил его, заметив, что непосредственный и славный паренек искренне сочувствует пленнице.

— Я знаю, что могу положиться на тебя, ты настоящий друг, — благодарно сказала она. — Поверь, я что-нибудь обязательно придумаю.

Но как вскоре выяснилось, Бриане вовсе не было нужды что-нибудь придумывать. Судьба сама обо всем позаботилась, послав ей спасительницу той же ночью. Почти перед рассветом к ней осторожно прокралась Делия.

Бриана дремала, но испуганно вскочила, услышав, как ключ тихонько повернулся в замке и дверь со скрипом растворилась. В темноте ничего не было видно. Бриана сидела оцепенев от ужаса, с бешено колотящимся сердцем, пока вдруг не почувствовала, как ее щек коснулось чье-то прерывистое дыхание.

— Бриана, где ты? Это я, Делия.

Бриана молчала.

— Послушай, глупая гусыня, не заставляй меня говорить громче, не то, не дай Бог, услышат. А я вовсе не хочу, чтобы нас кто-нибудь застукал, тем более Гевин. Он сейчас играет в покер с капитаном и кое с кем из команды на нижней палубе, это как раз под нами. Гевин уверен, что я пошла спать, и даже не подозревает, что я здесь. Вот взгляни: я вытащила у него из кармана ключ от твоей каюты!

Бриана не шевелилась. У нее не было оснований доверять Делии.

— Пожалуйста! — Голос Делии вдруг задрожал, и Бриана изумленно подумала, что та вот-вот расплачется. — Я знаю, что ты никогда не любила меня. Я не виню тебя, но для чего ты теперь заставляешь меня унижаться? Разве ты не видишь — я пришла, чтобы помочь тебе.

Вздрогнув, как от удара током, Бриана до боли сжала руки:

— Если бы я смогла тебе поверить...

— Но ты должна мне поверить, у тебя просто нет другого выхода! — воскликнула Делия. В ее голосе странно смешались раздражение и искренняя радость. — Постарайся же понять наконец: я твоя единственная надежда, так же как и ты — моя! Мы должны помочь друг другу, поодиночке нам никогда не спастись.

— Что тебе надо от меня? — резко оборвала ее Бриана.

Делия облегченно вздохнула и торопливо заговорила:

— Вчера, когда Гевин пошел к тебе, я осторожно прокралась за ним, хотела подслушать ваш разговор. Понимаешь, я ведь не знаю, что он задумал. Так вот, я спряталась за дверью каюты и слышала, как он избивал тебя.

— Весьма благодарна тебе за интересную новость, — с горькой иронией усмехнулась Бриана, — так трогательно, что ты беспокоишься обо мне.

— Ну а чем я, интересно знать, могла помочь тебе? — яростно огрызнулась Делия, забыв об осторожности. Она устало вздохнула и снова перешла на чуть слышный шепот. — Единственное, на что у меня хватило смелости, — это дать ему понять, что я все слышала! Впрочем, мне не следовало это делать, но я потеряла голову от злости и сказала, что мне все известно о его планах избавиться от меня и как можно скорее обвенчаться с тобой. Лживый мерзавец! — Делия разразилась отчаянными рыданиями.

Бриана потрясенно молчала, в тишине были слышны только горькие, безнадежные всхлипывания обманутой женщины.

Наконец Делия немного успокоилась и отерла мокрые щеки.

— Послушай, я знаю, что ты ненавидишь Гевина и никогда в жизни не решилась бы стать его женой, будь на то твоя воля. Мне хорошо известно, о чем ты думаешь. Ведь ты хочешь сбежать отсюда, поехать в Париж, найти брата и навсегда избавиться от этого кошмара. Я собираюсь помочь тебе. Не думай, пожалуйста, что ты так уж дорога мне, что я готова ради тебя рисковать головой. Просто, если ты не сбежишь, Гевин не задумываясь выкинет меня на улицу. Ну нет, — горько усмехнулась она, — так просто этот проходимец от меня не отделается! Не на ту напал, милый!

Ничего не бойся, — бормотала она в каком-то отчаянном безумии, и Бриана испугалась, что и без того возбужденный ум этой женщины пришел в окончательное расстройство. — Ты только поверь мне, хорошо? Я тебя ни за что не обижу. Да разве я смогу? Но если Гевин узнает что-нибудь, он ни за что мне этого не простит. Он возненавидит меня, и я никогда не смогу заставить его жениться на мне!

Бриана подумала, что в этом есть своя логика.

— Что ты задумала? — спросила она.

— Протяни вперед руку.

— Зачем?

— Давай же, — настойчиво прошептала Делия. — Мне нужно кое-что передать тебе. Протяни же руку, я сказала!

Бриана решила наконец, что ничем не рискует, и молча протянула руку. Она подумала, что сходит с ума, почувствовав на своей ладони холодное лезвие ножа.

— Пообещай мне, что не причинишь Гевину зла, — потребовала Делия. — Я знаю, что ты ненавидишь его, но все равно ты должна пообещать мне это. Нож тебе пригодится, чтобы напугать его, заставить раз и навсегда оставить тебя в покое, но ни в коем случае не для того, чтобы убить его или ранить. Ты обещаешь? — настойчиво прошептала она.

— Ты сама принесла мне этот нож, — равнодушно сказала Бриана и потрогала кончиком пальца острое, как бритва, лезвие. — И я даю тебе слово, что, если Гевин еще хоть раз попробует обидеть меня, я перережу ему глотку, так же как я перережу твою, если ты только сделаешь шаг вперед или попытаешься отобрать его у меня! — спокойно добавила она.

Но казалось, Делия и не слышала ее слов или просто не поняла их. Довольная и гордая тем, что все так ловко придумала, она продолжала говорить, не заботясь, слушают ее или нет.

— В первую же ночь, после того как мы прибудем на Санторин, я постараюсь задержать Гевина в спальне как можно дольше. У тебя теперь есть нож, и ты сможешь использовать его, как сочтешь нужным. Захочешь сбежать — убей своего охранника! Только не теряй времени! Когда Гевин обнаружит, что птичка улетела из клетки, ты должна быть уже далеко.

Бриана, казалось, ничуть не удивилась. Она ждала чего-то подобного.

— А если Гевину вдруг придет в голову проверить, на месте ли я?

— Не беспокойся, уж это не твоя забота. Я рассчитываю продержать его в постели до полудня. Поверь мне, девочка, я знаю, как это делается, и знаю, как заставить мужчин забыть обо всем, — горделиво прибавила Делия. — Ну и само собой позабочусь, чтобы он выпил достаточно и не проснулся до позднего утра. А к тому времени, когда он окончательно придет в себя и начнет кое-как соображать, ты, надеюсь, будешь уже далеко от Санторина, — усмехнулась она.

На какое-то время в каюте воцарилась тишина. Обе женщины, хоть и немало испуганные, были настроены решительно. Теперь главное — еще раз все как следует обдумать, чтобы не забыть и не упустить что-нибудь важное.

Делия первая решилась прервать затянувшееся молчание. Робко тронув в темноте Бриану за руку, она нерешительно спросила:

— Послушай, ты действительно уверена, что сможешь справиться с Дирком или кем-то другим, кто будет сторожить тебя? Скажи честно: неужели ты не боишься, Бриана?

— Я буду только счастлива, если мне представится такая возможность, — коротко отрезала Бриана, и Делия потрясенно посмотрела на нее.

Наконец, вспомнив о том, что Гевин может неожиданно отправиться искать ее и случайно забрести сюда, Делия выбежала из каюты.

И Бриана снова осталась в темноте наедине со своими невеселыми мыслями. Но теперь кое-что изменилось. Появилась надежда. И когда она осторожно коснулась рукой холодного, острого как бритва лезвия, ее охватила невольная дрожь. Бриана стала горячо молиться, чтобы у нее хватило сил решиться дать отпор своим мучителям.

Глава 31

Ранним утром Гевин Мейсон со своими людьми высадился в гавани острова Санторин и убедился, что действительность сильно обманула его ожидания. Прошло немало лет с тех пор, как Леон Сент-Клэр, политический изгнанник и романтический вор, избрал этот клочок земли своим убежищем, и рыбаки привыкли к великолепному дворцу на самой вершине горы и его странному хозяину. Он перестал был диковиной, к нему пригляделись и перестали обращать внимание на его чудачества.

Гевину и его людям пришлось взбираться в гору на ослах. Бриану сопровождал Бифф. Руки ее были связаны. Но сознание того, что она пленница, не могло заставить Бриану оторвать взгляд от величественной панорамы, которая разворачивалась перед ними. Девушка с благоговейным восторгом взирала на мрачные отвесные скалы, поднимавшиеся на высоту не менее шести сотен футов, так что при взгляде на них просто захватывало дух. А какое разнообразие красок! Пласты черного базальта чередовались с участками серо-коричневой и коричневато-красной почвы; оставшиеся после извержения вулкана куски пепельно-серой лавы были, как драгоценными камнями, украшены обломками белоснежной пемзы. И эти величественные скалы особенно живописно выделялись на фоне простиравшегося до самого горизонта ослепительно синего моря.

Пока они неторопливо взбирались все выше, Бриана не раз спрашивала себя, почему она не решилась позвать кого-то на помощь. Людей вокруг было достаточно, стоило только крикнуть. Но она подсознательно чувствовала, что никогда не решится на такой шаг. Слишком много времени провела она у Гевина, став послушным орудием в его руках. И сейчас Бриана уже не верила в то, что кто-то придет ей на помощь, а о том, что ее могут разыскивать, она и не думала.

Для чего рисковать собственной жизнью?! Если она закричит, обвиняя Гевина в насилии, он сам или тот же Дирк, а может быть, кто-то из их бандитов пристрелят ее на месте. Она и рта не успеет раскрыть. Нет, лучше подождать, пока не представится подходящий момент, а там постараться ускользнуть с острова. И не следует забывать, что вокруг нее отъявленные бандиты, наемные убийцы, которые не задумываясь застрелили ее возлюбленного и, не дрогнув, перерезали горло Бранчу. Так что для них жизнь беззащитной девушки?!

Их маленький караван поднимался все выше и выше в горы. И вот наконец, когда они взобрались на самую вершину, перед ними возникло восхитительное зрелище. Как громом пораженные, люди застыли на месте, не в силах оторвать восхищенных глаз от огромной виллы из белоснежного мрамора, сверкавшего в ярких лучах солнца. У свирепых охранников вырвался возглас удивления, а потрясенная таким чудом Делия с ребяческим восторгом захлопала в ладоши. Даже Гевин, несмотря на то что изо всех сил старался казаться равнодушным, был искренне потрясен.

В воротах бесшумно появился высокий немолодой человек с развевающейся гривой седых волос. Через плечо у него было перекинуто старинное ружье. Стоя в воротах, он сделал рукой чуть заметный знак, приглашая въехать во двор. Гевин торопливо представился, важно объяснив, что приехал навестить хозяина замка, Леона Сент-Клэра, которому приходится дальним родственником.

Гевин велел всем оставаться на местах до его возвращения, а сам отправился на виллу, чтобы встретиться наконец со своим знатным родственником.

Его не было минут двадцать, и всем стало немного не по себе. Но вскоре Гевин вернулся и с ликующим видом объявил, что все уладилось. Хозяин виллы радушно приглашает их погостить у него какое-то время.

Бриана подумала, как ужасно она, должно быть, выглядит сейчас, и даже плечами передернула от отвращения. Под палящими лучами солнца ее платье, и без того не очень свежее, насквозь пропиталось потом. Когда-то пышные волосы покрылись серым слоем пыли и теперь, мокрые и неопрятные, повисли сосульками вдоль раскрасневшегося лица. Подъем оказался долгим и трудным, жара стояла почти тропическая, и Бриана совершенно выбилась из сил. Она мечтала о том, чтобы войти в этот восхитительный, манящий свежестью белоснежный дворец, где, должно быть, так прохладно внутри. Как было бы замечательно принять ванну и смыть с себя эту отвратительную, липкую грязь, а потом поспать пару часов. Представив, как она, чистая и свежая, раскинется на мягкой постели и укроется белоснежными, хрустящими простынями, Бриана даже застонала. Ей нужно хорошенько отдохнуть, подумала она, иначе ее план побега окажется под угрозой. Все время, пока их маленький караван неторопливо взбирался в гору, Бриана внимательно оглядывалась по сторонам, стараясь запомнить все повороты крутой тропинки. Она поняла, что спуск будет гораздо тяжелее и опаснее. Ведь ей придется пробираться по горной тропе в полной темноте, рискуя свалиться в пропасть. Бриана с тоской подумала, что спускаться придется медленно, буквально ощупывая каждый камень, прежде чем поставить на него ногу. Рауль предупредил, что корабль снимется с якоря с первыми лучами солнца, а это значит, что ей нельзя будет терять ни минуты.

Бриана незаметно огляделась по сторонам и краем глаза заметила, как стоявшие поодаль от остальных Гевин и Эл о чем-то шепчутся. При этом и тот, и другой незаметно поглядывали в ее сторону и снова принимались перешептываться. Конечно, Бриана мало знала Эла, но вряд ли стоит надеяться встретить в этом пестром обществе порядочного человека.

Через пару минут, как видно, получив указания на ее счет, Эл приблизился к девушке и, не обращая внимания на ее протестующие возгласы, легко, словно перышко, снял с осла и, перекинув ее через плечо, куда-то понес. Бриана с ужасом поняла, что они движутся в сторону от виллы, и, с трудом подняв голову, увидела, что Эл несет ее к отвесным скалам. Она в отчаянии закричала и заколотила кулаками по его широкой спине.

— Немедленно опусти меня на землю, негодяй! Отпусти меня!

— Замолчи, дуреха! — злобно прорычал Эл. — Ничего с тобой не случится. У босса по горло дел, и он не хочет, чтобы ты путалась у него под ногами. Посидишь пока здесь, а потом видно будет, что с тобой делать. Так что перестань орать, как будто тебя режут!

Бриана притихла, и Эл продолжал карабкаться по тропинке вверх, пока не добрался до скал. В одной из них была глубокая ниша, даже скорее пещера. Здесь он и опустил несчастную девушку. Подняв испуганные глаза, Бриана озиралась по сторонам и вдруг с изумлением заметила проржавевшую дверь, кое-как прикрывавшую узкий вход. На фоне скалы она была почти незаметна. Бриана бросила на Эла удивленный взгляд. Тот весело ухмылялся, явно забавляясь ее недоумением.

— Отличное место, чтобы прятать краденое, — осклабился он. — И идеальная клетка для такой дикой пташки, как ты.

С этими словами Эл с силой толкнул Бриану вперед, так что не успела она опомниться, как оказалась в глубине пещеры, почти в полной темноте. Услышав за спиной пронзительный скрежет и лязганье, девушка обернулась и успела увидеть, как с какой-то удручающей безнадежностью захлопнулась старая дверь, отрезав ее от остального мира. Солнечный свет померк, а вместе с ним и надежда на спасение.

Неожиданно девушка заметила высоко над головой лучик света. Это было небольшое оконце с толстыми железными прутьями. Цепляясь за выступы в стене, Бриана подтянулась к окну и, вцепившись в решетку, попыталась выглянуть наружу. К сожалению, как ни старалась Бриана, из своей темницы она не смогла разглядеть даже виллу. Она пала духом. План побега, так тщательно продуманный, рушился на глазах. Отсюда ей ни за что не выбраться!

Осторожно спрыгнув вниз, девушка принялась исследовать темную пещеру в безумной надежде отыскать какой-то выход. Но все было напрасно — ее окружали одни голые, холодные камни.

По спине Брианы побежали мурашки. Делия не может бросить ее в беде, она сама заинтересована в том, чтобы Бриана бежала с острова. Делия обязательно что-нибудь придумает — найдет способ прислать Дирка или кого-то из охранников за Брианой.

Нащупав рукоятку спрятанного кинжала, Бриана погладила прохладное лезвие и только тогда немного успокоилась. Накануне она надежно припрятала оружие под платьем, привязав его вдоль бедра, веревку ей охотно одолжил Рауль.

Да, сегодняшняя ночь многим запомнится надолго, с мрачной иронией подумала вдруг Бриана. Она вспомнила, как хохотал Рауль, рассказывая о том, что происходит, когда команда сходит на берег. Он говорил, что матросы становятся словно безумные, увидев землю.

Удержать их невозможно, да капитан никогда и не пытался. До утра в портовых тавернах дым стоит коромыслом: моряки пьют и веселятся. Но с первыми лучами солнца корабль покидает порт, и горе тем, кто не успел вовремя вернуться. Капитан никого не ждет, и корабль уходит в открытое море. Вот так же и завтра корабль уйдет без нее, если Бриана не найдет выхода.

Бриана горячо возблагодарила небеса за то, что Раулю удалось по крайней мере убедить капитана в ее невиновности. Милый, славный Рауль! Его двоюродный брат-капитан был рад поверить ему, во-первых, потому что привык доверять мальчику, а во-вторых — ему с первого взгляда не очень-то приглянулся Гевин. Еще когда только тот появился на борту, капитан почувствовал, что он совсем не тот, за кого выдает себя. Впрочем, Гевин не особенно старался сдерживаться. Карты, выпивка, веселье до утра, а вскоре дал себя знать и его отвратительный характер. У Гевина на корабле появились первые враги. Все это было капитану сильно не по душе, но до Санторина было недалеко, и он до поры, до времени не стал вмешиваться. Правда, вспомнив о Рауле, брат приказал ему держаться как можно дальше от малоприятной компании на борту, но мальчик к тому времени уже успел сильно привязаться к Бриане. И принялся опекать ее, дав себе слово, что, пока девушка на борту, с ней ничего не случится.

Час за часом Бриана следила, как солнце вначале поднялось над горизонтом, потом стало медленно опускаться. Вот оно уже коснулось лазурно-синей глади моря и по нему протянулась багровая полоса до самого берега.

Кто-то заскребся у двери в пещеру, и Бриана задрожала, узнав голос Делии.

— Гевин чертовски счастлив, что мы наконец добрались до острова! — взволнованно зашептала она. — Представляешь, он даже отпустил охранников на всю ночь! Всех до одного! Да еще сам велел им спуститься вниз, в деревню, и повеселиться на славу, чтобы чертям было тошно. Он так и сказал! Рад, наверное, что удалось припрятать даже ящики с золотом. Но это еще не все! — Бриане показалось, что Делия с трудом сдерживается, чтобы не закричать от радости. — Я смогла и Дирка обвести вокруг пальца. Ты не поверишь, Бриана, я это сделала! Все так ловко устроилось, до сих пор прийти в себя не могу! Он совсем потерял голову, стоило только шепнуть ему на ушко, что Гевин передумал и продал тебя одному богатому турку. Мне пришлось соврать, что за тебя дали хорошую цену и Гевин не устоял. Я сослалась на то, что он давно уже подумывал, как бы побыстрее избавиться от тебя, ведь ты слишком много знаешь о его делах. И этот болван всему поверил. Это было так просто! Он взбесился, услышав, что Гевин передумал отдать тебя ему, как они сговорились раньше. Он знает, какой Гевин жадный, а я сказала, что турок вряд ли возьмет тебя, если ты побываешь в руках у Дирка, или по крайней мере не даст за тебя обещанных денег, и Дирк клюнул на это.

Бриана перепугалась не на шутку:

— А ты уверена, что он не побежит к Гевину? Ведь тот сразу догадается, в чем дело. Мне не удастся сбежать, да и тебе тогда не поздоровится!

— Ни за что! — уверенно сказала Делия. — Во-первых, ему известно, что я тебя терпеть не могу, а во-вторых, он уверен, что оказывает мне услугу. Мы уже обо всем договорились. Не пугайся, он скоро будет здесь. Мы условились, что Гевину необязательно знать обо всем. Дирк прокрадется в пещеру сразу после наступления темноты. Он выведет тебя наружу и отвезет в деревню у подножия горы, чтобы вдоволь позабавиться. Конечно же, он не меньше нашего хочет, чтобы Гевин не пронюхал об этом раньше времени, иначе ему несдобровать. А я тем более не проболтаюсь, не такая я дура! А к утру, когда обнаружится, что клетка пуста и птичка улетела, все решат, что тебе просто удалось сбежать!

Конечно, трудно было доверять Делии, но выхода у Брианы не было. Больше она не могла ни на кого рассчитывать, а Рауль был далеко. Делия была ее единственной надеждой.

— Ты здорово все придумала, — мягко сказала она. — Спасибо тебе, я этого никогда не забуду.

Глаза Делии вдруг наполнились слезами.

— Удачи тебе, Бриана. Знаешь, ведь вначале я ненавидела тебя, бешено ревновала, а потом вдруг поняла, что ты такая же жертва, как и я. И потом мне стало вдруг нестерпимо жаль тебя. А теперь я даже счастлива, что мне удалось помочь тебе!

И прежде чем Бриана успела что-либо ответить, Делия исчезла.

Бриана тяжело вздохнула. Усевшись на холодный, каменный пол пещеры, она сжалась в комок и принялась покорно ждать, что уготовила ей судьба. Она с жалостью и содроганием вспомнила Делию, которая предпочла остаться с Гевином. Бриана пожала плечами и зябко поежилась. Какая бы участь ни ждала ее впереди, как бы ужасно ни сложилась ее жизнь, она твердо знала: ни за какие сокровища в мире она не поменялась бы с Делией. Даже мучительная смерть была бы лучше жизни с этим чудовищем!

Несмотря на свежую рану, Колт почти не смыкал глаз, с тех пор как они покинули Францию. Только сильная слабость, временами все еще охватывающая его, могла заставить Колта ненадолго прилечь. Но стоило ему закрыть глаза, как мучительные видения снова представали перед ним.

Если бы в его власти было заставить корабль плыть быстрее!

В Монако после долгих расспросов им удалось выяснить, что Мейсон нанял в порту судно и вместе с двумя женщинами, шестью мужчинами и грузом из нескольких тяжелых на вид ящиков отправился в Грецию на остров Тира, иначе Санторин. Эти сведения обошлись им недешево, ведь Гевин отвалил немалую сумму, чтобы замести следы. Тревис заплатил гораздо больше.

Колту с отцом удалось отплыть всего четырьмя днями позже Мейсона. К тому же капитан был уверен, что они прибудут на остров одновременно с ним, если не раньше.

— Я знаю корабль, который он зафрахтовал, — заговорщически подмигнул он. — Старая посудина — четырехцилиндровый паровой двигатель, шесть человек команды. Больше одиннадцати узлов из него не выжмешь. А наша скорость — двадцать узлов, потому что я никогда не хожу под парусами. Так что, — горделиво ухмыльнулся он, — считайте, что вам крупно повезло!

Колт досадливо поморщился, услышав от отца, сколько тот заплатил за сведения о Мейсоне, но Тревис только улыбнулся, заметив недовольную гримасу, и не смог удержаться, чтобы добродушно не поддеть Колта:

— Ты думаешь, я такой осел, чтобы снова доверить тебе свои деньги?

Колт не мог не оценить то, что Тревис нашел в себе мужество шутить даже при таких обстоятельствах. Он видел, что отец оскорблен и страдает ничуть не меньше его самого, но Тревис прожил бурную жизнь и знал, что любой человек имеет право на ошибку. Он не мог не замечать, что творится на душе у сына, и вполне разделял и его боль, и гнев, и яростное желание во что бы то ни стало отомстить. И любовь к женщине, которую так жестоко использовал Мейсон.

Они стояли на верхней палубе, и Тревис незаметно поглядывал на потемневшее лицо сына. Как, черт возьми, утешить его?! Он почти не сердился, что того так легко обвели вокруг пальца. А кроме того, золото вскоре вернется к ним, а потом — и ранчо, и рудник.

Он молча опустил руку на плечо сына. Колт, не отрываясь, смотрел на море. Ни тот, ни другой не произнесли ни слова, в этом не было нужды. И отец, и сын знали, что иногда молчание говорит больше, чем любые слова, если двое по-настоящему понимают друг друга.

***

Бриана легла на полу пещеры, стараясь не обращать внимания на камни, которые больно врезались в тело. Она попыталась заснуть, но не смогла — каждый нерв трепетал от волнения.

Когда сумерки сгустились, пришла служанка с виллы и принесла немного сыра с хлебом. Бриана попыталась было поговорить с ней, но пожилая гречанка, бросив на нее испуганный взгляд, бросилась наутек. Она даже не решилась войти, а просунула хлеб и сыр в окно.

Бриана заставила себя поесть, чтобы сохранить силы, а потом снова вытянулась на каменном полу пещеры.

Текли часы, и Бриана почувствовала, что ею мало-помалу овладевает беспокойство. Что, если Дирк не придет? Может, он решил повеселиться вместе с остальными? А может быть, просто испугался или вздумал поговорить с Гевином?

И в ту минуту, когда Бриана почти потеряла надежду на спасение, за дверью пещеры вдруг послышались осторожные шаги.

Она заставила себя сделать вид, что спит, пусть вошедший услышит только ее ровное дыхание.

Лихорадочно прислушиваясь, Бриана чуть не закричала от радости: ключ бесшумно повернулся в замке, и дверь тихонько скрипнула, открываясь.

Бриана вся сжалась в комок, когда в тишине резко прозвучал пьяный хохот Дирка.

— Эй, где ты там, маленькая злючка? — Он слегка покачивался, вглядываясь в темноту. — Мы сейчас отправимся с тобой немного погулять, малышка. Если будешь хорошей девочкой, тебе со мной понравится, не то что с каким-то грязным турком!

Он споткнулся при входе и чуть не упал. Бриана, словно во сне, что-то недовольно пробормотала.

— А, вот ты где!.. — Присев на корточки, Дирк провел ладонью по ее спине и сжал упругие ягодицы, тяжело и часто дыша. — Долго я ждал этого — слишком долго, черт возьми! Ну уж теперь я получу, что мне причитается!

Непослушными пальцами Дирк принялся возиться с застежкой брюк. Освободившись от одежды, он одним рывком перевернул девушку на спину и навалился на нее всем телом. Не успела Бриана даже вскрикнуть, как он быстро зажал ей рот. Увидев ее широко распахнутые, испуганные глаза, Дирк довольно ухмыльнулся. От него сильно пахло виски, и Бриана почувствовала, что еще немного — и она не выдержит.

— Ты еще приласкаешь меня, как этого мерзавца Колтрейна, будь ты проклята! — прорычал Дирк. — И лучше, если сделаешь это по доброй воле! Теперь ты моя и постарайся привыкнуть угождать мне! Потому что тот день, когда ты не сделаешь этого, станет для тебя последним!

Он грубо раздвинул коленом ее бедра, рявкнув, чтобы не вздумала звать на помощь, когда он уберет ладонь с ее рта. Дирк предупредил, что она очень пожалеет, если ослушается, и Бриана невольно поежилась от страха, почувствовав, что он вовсе не шутит.

Девушка слабо застонала и покорно затихла, глядя на него умоляющими глазами.

Дирк довольно ухмыльнулся:

— Дьявольщина, я всегда чувствовал, что ты быстро укротишь свой бешеный норов, как только поймешь, кто тут хозяин!

Дирк удобно устроился между широко раздвинутыми ногами Брианы и довольно засопел. До него по-прежнему доносилось слабое, жалобное всхлипывание, но девушка не делала ни малейших попыток сопротивляться. Его рука быстро скользнула по ее телу, хищно сдавив нежные округлости грудей.

— Хорошая девочка, — выдохнул он. — Умеешь достойно проигрывать. Ну, ну, не расстраивайся! Опусти вниз глазки, и ты сразу поймешь, как тебе повезло!

Самым трудным для Брианы было ждать, ведь вытащи она раньше времени спрятанный под камнем нож — и все пропало! А пока единственное, что она могла, — это закусить до крови губу, чтобы не закричать во весь голос.

Она чувствовала, как Дирк по-прежнему шарит дрожащими руками по ее телу, осыпая поцелуями, и вздрагивала от омерзения. Осторожно протянув руку, она нащупала холодное лезвие ножа, и ее пальцы крепко стиснули рукоятку.

А в темноте слышалось, как Дирк натужно сопел и что-то бессвязно бормотал, наслаждаясь ее телом. Бриана осторожно перевела дыхание, стараясь унять бешено колотившееся сердце, и нанесла удар. Лезвие со свистом рассекло воздух, но Дирк, как дикий зверь, почувствовал опасность и резко отпрянул в сторону, но холодный клинок впился ему в плечо.

Дирк завопил от неожиданной боли. Бриана рванулась и сбросила его с себя. Времени терять было нельзя. С быстротой и ловкостью дикой кошки она прошмыгнула мимо него к выходу и кинулась бежать.

Дирк бешено выл и ругался за ее спиной. Из раненого плеча фонтаном била кровь, и Бриана молила Бога, чтобы у ее мучителя не хватило сил на преследование.

Она выскочила из пещеры с бешено колотящимся сердцем и помчалась вниз по тропинке. Спустившись с площадки, на которой стояла вилла, она стала пробираться по извилистой горной дороге, обезумевшими от ужаса глазами вглядываясь в чуть заметную тропу.

Подобрав длинную юбку, чтобы та не путалась под ногами, она принялась осторожно пробираться вниз. Луна то и дело показывалась между туч, и при ее слабом свете Бриана боязливо косилась влево, где чернела зловещая бездонная пропасть. Один неверный шаг — и она полетит вниз с высоты шести тысяч футов.

Шаг за шагом девушка пробиралась вперед. Тропинка петляла в темноте, извиваясь, как змея. Бриана подумала, что если она и дальше будет двигаться так же быстро, то у нее появится шанс успеть на корабль до рассвета. Она совсем выбилась из сил, но близость спасения придавала ей бодрости.

Что-то черное, как крыло летучей мыши, бесшумно мелькнуло перед ее глазами, сильные пальцы сдавили горло, и через мгновение Бриана почувствовала, как ее грубо швырнули на камни. Она мгновенно узнала нападавшего, и знакомое чувство ужаса и отвращения сдавило грудь.

— Сука! — послышалось злобное шипение. — Умри же, сука!

Бриана еще успела почувствовать, как он подхватил ее на руки и швырнул в черную пропасть под ногами.

Девушка вскрикнула, почувствовав сильный удар в голову, но затем ее окутала мгла. Бриане на мгновение показалось, что она плывет куда-то, а волны ласково качают ее, унося все дальше и дальше в безбрежный океан ночи.

Дирк Холлистер наклонился над пропастью, жадно вглядываясь в беспросветный мрак. Грудь его тяжело вздымалась, нож по-прежнему торчал в плече. Как он ни старался, без посторонней помощи извлечь его не удалось. Но ни слабость от потери крови, ни острая боль не могли помешать ему ликовать при мысли, что ненавистной Бриане пришел конец. Дирк настолько обезумел, что скорее бросился бы в пропасть вместе с ней, чем позволил ускользнуть от его мести. Слава Богу, теперь с ней покончено!

Он повернулся и принялся в темноте карабкаться вверх по тропинке, направляясь к вилле, где ему помогут извлечь из плеча этот чертов нож. А потом, видит Бог, доберется и до того, кто принес девчонке нож Гевина!

Бриана слабо застонала сквозь стиснутые зубы, чувствуя, как раскалывается голова от боли. Она не знала, что с ней произошло, где она, и мечтала только об одном — чтобы снова пришло спасительное беспамятство.

Когда Дирк, подняв Бриану на руки, швырнул ее в пропасть, она не разбилась о скалы, как он злобно предвкушал. Бриане посчастливилось — она упала на выступ скалы и теперь лежала, беспомощно распростершись, всего двадцатью футами ниже места, откуда ее сбросил Холлистер.

И пока девушка шептала молитву, прося Бога избавить ее от страданий, какой-то неясный звук достиг ее слуха. Через мгновение она опять лишилась чувств и уже не слышала, как бешено загрохотали подковы лошадей у нее над головой, и не узнала, кто это, рискуя жизнью, пронесся по горной тропе, как ночной призрак.

Глава 32

Дирк, спотыкаясь в темноте и чертыхаясь, добрался до виллы. Раненое плечо горело, как в огне. От него просто решили избавиться, злобно подумал он, все было специально подстроено заранее. Предатель Мейсон, задумав лишить его законной доли денег, дал Бриане нож и послал его, Дирка, в пещеру на верную смерть.

Он с грохотом распахнул дверь в комнату Гевина. Мейсон мирно спал, голова его покоилась на груди Делии. При виде залитого кровью, обезумевшего Дирка Делия истошно закричала и вцепилась в Гевина. Тот открыл мутные со сна глаза и замер от страшного зрелища. Но это было последнее, что он видел в своей жизни. Холлистер ринулся к нему и с размаху вонзил в него нож.

Делия, пронзительно крича, выскочила в коридор, зовя на помощь.

— Твоя очередь, сука! — проревел Дирк. — Ты тоже не переживешь эту ночь!

Делия, обезумев от ужаса, помчалась вниз по лестнице. Дирк со всех ног бежал за ней следом, сжимая в руках окровавленный нож.

С торжествующим рычанием он одним прыжком преодолел разделявшие их ступеньки и высоко занес нож. Делия потеряла сознание.

Внезапно прогремел оглушительный винтовочный выстрел, и тяжелое тело Дирка рухнуло. Пуля вошла ему между глаз.

Джон Тревис Колтрейн почувствовал ликование.

Подхватив на руки едва пришедшую в себя Делию, Тревис свирепо тряхнул ее, требуя сказать, куда исчезла Бриана. Но шок от пережитого был так силен, что та немногое могла рассказать им. Дрожа и захлебываясь в слезах, она пробормотала, что Дирк успел заколоть Гевина, прежде чем броситься за ней в погоню. Женщина была твердо уверена, что именно Бриана ранила Дирка в плечо, а теперь скорее всего она пробиралась вниз по тропинке, стараясь добраться до корабля.

Услышав это, Колт, как безумный, ринулся к дверям. Тревис даже не пытался удержать его. Он еще успеет догнать сына, подумал он.

Не обращая ни малейшего внимания на перепуганных слуг, перешептывающихся за его спиной, Тревис отправился наверх, чтобы самому убедиться в смерти Мейсона.

Ему еще надо разобраться с сообщниками Гевина и забрать золото, которое принадлежало Колтрейнам.

А Колт и без него сможет отыскать Бриану — если, конечно, она еще жива.

А в это самое время Бриана сотрясалась от рыданий, кровь из рассеченной головы заливала лицо, ноги были жестоко изранены острыми камнями. Как только сознание вернулось к ней, девушка, сделав невероятное усилие, стала карабкаться по осыпающимся камням вверх и выбралась на тропу. Все тело ее ломило, сердце готово было разорваться от боли и ужаса пережитого, но Бриана упрямо шла вперед. Подняв глаза, она оцепенела — небо на востоке слабо порозовело, близился рассвет.

Ей еще оставалось преодолеть не менее двадцати футов вниз по крутому склону горы, когда что-то внезапно привлекло ее внимание. Вглядевшись повнимательнее, Бриана в ужасе зарыдала:

— О Боже, нет! Только не это!

Корабль далеко внизу поднимал паруса, готовясь к отплытию.

Страх, что она не успеет, погнал ее вперед. Молнией промелькнула мысль, что корабль, покидая порт, пройдет совсем рядом от того места, где она находится. Если ей удастся добежать до последнего склона, она может прыгнуть в море и поплыть к судну. Может быть, ей повезет, и кто-то заметит ее в волнах. О том, что будет, если этого не произойдет, Бриана предпочла не думать. Это был ее последний шанс на спасение.

— Пожалуйста, Господи, прошу тебя! — содрогаясь от боли и отчаяния, шептала девушка.

И вот наконец она стоит на уступе над синеющей внизу гладью моря. Вытянув руки над головой, Бриана глубоко вздохнула и, пробормотав последнюю молитву, бросилась вниз. Тело ее описало в воздухе дугу, и она с силой врезалась в воду, подняв фонтан брызг.

Холодная вода сомкнулась у нее над головой. Бриана бешено заработала ногами и всплыла на поверхность.

Собрав все свое мужество, напрягая остаток сил, девушка поплыла к кораблю. Не паниковать, как заклинание повторяла она про себя, иначе она неминуемо погибнет.

Она думала только о том, чтобы оказаться на пути корабля, когда он направится в открытое море. Чувствуя нарастающий шум в разбитой голове, Бриана даже не расслышала, как с уступа скалы, где она была минуту назад, ее звал так хорошо знакомый ей голос. Не услышала она и громкого всплеска за спиной.

Бриана плыла с трудом. Ей казалось, что она кричит, зовя на помощь, но на самом деле только беззвучно шевелила распухшими и потрескавшимися губами. Где-то неподалеку, чуть в стороне, ей почудилось слабое движение, но сил повернуться и посмотреть у нее уже не было. Бриана вдруг почувствовала, как от усталости слипаются глаза, и испытала странное чувство облегчения при мысли, что скоро ее страдания закончатся. «Не смей спать!» — приказала она себе и перевела глаза на корабль, который, казалось, нисколько не приблизился к ней. Что-то теплое коснулось ее плеча, но она даже не почувствовала этого, с упорством отчаяния плывя вперед.

Неожиданно она вспомнила, что перед умирающим мгновенно пролетает вся его жизнь. И отчетливо поняла, что конец ее близок. Значит, все напрасно, она вот-вот пойдет ко дну. Иначе почему лицо бесконечно дорогого ей человека вдруг возникло перед ней в пене волн? Его сильные руки обхватили ее и приподняли над водой. Она потеряла всякое представление о времени, ощущая только мягкий плеск волн, а потом ей вдруг почудилось, что она на берегу.

Бриана ощутила под собой горячий песок и, хотя понимала, что бредит, изо всех сил старалась удержать ускользающее сладостное видение.

— Бриана...

Девушка почувствовала нежный поцелуй на своих губах.

— Бриана, я люблю тебя.

Бриана широко распахнула изумленные глаза и вдруг поняла, что все это не сон.

Слезы брызнули у нее из глаз, когда самая заветная ее мечта вдруг стала явью. И, прижавшись к его груди, она горячо пожелала, чтобы это чудо длилось вечно.

НАШИ КНИГИ МОЖНО ЗАКАЗАТЬ ПО ПОЧТЕ

по адресу

107140, Москва, а/я 140 издательство АСТ

КНИГИ ПО ПОЧТЕ

ОТДЕЛ РЕАЛИЗАЦИИ ОПТОМ

ТЕЛ.:(095) 215 0101,
(095) 974 1724,
(095) 215 5110,

ФИРМЕННЫЕ МАГАЗИНЫ в МОСКВЕ

ул. КАРЕТНЫЙ РЯД, д.5/10,
ТЕЛ.:(095) 299 6584 (розн.);

ул. ТАТАРСКАЯ, д.14,
ТЕЛ.:(095) 235 3406
(мелкий опт и розн.);

ул. АРБАТ, д.12,
ТЕЛ.:(095) 291 6101

Мы РАДЫ чаще ВИДЕТЬ Вас!

ИЗДАТЕЛЬСТВО АСТ ПРЕДЛАГАЕТ

ЛУЧШИЕ КНИЖНЫЕ СЕРИИ

СЕРИЯ "ОЧАРОВАНИЕ"

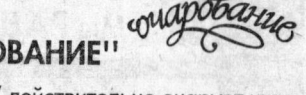

Серия "Очарование" действительно очарует читательницу, подарит ей прекрасную страну грез и фантазий, страстей и приключений, прелестных женщин и безоглядно храбрых мужчин, изысканных чувств и всепоглощающей любви, о которой можно только мечтать. А прелесть любовных сцен, которыми наполнены романы серии "Очарование", не оставит равнодушной ни одну женщину...

Книги издательства АСТ можно заказать по адресу: 107140, Москва, а/я 140 АСТ - "Книги по почте".

Издательство высылает бесплатный каталог.

ЛУЧШИЕ КНИГИ
ДЛЯ ВСЕХ И КАЖДОГО

✷ *Любителям "крутого" детектива* — собрания сочинений Фридриха Незнанского, Эдуарда Тополя, Владимира Шитова и суперсериалы Андрея Воронина "Комбат" и "Слепой".

✷ *Поклонникам любовного романа* — произведения "королев" жанра:
Дж. Макнот, Д. Линдсей, Б. Смолл, Дж. Коллинз, С. Браун — в книгах серий "Шарм", "Очарование", "Страсть", "Интрига".

✷ *Полные собрания бестселлеров*
Стивена Кинга и Сидни Шелдона.

✷ *Почитателям фантастики* — серии
"Век Дракона", "Звездный лабиринт", "Координаты чудес", а также самое полное собрание произведений братьев Стругацких.

✷ *Популярнейшие многотомные детские энциклопедии:*
"Всё обо всём", "Я познаю мир", "Всё обо всех".

✷ *Школьникам и студентам* — книги из серий
"Справочник школьника", "Школа классики", "Справочник абитуриента", "250 "золотых" сочинений", "Все произведения школьной программы".

Богатый выбор учебников, словарей, справочников по решению задач, пособий для подготовки к экзаменам.
А также разнообразная энциклопедическая и прикладная литература на любой вкус.
Все эти и многие другие издания вы можете приобрести по почте, заказав

БЕСПЛАТНЫЙ КАТАЛОГ

по адресу: 107140, Москва, а/я 140. "Книги по почте".

Москвичей и гостей столицы приглашаем посетить московские фирменные магазины издательства "АСТ" по адресам:
Каретный ряд, д. 5/10. Тел. 299-6584.
Арбат, д. 12. Тел. 291-6101.
Татарская, д. 14. Тел. 235-3406.
Звездный б-р, д. 21. Тел. 974-1805

Литературно-художественное издание

Хэган Патриция

Любовь и ярость

Редактор Н.Ю. Румянцева
Художественный редактор Н.И. Лазарева
Компьютерный дизайн Н.В. Пашкова
Технический редактор Т.Н. Шарикова

Подписано в печать 22.09.98.
Формат 84×108 $^1/_{32}$. Гарнитура Академия.
Усл. печ. л. 27,72. Тираж 11 000 экз.
Заказ № 0887.

Налоговая льгота — общероссийский классификатор продукции ОК-00-93, том 2; 953000 — книги, брошюры

Гигиенический сертификат
№ 77.ЦС.01.952.П.01659.Т.98. от 01.09.98 г.

ООО «Фирма «Издательство АСТ»
Лицензия 06 ИР 000048 № 03039 от 15.01.98.
366720, РФ, Республика Ингушетия,
г. Назрань, ул. Московская, 13а

Наши электронные адреса:
WWW.AST.RU
E-mail: AST@POSTMAN.RU

Отпечатано с готовых диапозитивов
на Книжной фабрике № 1 Госкомпечати России.
144003, г. Электросталь Московской обл., ул. Тевосяна, 25.